先进核科学与技术译著出版工程

系统运行与安全系列

Heat Pipe Applications in Fission Driven Nuclear Power Plants

热管在裂变驱动核电厂中的应用

〔美〕巴赫曼·佐胡里（Bahman Zohuri） 著

夏庚磊 赵亚楠 焦广慧 译

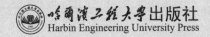

哈尔滨工程大学出版社
Harbin Engineering University Press

黑版贸登字 08 - 2021 - 004 号

First published in English under the title
Heat Pipe Applications in Fission Driven Nuclear Power Plants
by Bahman Zohuri

Copyright © Springer Nature Switzerland AG, 2019
This edition has been translated and published under licence from
Springer Nature Switzerland AG.

图书在版编目(CIP)数据

热管在裂变驱动核电厂中的应用／（美）巴赫曼·佐胡里（Bahman Zohuri）著；夏庚磊，赵亚楠,焦广慧译
. —哈尔滨：哈尔滨工程大学出版社，2023.4
书名原文：Heat Pipe Applications in Fission Driven Nuclear Power Plants
ISBN 978 - 7 - 5661 - 3422 - 6

Ⅰ. ①热… Ⅱ. ①巴… ②夏… ③赵… ④焦…
Ⅲ. ①热管 - 应用 - 核电厂 - 研究 Ⅳ. ①TM623

中国版本图书馆 CIP 数据核字(2022)第 040600 号

热管在裂变驱动核电厂中的应用
REGUAN ZAI LIEBIAN QUDONG HEDIANCHANG ZHONG DE YINGYONG
选题策划　石　岭
责任编辑　雷　霞
封面设计　李海波

出版发行　哈尔滨工程大学出版社
社　　址　哈尔滨市南岗区南通大街 145 号
邮政编码　150001
发行电话　0451 - 82519328
传　　真　0451 - 82519699
经　　销　新华书店
印　　刷　哈尔滨市石桥印务有限公司
开　　本　787 mm × 1 092 mm　1/16
印　　张　16.5
字　　数　411 千字
版　　次　2023 年 4 月第 1 版
印　　次　2023 年 4 月第 1 次印刷
定　　价　98.00 元
http://www.hrbeupress.com
E - mail:heupress@ hrbeu.edu.cn

前　言

随着全球人口的增长和生活水平的提高，人们对能源的需求也日益增多。为了满足能源需求，普遍认为具有可持续性、清洁性和安全性的核能得到了广泛应用。人们已经提出了新一代的创新核能系统，即第四代（Gen Ⅳ）反应堆，以取代当前核电厂中部署的第二代/第三代和三代＋反应堆，增强核能系统的未来作用。

本书研究将热管用作核反应堆控制装置的新概念。热管将包含在易裂变材料中，其主要功能不是传热，而是改变反应堆内的燃料装量。

结合本书的热管主题，我们还设置了关于定向反应堆辅助冷却系统（DRACS）的部分，以及热管在先进的高温反应堆（AHTR）和小型模块化反应堆（SMR）（例如熔盐反应堆和球床反应堆）中的应用情况。球床反应堆是一种石墨慢化的气冷核反应堆，基本设计球形燃料元件，是一种超高温反应堆（VHTR），属于四代堆倡议中的六种核反应堆之一。在本书的第2章中有详细的介绍。

热管提供了一种非能动机制，可以通过工作流体的蒸发和冷凝将热量从一个区域传输到另一个区域。热管堆中热管的主要设计目标是，在尽可能高的温度下移出堆芯产生的热量。本书根据各种设计变量（包括工作流体、工作温度、吸液芯设计、直径和长度）评估了热管可以导出的热功率水平。

通常建议将热管用作小型裂变反应堆的冷却系统。热管已经用于冷却反应堆辐射测试的组件，但是，尚未建造或测试使用热管作为主要冷却系统的反应堆。可能需要开发实验堆来确定热管冷却反应堆与强迫循环冷却反应堆在运行性能上的主要差异。

美国新墨西哥州阿尔伯克基
Bahman Zohuri

译 者 序

在所有反应堆设计工作中,核燃料裂变释热的顺利导出是必须解决的关键技术问题。目前的反应堆冷却剂包括液态金属、气体、水等多种工质,这些冷却剂需要强迫循环驱动并在高压下运行,存在堆芯失去冷却从而导致严重事故的可能性。为了解决这一问题,创新型反应堆设计概念不断被提出,新一代反应堆的安全性和可靠性得到显著提高。

本书从核能的特点出发,首先介绍了核能在人类生产和生活中的重要作用,接着给出了新一代创新核能系统为保证核安全和提高经济性做出的重要努力,特别是对第四代小型模块化反应堆设计中给出的增强安全设计进行了重点论述;然后从热力循环的角度分析反应堆运行的基本方式和特点,提出将热管用作核反应堆控制装置的新概念。

本书对热管的基本原理和发展历史进行了论述,以使读者对热管的高效热传输特性有一个全面而深入的了解。同时结合当前热管在空间堆中的应用,将反应堆工作的原理与热管的工程应用有机结合,对热管在工程应用中的特殊用途以及运行特点进行了全面介绍。

本书用了较多的篇幅对热管设计时需要考虑的管道、工质、吸液芯材料选择,以及传热极限、液体装量等相关内容都做了详细介绍。对于热管的制造流程、组装、密封以及性能验证也给出了可供制造商使用的经济有效的方法,形成了一个完整的设计手册,可以作为核工程专业技术人员的参考书。

译者
2022 年 6 月

目　　录

第1章 为什么使用核能

在过去的30年里,电力行业的发展主要集中在基于燃气轮机循环的天然气发电厂的扩展方面,联合循环电厂是简单布雷顿燃气轮机最普遍的扩展方式。被称为"第四代"的新一代核电站,以空气布雷顿循环作为顶部循环,蒸汽朗肯循环作为底部循环。其中,空气布雷顿循环为开式循环,蒸汽朗肯循环为闭式循环。天然气发电厂中的空气布雷顿循环必须为开式循环,其中的空气从环境中吸入,并随燃烧产物排放到环境中。联合循环技术被认为是第四代核反应堆中小型模块化反应堆(small modular reactor,SMR)的一种创新方法。在联合循环电厂中,空气布雷顿循环中的热废气在排放到环境前先经过余热回收蒸汽发生器(heat recovery steam generator,HRSG)。余热回收蒸汽发生器的作用与常规蒸汽朗肯循环的锅炉相同[1-2]。

1.1 引　言

随着1979年三英哩岛核事故、1986年切尔诺贝利核事故以及2011年日本福岛核事故的发生,在决定将电力来源从目前对化石燃料的极度依赖转向未来对核燃料的依赖之前,必须解决以下非常重要的问题[3-5]:

(1)从短期和长期的角度来看,电力成本将受到怎样的影响?

(2)核能会对环境产生什么影响?

(3)如何为核能的开发与建设提供资金和管理?

(4)电厂业主通过并网发电获得的总拥有成本和投资回报率是多少?

(5)随着小型模块化反应堆设计概念的发展,核电站是否安全?

(6)为了同时满足电厂扩张和核不扩散的要求,需要什么样的监督,应由谁来负责?

(7)我们将如何管理这些核电厂的乏燃料和高放废物? 如何处理燃料循环?

(8)社会和公众对核电站的态度是什么? 他们对第四代反应堆技术的快速发展有什么认识?

(9)我们将如何建设这些发电厂(即先进的模块化小堆)来实现减排目标、改善环境,并最终实现空气清洁的目标?

(10)这些电厂将如何运用新能源发电并帮助提供更多可再生能源,以满足人们对电力的需求和供应?

在本章的后续内容中将尽可能地解决其中的一些问题,读者也可以参考《核电的未来:跨学科的MIT研究》(2003年)等相关资料[6]。

在20世纪末之前,美国用于核能发电的国家投资达到数千亿美元,也就是说作为纳税人的每个人在回答这些问题时都涉及数千美元的个人利益。

在回答这些问题之前,无论每个人受教育的程度如何,都必须确保并且有必要让他们对核电站产能等相关细节有一定程度的了解。

本章将对上述细节及相关知识进行一定的描述。

目前投入运行的核电站系统基于裂变反应(不是聚变反应)来输出能量,通过裂变反应释放大量的热能以产生足够的蒸汽来驱动蒸汽轮机进而推动发电机发电。裂变核电站必须在受控的链式反应模式下进行高速反应,不需要大量的能量输入就可以实现中子平衡。上述过程普遍应用于当今的裂变反应堆中,持续向电网供电。同时,裂变反应堆也在其他不同的行业中使用,例如海军核动力舰船。

此外,未来的核聚变反应堆设计应拥有非常相似的工作方式,通过聚变反应而非裂变反应产生热能为蒸汽轮机提供蒸汽,蒸汽轮机主轴上的机械能最终转化为电能。然而,在目前的技术阶段,我们离连续的聚变反应能量平衡还很遥远[7-9]。

裂变反应堆的基本原理是:1 个中子撞击 1 个 ^{235}U 原子核并引发裂变反应,在一次裂变过程中平均释放 2.5 个中子。

如果平均至少有 1.0 个中子(40% 的概率)通过撞击另一个 ^{235}U 引发另一次核裂变,那么就会产生新中子来取代原来的中子,在链式裂变反应下这一过程将无限继续下去,也就是说一个裂变反应会导致另一个类似的裂变反应,我们称之为自持链式反应模式,发生链式裂变反应的系统则称为核反应堆[10]。

^{235}U 球是核反应堆中最简单的设计。在一次裂变中释放的中子至少有 40% 要引发另一次裂变,这就意味着 ^{235}U 球必须具有最小尺寸,即临界质量,因为如果球的体积太小就会有太多的中子从球的表面逸出。对于几乎纯净的 ^{235}U 而言,其临界质量约为 44 lb(1 lb ≈ 0.45 kg),^{235}U 球的直径约为 5 in(相当于一个哈密瓜的大小,1 in = 2.54 cm)。

然而,用这种方法设计的反应堆效率很低,因为裂变释放的中子能量约为 1 MeV,在如此高的能量下决定裂变反应发生概率的截面很小。

由表 1.1 可以发现,降低中子速度可以实现更大的热中子反应截面——目前运行的几乎所有反应堆都是热中子反应堆,加入热中子反应堆中以使中子减速的材料称为慢化剂,这些材料能减缓反应堆堆芯内中子的速度。

表 1.1　热中子截面(以 10^{-24} cm^2 为单位)

核素	热中子截面	核素	热中子截面
^{1}H	0.33	^{56}Fe	2.7
^{2}H(氘)	0.000 6	^{113}Cd	20 000
^{6}Li	940[a]	^{135}Xe	2 700 000
^{10}B	3 840[a]	^{136}Xe	0.15
^{12}C	0.003 7	^{235}U	590[a]
^{16}O	0.000 2	^{238}U	2.7

注:a—对于 ^{6}Li 和 ^{10}B 为(n,α)截面,而对于 ^{235}U 是裂变截面,其余均为(n,γ)截面。

在台球游戏中,迅速移动的母球(即白球)会由于碰撞而迅速减速。

假设能量守恒,即不会因摩擦和自然散热而损失任何能量,动量会在球的碰撞过程中传递。反应堆中慢化剂的工作原理与此大致相同。

中子与组成慢化剂的原子核碰撞,因为被原子核反弹而失去一部分能量,中子速度减慢。

那么,什么样的材料才能成为良好的慢化剂?

如果母球穿过一个实心钢球网,由于动量守恒,母球会被反弹但速度不会慢下来,因为钢球太重了,不会吸收太多的反弹力。母球穿过一堆质量与其差不多的球(例如其他台球)时可以明显地减慢速度,这是因为基于能量和动量守恒,相同质量的球碰撞后会吸收更多的能量。

这个结论可以类比中子被慢化剂减速的过程,决定了对良好的慢化剂的第一个要求,即它必须由质量不比中子大太多的原子核组成,也是核子很少的原子核。对慢化剂的第二个要求是其中子吸收截面小,因为被慢化剂吸收的中子不能再被用于引发裂变。

现在,我们应该寻找能够满足以下两个基本要求的最佳慢化剂材料:

(1)慢化剂应该由质量不比中子大太多的原子核组成。

(2)慢化剂的中子吸收截面很小,可以维持链式裂变反应所需要的中子数量。

符合第一个要求的最佳慢化剂是氢(^{1}H),因为其原子核只有一个质子,其质量与中子相同。从表 1.1 中可以看出,针对第二个要求,氢只是一般水平,但仍可能是一种不错的慢化剂。由于氢是气体,含有氢原子的水(H_2O)成为更实用的选择。水中的氧原子没有任何不利影响,因为它的吸收截面很小。

除了 ^{1}H 以外,满足上述第一个要求的慢化剂是氢的同位素氘(^{2}H),从表 1.1 中可以看出,^{2}H 也很好地满足了第二个要求,因此重水(D_2O)是最佳的慢化剂。但氘在自然界中的含量只占氢含量的 0.015% ,如图 1.1 所示,自然界中 99.985% 都是 ^{1}H,分离每磅 D_2O 需要55 美元,这意味着这种慢化剂非常昂贵[10]。

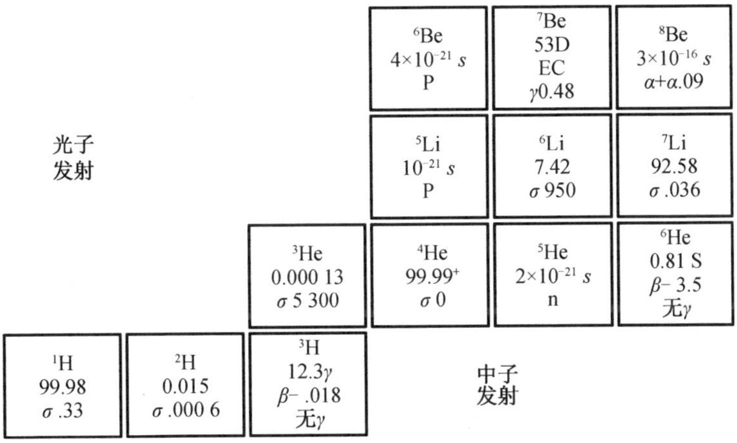

		^{6}Be $4\times10^{-21}\,s$ P	^{7}Be 53D EC γ0.48	^{8}Be $3\times10^{-16}\,s$ $\alpha+\alpha$.09
光子 发射		^{5}Li $10^{-21}\,s$ P	^{6}Li 7.42 σ 950	^{7}Li 92.58 σ .036
	^{3}He 0.000 13 σ 5 300	^{4}He 99.99$^+$ σ 0	^{5}He $2\times10^{-21}\,s$ n	^{6}He 0.81 S β- 3.5 无γ
^{1}H 99.98 σ .33	^{2}H 0.015 σ .000 6	^{3}H 12.3γ β- .018 无γ	中子 发射	

图 1.1　样本数据说明

当需要考虑具有较少核子的其他元素时，下一个有吸引力的选择是 C。碳元素的质量是中子的 12 倍，它比我们想要的慢化剂要重，但其吸收截面非常小，就像铅笔的材料石墨也是由碳元素组成的，它是一种廉价的元素。因此，最实用的三种慢化剂分别是轻水（H_2O）、重水（D_2O）和石墨（C）。

现在，我们可以考虑在反应堆中慢化剂可以用来做什么以及它们实现了什么目标。最值得考虑的事情是是否允许使用由 99.3% 的 ^{238}U 和 0.7% 的 ^{235}U 组成的天然铀作为反应堆燃料。在核能发展的早期阶段，无法进行铀同位素的分离，即使在今天，这种分离仍是困难且昂贵的。因此，如果可以使用自然界中存在的铀，那将是非常有利的。

事实证明，使用普通水作为慢化剂的天然铀反应堆是不可行的——尽管 ^1H 和 ^{238}U 的中子吸收截面不如表 1.1 所示的那么大，但在任何尺寸或结构下均不能实现临界[10]。

为了使用水作为慢化剂，必须将 ^{235}U 的含量浓缩到百分之几的水平，这也是当今大多数反应堆（即第三代和三代 + 反应堆）的制造方式。在第四代反应堆中，一些小型模块化反应堆也属于此类，例如由俄勒冈州 NuScale 公司与俄勒冈州立大学合作设计的反应堆。然而，这类反应堆的缺点是其热效率受饱和蒸汽温度限制[1,2,11]。

最佳的慢化剂 D_2O 可以很容易地使天然铀反应堆临界，例如加拿大的现代动力反应堆 CANDU，就是重水反应堆，但在 20 世纪 40 年代还没有大量生产氘，而且其价格仍然非常昂贵。

第三种慢化剂碳，也可以使天然铀反应堆临界，前提是碳非常纯净且反应堆尺寸很大。由于不必要进行同位素分离，因此世界第一座反应堆和早期制造的几乎所有反应堆都是用碳作为慢化剂。

下一个关注的问题是反应堆实际运行时如何控制裂变的速率，这是通过插入具有较大中子吸收截面的材料制成的控制棒来实现的，如表 1.1 所示。将控制棒插入反应堆后，会大量吸收中子从而减少中子引起的裂变数量，进而停止链式反应。在提起控制棒时，可达到并略微超过临界点。此时，裂变速率（被称为反应堆功率，因为能量释放的速率与发生裂变反应的速率成正比）开始增加。让我们分析一下这种情况发生得有多快。假设燃料、慢化剂和反应堆的大小使裂变释放的中子中平均 1.005 个中子会引发另一次裂变，这个数字必须至少为 1.000 才能使反应堆达到临界状态。

裂变中子完成慢化并引起另一次裂变所需的时间约为 10^{-4} s，与生物繁殖类似，这被称为中子代时间，在随后的每一代，中子的数量会以 1.005 的倍率增加。

经过 500 代（$500 \times 10^{-4} = 0.05$），即 1/20 s 后，中子数量增加了 $(1.005)^{500} = 10.6$ 倍，因此反应堆功率以及由此产生的热量增加了 10 倍以上。在 1/20 s 内移动控制棒并不容易，这是一种非常严重的情况，很容易引起堆芯熔化并导致大规模破坏[10]。

缓发中子的存在缓解了这种情况。^{235}U 裂变时，大约有 0.6% 的中子会在发生裂变后的半秒或更长时间后才释放出来，因此裂变瞬间发射出的 1.005 − 0.006 = 0.999 个中子甚至不能维持链式反应，更不用说使裂变速度增加了。临界性现在取决于反应堆功率的增加，甚至增加会达到 1.005 倍。这种情况极大地缓解了控制问题，但是如果控制棒被抽出到每一次裂变产生 1.007 个或更多中子的位置，反应堆仅依靠瞬发中子即可临界，并且反应堆功率会迅速增加。这是非常危险的情况，因此必须格外小心，不要出现这种情况。

在实现可行的反应堆之前,还有其他问题,那就是冷却和屏蔽。读者可以阅读其他书籍来解答这两个问题,这些细节不在本章的讨论范围之内。关于冷却的过程在Zohuri[12]的书中都有详细介绍,对于屏蔽问题,读者可以参阅 Chilton 等人的著作[13]。

本节提供了一些关于反应堆设计的非常基础的概念,当然实际情况比这里描述的要复杂得多。

1.2　创　新　方　法

2007 年,燃气轮机联合循环电厂的总装机容量为 800 GW,占全球装机容量的 20%,远远超过了核电站的装机容量,而在 20 世纪 90 年代后期它们的装机容量还不到全球的 5%。产生这种情况的原因有很多:第一,天然气丰富而廉价;第二,燃气轮机循环电厂是所有热电厂中效率最高的;第三,与其他热电厂相比,燃气轮机联合循环电厂需要的冷却水量最少。

典型的燃气轮机设备由压缩机、燃烧室、涡轮机和发电机组成。联合循环发电厂从涡轮机中排出废气,先将废气流经热回收蒸汽发生器,再排入环境。热回收蒸汽发生器在典型的闭式循环蒸汽装置中起锅炉的作用。蒸汽设备由蒸汽轮机、冷凝器、水泵、蒸发器(锅炉)和发电机组成。在联合循环发电厂中,燃气轮机和蒸汽轮机可以安装在同一根轴上,从而使用一台发电机发电,虽然两根轴、两个发电机系统的配置需要的成本更高。但这样的灵活性更大。除闭环蒸汽系统,还需要一个开式循环水系统将废热从冷凝器中带出。对于联合循环系统来说,"循环"水系统所提取的废热要少得多,因为开式布雷顿循环将其废热直接排放到空气中。

图 1.2 给出了典型燃气轮机联合循环发电厂的设备布局。

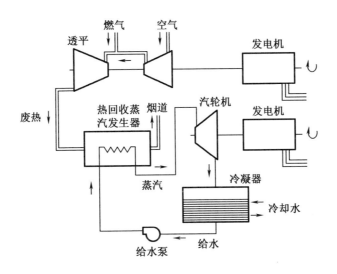

图 1.2　典型燃气轮机联合循环发电厂的设备布局

通用电气公司目前销售的系统在其设计负荷下可实现 61% 的效率,而功率降低到设计负荷的 87% 时燃气轮机联合循环发电厂的效率超过 60%[14]。

联合循环发电厂的近似效率可通过以下简单参数计算[15]。

$$\text{布雷顿循环效率 } \eta_B = \frac{W_B}{Q_{in}}$$

$$\text{朗肯循环吸热量 } Q_R = (1 - \eta_B)Q_{in}$$

$$\text{朗肯循环效率 } \eta_R = \frac{W_R}{Q_R}$$

$$\text{总效率 } \eta_T = \frac{W_B + W_R}{Q_{in}} = \frac{\eta_B Q_{in} + \eta_R Q_R}{Q_{in}} = \frac{\eta_B Q_{in} + \eta_R(1 - \eta_B)Q_{in}}{Q_{in}} = \eta_B + \eta_R - \eta_B \eta_R$$

$$\eta_T = \eta_B + \eta_R - \eta_B \eta_R$$

必须针对压力损失对此效率进行校正,并假定布雷顿循环排气中的所有热量都被热回收蒸汽发生器吸收。对于燃气轮机,通常不可避免会在废气中存在凝结水。开发的详细模型可以给出更准确的循环效率。

对于核反应堆系统,热传递的方向相反。一回路和二回路中的所有反应堆组件和流体的温度都必须高于离开热交换器的气体峰值温度。这严重限制了进入涡轮机的气体所能达到的峰值温度。

在典型的燃烧系统中,完成燃烧过程的压力损失接近总压降的5%[16]。换热器的压降可显著低于5%,接近1%[16]。因此,克服这一重要温度限制的最直接方法是借鉴蒸汽电厂的一种多级再热循环技术。也就是说,第一台热交换器将空气加热到其峰值温度;随后,空气通过第一台涡轮机膨胀;然后,空气被重新加热到相同的峰值温度,并通过第二台涡轮机膨胀。基于可能的相对压力损失,最多可考虑使用五台涡轮机。五台涡轮机都驱动同一台压缩机。在同心轴上安装多台由不同涡轮驱动的压缩机理论上是可行的,但此处未考虑这种配置方式。

为了使核能系统能够使用联合循环技术,必须对设备进行大量改造。当然,最重要的是,必须用热交换器代替燃烧室,在该热交换器中,来自核反应堆二回路的工质用于加热空气。通常用的布雷顿循环是一种内燃循环,燃料在燃烧室内燃烧释放热量。工质流过燃烧室冷却燃烧室壁面,工质的峰值温度可以达到腔室壁所能承受的温度。

1.3 联合循环方法论

联合循环程序中采用的方法论是将组成能量转换系统的部件模拟为具有非理想效率的真实部件。除连接的管道外,每个部件也都包含压降。考虑最先进的设计,压缩机设计采用多级变效率模型。同样,燃气轮机也采用多级变效率模型。用简单的总热效率来模拟蒸汽轮机,其中包括每个热交换器的压降。在输入条件中规定了压降,热交换器的设计应尽可能满足这些规定[17]。

一些学者称核电厂的能源是100%可再生能源,当然环保主义者认为这是错误的说法,因为这些核电厂的堆芯是使用铀或钚作为燃料。但是另一方面,全球范围内致力于核聚变计划的国家实验室、大学的研究人员和科学家指出,只要能源以两种氢同位素的形式存在、例如将氘(D)和氚(T)作为聚变反应的来源并从中产生能量,核聚变核电站就是完全清洁的。

这个梦想离当今对电力需求的现实太远了,但并非遥不可及。通过惯性约束聚变(ICF)[18]或磁约束聚变(MCF)[7]来驱动能量的等离子体可实现这种创新方法。

1.4 为什么我们仍然需要核能

与其他能源相比,核能在提供清洁可靠的电力方面有着良好的表现。

新开采的页岩气导致天然气价格降低,促使高效的天然气发电厂逐渐取代老旧、效率低下的燃煤电厂,在相对快速地减少二氧化碳和其他污染物排放的前景方面极其乐观,但天然气价格的历史波动让公用事业公司对于是否把他们所有的鸡蛋都放在一个篮子里心存疑虑。此外,从长远来看,燃烧天然气仍会释放过多的二氧化碳。风能和太阳能正在变得越来越普遍,但是由于缺乏可行的储电方式,其间歇性和多变的电力供应使其不适合大规模使用。同时,由于环境问题以及潜在场址数量较少,水电在美国的扩张前景非常有限。

"美国必须做出一些决定来维持和推进核能的选择。核管理委员会对福岛核安全教训的初步反应必须转化为行动;公众需要确信核能是安全的。华盛顿应该坚持其计划,即在这十年内为建造几个新的核反应堆提供援助,并分享整个行业的经验教训。应该加强对新技术的支持,例如 SMR 和先进计算机建模工具。而且,在核废料管理方面,政府需要全面改革现有系统,并认真对待核废料的长期存储。公众对核废料设施的担忧不会神奇地消失,需要通过更具适应性、协作性和透明性的废物处理计划来解决这些问题。"

这些计划不是容易实施的,而且所有的这一切都不会在一夜之间发生。但是,需要采取各种措施来减少公众、能源公司和投资者的不确定性。早就应该采取一种更有成效的方式来发展核电,以应对日益加剧的气候变化风险。进一步的延迟只会增加风险。

1.5 核能是可再生能源吗

假设我们暂时将裂变反应作为当前(第三代)和未来(第四代)核动力堆的基础,在某种程度上分析核能的来源(可以说核能是一种清洁能源)。

尽管核能被认为是清洁能源,但是否可以将其纳入可再生能源清单仍是一个主要的争论话题。为了理解这场辩论,我们首先需要了解可再生能源和核能的定义。但是,除非我们通过未来的裂变反应堆技术,将聚变反应获得的每千瓦时电价降到天然气或化石燃料的水平,否则就没有机会将这些反应堆发展到超越第三代的水平。

但是,许多大学和国家实验室,例如爱达荷国家实验室、麻省理工学院、加州大学伯克利分校和新墨西哥大学,以及该书作者正在努力降低裂变核电厂的电价,特别是采用一些具有高温特性的第四代电厂的创新设计结合热力循环(如布雷顿循环和朗肯循环)。

可再生能源定义为可以再生并可以无限补充自身能量的能源/燃料类型。最常使用的五种可再生能源是生物质能、风能、太阳能、水能和地热能。

核能是通过原子核裂变过程产生的热量。所有发电厂都使用蒸汽将热量转化为电能。在核电站用于产生蒸汽的热量是原子核裂变产生的,称为裂变能。裂变以热和中子的形式释放能量。然后释放的中子继续撞击其他原子核并重复该过程,从而产生更多的热量。在大多数情况下,将铀作为核裂变的燃料。

为了进一步了解我们是否需要将现有的核技术作为能源供应手段,可以在此提出一个问题:

清洁能源和可再生能源有什么区别?换句话说,在改善国家的能源结构时,核电为什么会受到冷落?

在有关威克斯曼－马基《能源与气候法案》及其关于国家可再生能源授权的规定的辩论中,这个问题已经成为最重要的问题。

简而言之,共和党(美国的一个政党——译者注)人已经多次尝试通过一些修正案将核能列为"低排放"能源,并有资格获得与风能和太阳能相同的所有的政府激励和授权,但都以失败告终。

许多环保组织从根本上反对核能是一种可再生能源的概念,理由是核能会产生有害的废物副产品,并依赖于采掘业来获取铀等燃料。

即便如此,核工业和包括法国在内的一些国家的核技术官员一直在尝试将该技术称为可再生技术,理由是该技术几乎不会产生温室气体。将核电标记为可再生能源还可以使核电运营商从为风能、太阳能和生物质能等清洁能源提供的某些相同补贴和友好政策中受益。

然而,到目前为止,将核电归类为可再生能源的进展甚微。

最近的一次挫折发生在 2009 年 8 月左右,当时国际可再生能源机构(IRENA,该机构是一个为 140 个成员国过渡到清洁能源提供咨询的政府间组织)的负责人驳回了将核能纳入其青睐的技术之列的想法。其临时总干事 Hélène Pelosse 总结说:"IRENA 不会支持核能计划,因为这是一个漫长而复杂的过程,会产生废物并且具有相对较高的风险。"Pelosse 女士在 2009 年表示,像太阳能这样的能源是更好的替代品,而且价格更便宜,"特别是那些拥有如此多太阳能的国家"。

1.6 支持核能作为可再生能源的讨论

多数核能支持者指出,核能的主要特征是低碳排放,可将其定义为可再生能源。根据核能反对者的说法,如果建立可再生能源基础设施的目标是降低碳排放,那么就没有理由不将核能列入禁止清单[19]。

将核能纳入可再生能源投资组合中最有趣的论点之一来自匹兹堡大学前教授伯纳德·科恩。科恩教授利用太阳(太阳能的来源)与地球之间的预期关系来定义"无限期所需的时间"(一种能源要具有足够的可持续性才能被称为可再生能源)。根据科恩教授的说法,如果可以证明铀矿能够持续使用到类似地球和太阳的关系一样长久(50 亿年),那么核能就应该包括在可再生能源投资组合中[20]。

科恩教授在他的论文中指出,使用增殖反应堆(能够产生的比消耗的更多的裂变材料的核反应堆),有可能无限期地为地球提供核燃料。科恩教授认为,尽管现有的铀储量只能供应大约 1 000 年的核燃料,但实际可获得的铀储量远远超过目前公认可开采的铀储量。在他的论点中,铀资源包括了可以以较高成本提取的铀、海水中的铀以及被河水侵蚀的地壳中的铀。所有这些可能的铀资源如果用在增殖反应堆中,将足以为地球再提供 50 亿年的燃料,从而使核能成为可再生能源。

1.7　反对核能作为可再生能源的讨论

反对将核能纳入可再生能源清单的最主要论点之一是,与太阳能和风能不同,地球上的铀矿是有限的。若要视其为可再生能源,根据可再生能源的定义,能源(燃料)应无限期地可持续。

反对者反对将核能纳入可再生能源提出的另一个主要论点是核反应堆会产生有害核废料。核废料被认为是与可再生能源概念背道而驰的放射性污染物。美国的大多数反对者还指出,大多数可再生能源都可以使美国获得能源独立,但铀仍使美国有能源依赖,因为美国的铀必须进口。

总之,专家们对核电的未来持不同意见:

(1)核电的支持者

——资助更多研发;

——对可能更便宜、更安全的反应堆进行实验;

——实验增殖裂变和核聚变。

(2)核电的反对者

——资助节能和可再生能源的快速发展。

总的来说,以上几点是我们认为的核能的优缺点。

1.8　安　全　性

随着 1979 年三哩岛核事故、1986 年切尔诺贝利核事故以及 2011 年日本福岛核事故的发生,人们对核电大失所望,一些国家停止了核电计划。然而对气候变化和空气污染的担忧以及电力需求的增长,促使许多政府重新考虑核能,因为核能几乎不排放二氧化碳,并且具有令人印象深刻的安全性和可靠性记录。一些国家取消了逐步淘汰核电的计划,一些国家延长了现有反应堆的寿命,许多国家制订了建设新反应堆的计划。

尽管人们特别关注核能问题,但是当我们讨论可再生能源时,仍然面临一个事实:为什么我们仍然需要核能作为清洁能源[5]。

如今,全球大约有 60 座核电站正在建设中,这将增加约 60 000MW 的发电容量,相当于目前世界核电装机容量的六分之一;但是,在 2001 年日本福岛核事故发生后,这一现象已经消失。

核电在提供清洁和可靠电力方面的记录优于其他能源。较低的天然气价格使人们看到了前景,即高效的燃气发电厂可以通过取代效率低下的老式燃煤发电厂而相对较快地减少二氧化碳和其他污染物的排放,但是天然气价格的波动性使公用事业公司对将所有鸡蛋都放在一个篮子里持谨慎态度。此外,从长远来看,燃烧天然气仍会释放过多的二氧化碳。风能和太阳能正在变得越来越普遍,但是由于缺乏可承受的储电方式,它们的间歇性和可变的供应使其不适合大规模使用。

同时,由于环境问题和潜在场址数量较少,水电在美国的发展前景非常有限[21]。

作为核电站安全的一部分,在设计和运行核电站时,反应堆的稳定性是必须考虑的问题。了解核反应堆随时间变化的特性及其控制方法对于核电厂的运行和安全至关重要。科恩[20]为核工程的研究人员和工程师介绍了有关核反应堆动力学和控制的基本理论,提供了实际核电站运行非常全面的信息,以及如何架起两者的桥梁:从安全可靠运行的角度分析了影响工程设备经济运行的动态稳定性。在本书的第13章,将讨论当今的核电站设计及其稳定性的实现方式,以及设计人员可以使用的技术。但是,不可能永远保证稳定的功率运行过程。机械振动、控制设备故障、流体流量不稳定、液体沸腾不稳定或这些故障的组合,各种不稳定行为都可能毁坏动力设备。安全管理体系的失效和薄弱是大多数事故发生的根本原因[22]。

传统核电站所面临的安全和成本的挑战相当大,但是处于开发阶段的新型反应堆有望解决这些问题。这些被称为小型模块化反应堆(SMR)的核能系统可产生10~300 MW电力,而不是典型反应堆产生的1 000 MW电力。整个反应堆,或至少其中的大部分部件都可以在工厂中建造,然后运送到现场进行组装,并且可以将几个反应堆安装在一起组成更大的核电站。小型模块化反应堆同样具有吸引人的安全特性,其设计通常包含自然冷却功能,这些功能可以在没有外部电源的情况下继续运行,并且在地下放置反应堆和乏燃料存储池会更加安全。

由于小型模块化反应堆小于常规核电站,因此单个项目的建设成本更易于管理,更有融资条件,并且由于小型模块化反应堆是在工厂组装的,现场建造时间更短。公用事业公司可以逐步提高其核电装机容量,并根据需要添加更多反应堆,这意味着可以更快地从电力销售中获得收入。这不仅对核电站业主有利,对客户也有利,因为越来越多的客户被要求支付更高的费用来为将来的电站提供资金[2-5,7,10,14-25]。

在美国联邦预算面临巨大压力的情况下,很难想象纳税人会资助一项新反应堆技术的研发。但是,如果美国不愿创造新的清洁能源选项(包括SMRs、可再生能源、先进电池或碳捕集与封存),美国人将在10年后带着遗憾回顾过去。满足美国能源和环境需求的经济可行方案将越来越少,在全球技术市场上的竞争力也会降低。

如今,在美国大约有100座正在运行的核电站,而在世界范围内只有约400座核电站且绝大多数使用了轻水堆技术。至少在美国,得益于经验和针对更先进设计的改进计划,SMR设计已准备好作为第三代+核电站的组成部分投入运行,其性能随着时间的推移还会有所改善,可以提供更高的效率以及90%或更高的单位容量因子。

容量因子是实际电站年发电量与最大年发电量之比,而全球范围的容量因子比近期美国达到的容量因子要低75%左右;在美国以外的其他地区,也发现了容量因子提高的类似趋势。

因此,作为整个核燃料循环安全运行的一部分,容量因子是一个值得关注的参数。在本节中,已经提到了一些参数,包括继续培训运行人员、不扩散电厂的建设和避免恐怖袭击的威胁,以及核燃料循环安全,包括这些电厂的核燃料后处理,都令人担忧[6]。

就核电设施的安全而言,需要考虑对这些设施的攻击和国内或国际恐怖袭击。一方面,专家得出的结论是,土木工程和安全规定使核电厂成为难以下手的目标;另一方面,这些危险的规模在以前的反应堆严重事故评估中被认为是极其罕见的。问题是,什么样的新安全措施(如果有)是合适的? 我们认为没有一个简单的、能一概而论的答案。它取决于许多因素,包括威胁评估、电厂位置、设施设计以及政府安全资源和实践。因此,核电站安全是评估安全风险的良好起点[6]。

核电站安全考虑了外部自然事件,例如地震、龙卷风、洪水和飓风。由恐怖袭击引起的火灾或爆炸,在对放射性破坏和释放的影响方面,类似于外部自然事件。安全壳建筑和结构的强度是攻击的主要障碍。

美国电力研究院[26]对飞机坠毁和核电厂的结构强度进行了评估,得出的结论是美国核电站的安全壳不会被破坏。

美国核管理委员会正在进行自我评估,包括尚未完成的桑迪亚国家实验室的结构测试。需要对危险和防护措施进行广泛的调查和评估,以给出适当的防护措施。此类调查必须确定与设计及位置相关的可能的攻击方式和防护漏洞;还必须确定用于新设计、即将退役的老核电站以及处于使用寿命中期的核电站的一系列安全选项的成本效益;还需要与即将进行核电计划的国家政府和支持机构共享信息,以提供有效的情报和安全保障。

1.9 燃料循环

如果要描述全球范围内部署约 1 000 GWe 的核电可能达到的全球增长情景,首先必须对将要运行的核燃料循环进行规范。核燃料循环是指核能生产中发生的所有活动。

要实现全球增长,就需要在全球范围内建设和运营许多燃料循环设施。值得强调的是,生产核能需要的不仅仅是核反应堆蒸汽供应系统和将核裂变转化为的热量转化为电能所需的相关涡轮发电机设备。该过程包括矿石开采、浓缩、燃料制造、废物管理和处置,以及设施的净化和退役。该过程中的所有步骤都必须详细说明,因为每个步骤都涉及不同的技术、经济、安全和环境后果。文献[27]给出了众多不同的燃料循环方式,其中的许多方式已经在一定程度上得到应用。

燃料循环可以分为两类,分别是开式燃料循环和闭式燃料循环。图 1.3 的形式是开式燃料循环,图 1.4 的形式是闭式燃料循环。对开式燃料循环和闭式燃料循环的说明如下:

在开式燃料循环或一次燃料循环中,从反应堆中移出的乏燃料被视为废物,参见图 1.3。

在当今的闭式燃料循环中,对反应堆中移出的乏燃料进行后处理,将产物分为铀(U)和适于制造氧化物燃料或混合氧化物燃料(MOₓ)的钚(Pu),然后再放回反应堆循环利用,如图 1.4 所示。

其余的乏燃料被视为高放废物。将来,闭式燃料循环可能还包括专用反应堆,该专用反应堆用于转化已与乏燃料分离的特定同位素,参见图 1.5。

该专用反应堆还可以用作增殖反应堆,通过中子吸收产生新的易裂变燃料,其速率超过中子链式反应消耗易裂变燃料的速率。一些国家已经探索增殖反应堆,特别是美国、法国、俄罗斯、日本和印度。

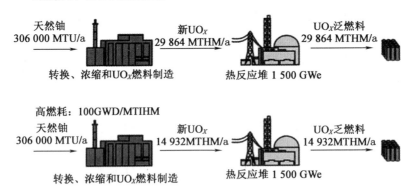

图 1.3　开式燃料循环:一次燃料循环——预计到 2050 年[6]

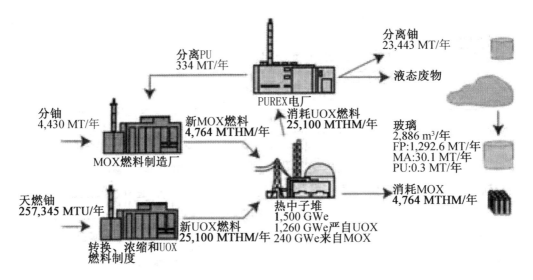

图 1.4　钚回收的闭式燃料循环(MOX 方案－一个次循环)－预计到 2050 年

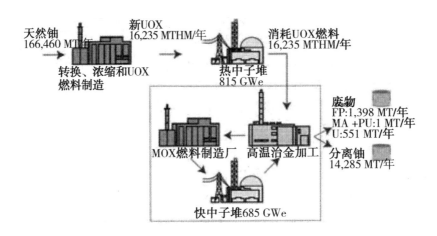

图 1.5　全锕系元素回收的闭式燃料循环——预计到 2050 年

在图 1.5 所示的情况下,此类燃料循环中的废物流将包含较少的锕系元素(即次要的锕系元素镅(Am)、镎(Np)和锔(Cm)),这将显著降低核废料的长期放射性。还有其他选择,例如使用加速器在次临界装置中产生中子来嬗变锕系元素。

通常将开式和闭式这两种类型的燃料循环进行比较,每一种循环方式都有自身的优缺点。与闭式燃料循环相比,开式燃料循环在成本和抗扩散能力方面具有优势(因为没有锕系元素的后处理和分离)。在资源利用方面,闭式燃料循环比开式燃料循环具有优势(因为回收的锕系元素减少了对浓缩铀的需求),这在非常高的矿石价格范围内会更加具备经济性。一些人认为闭式燃料循环对于长期废物处理也有好处,因为长寿期的锕系元素可与裂变产物分离并在反应堆中转化。下面我们的分析将集中在这些关键的比较上。

开式循环和闭式循环均可使用铀或钍燃料,并且可以涉及不同的反应堆类型,例如,轻水反应堆(LWR)、重水反应堆(HWR)、超临界水冷堆(SCWR)、高温和超高温气冷反应堆(HTGC)、液态金属快中子增殖堆(LMFBR)、气冷快堆(GFR)或各种尺寸的熔盐堆(MSR)。

如今,几乎所有运行的反应堆都是轻水反应堆。引入新的反应堆或燃料循环在初步部署之前将需要大量的开发资源和一定时间的运行经验。本章文献[6]提供了更多详细信息,介绍了目前在世界范围内已经部署的核电厂的燃料循环特点,读者可以参考该参考文献。

这里将核燃料循环总结如下:

·核燃料循环涉及在核反应堆中用铀发电的一系列工业过程。

·铀是世界上相对常见的元素,在许多国家都可开采,但必须经过加工后才能用作核反应堆的燃料。

·燃料达到其使用寿命后从反应堆中取出,可以进行后处理,将大部分乏燃料进行回收后用作新燃料。

与核反应产生电力有关的各种活动统称为核燃料循环。核燃料循环从铀的开采开始,到核废料的处理结束。随着废燃料的后处理成为核能利用的一种选择,这些过程形成了一个真正的循环。

为了制备用于核反应的铀,铀经历了开采、研磨、转化、浓缩和燃料制造等步骤,这些步骤构成了核燃料循环的“前端”。

铀在反应堆中经历大约 3 年时间用来发电,乏燃料可能会经历一系列更进一步的步骤,包括临时存储、后处理以及在废物处理之前进行回收,这些步骤统称为燃料循环的“后端”,参见图 1.6。

图 1.6 的演示基于以下假设:用 0.22% 的尾部测定法将其浓缩为 4.5% 的 ^{235}U,浓缩需要 182 000 SWU(分离功单位)(一个 SWU 在浓缩厂需要约 50 kW·h 的电力);每年为负荷 73 tU 的堆芯补充燃料 24.3 tU/a[①](或每 18 个月 36.5 tU);运行燃耗为 45 000 MW·d/t (45 GW·d/t),热效率为 33%。

―――――――――――

① tU/a 是吨铀每年。

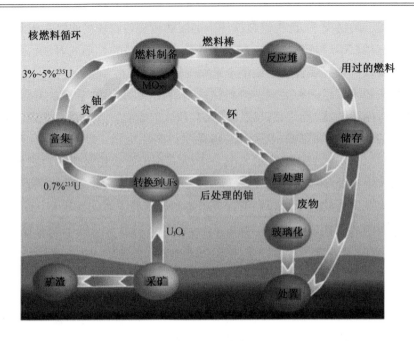

图 1.6 核燃料循环(世界核协会提供)

实际上,不能期望核反应堆 100% 负荷运行——90% 的运行功率通常就能达到良好的性能,因此大约 7.9 TW·h/a 的输出更为现实,但这仅意味着相应地减少了投入。例如,对于现代机组而言为 190 tU/a 或 147 tU/a。

在第二组(AP1000 或欧洲压水堆)数据中拥有更高(5%)的富集度和燃耗,富集输入增加到 198 000 SWU。在乏燃料中,由于热效率高,超铀和裂变产物的数量会略低。

加拿大的 tU/GWe/a 的数据表明,与轻水反应堆相比,加压式重水反应堆对铀的需求量和利用率略低。国际原子能机构的技术报告[1]在典型的 7.5 GW·d/t 燃耗和 31% 的热效率下给出了 157 tU,在容量系数为 90% 时给出了 142 tU,因此与上面的典型轻水反应堆相比,输入量为 80%,达到 17.9 tU/(TW·h)。

考虑到实际使用了多少原始铀(0.7% 易裂变的 ^{235}U 是天然铀),在上述"典型"数据中,易裂变部分的天然铀占燃料的 0.49%,0.394% 实际上发生了裂变。另外转化为 ^{239}Pu 的 ^{238}U 中约有一半发生了裂变,因此原始天然铀的利用率约为 0.6%。

根据革新动力反应堆的数据,0.538% 的天然铀作为裂变部分进入燃料循环,其中 0.452% 实际上发生了裂变。此外,转化为 ^{239}Pu 的 ^{238}U 中约有一半发生了裂变,因此原始天然铀的利用率为 0.67%。

总之,核电在放射性废物的长期管理方面有着尚未解决的问题。扩大核电行业未来的一个关键因素是燃料循环的选择——使用哪种燃料、哪种类型的反应堆以及乏燃料的处理方法。

1.10　核能的经济性

未来几年,美国经济的发展将影响核电行业,包括新的核技术的出现、废物处理问题、核扩散担忧、简化核监管、向氢经济过渡的可能、国家能源安全政策和环境政策。这些事态发展将影响核电的竞争力和核能政策,尤其是像德国这样已经完全停止了核能发电,而转向燃煤电厂来补贴其电力需求的国家。糟糕的经济状况,也是促使人们放弃核电的原因[28]。

只有当投资者认为使用核能发电的成本低于与替代发电技术相关的风险调整成本时,才会对商用核能发电设施进行投资。由于核电厂的投资成本相对较高,边际运营成本非常低,因此核能将与替代发电来源竞争"基本负荷"(高负荷系数)运行。在未来 50 年内,新增电力供应的一些重要但不确定的部分将来自可再生能源(例如风能),这是因为这些电力的成本低于替代能源,或者是因为政府政策(例如生产税抵免、高强制性购买价格和可再生能源投资组合标准)或消费者选择偏爱可再生能源投资。尽管为促进可再生能源的选择做出了努力,但在缺乏核能发电的选择下,在未来 50 年内平衡供需所需的发电容量增量和替代投资中,很可能有很大一部分将依赖化石燃料,主要是天然气或煤炭。这一现象尤其可能发生在收入和电力消耗迅速增长的发展中国家。因此,与基本负荷应用中的这些化石燃料替代品相比,我们关注的是核电的成本[6]。

对核电成本的任何分析都必须考虑许多重要的因素。首先,当今运行的所有核电厂都是由国有或受监管的投资者拥有的综合公用事业垄断企业开发的。尽管在美国和英国,一些核电站被出售或转让给商业发电公司,但是许多发达国家和越来越多的发展中国家正在从建立在垂直一体化管制垄断基础上的电力工业结构转向主要依靠有竞争力的电站投资者的产业结构。

假设未来核电将必须在竞争激烈的市场中与替代发电技术竞争,例如商业电站,在这些商业电站中,这些电站会与配电公司以及批发和零售市场进行竞争性谈判,在短期、中期和长期供应合同下出售电能。发电厂开发商承担许可、开发、建设成本和运营绩效的风险,但可以通过合同条款将与市场价格波动相关的部分或全部风险转移给买方。

电力部门结构的这些变化对于发电投资具有重要意义。在传统的行业和法规安排下,与建设成本、运营绩效、燃料价格变化和其他因素相关的许多风险由消费者而非供应商承担。通常认为受监管的垄断受制于"成本加成"监管,从而使公用事业公司不受所有这些风险的影响。然而至少在美国,这是对监管过程的极端又不准确的描述。美国的几家公用事业公司都面临着与已建成或放弃的核电厂有关的重大成本禁令,其结果与纯粹的成本加成法规不一致。然而,很明显,当该行业在被受监管的垄断者统治时,这些成本和市场风险的很大一部分已从投资者转移给了消费者。

投资者为规避此类风险,必定会影响他们评估替代发电方案的投资成本以及如何考虑极端突发事件。具体而言,这一过程降低了投资成本,并导致投资者对监管(如建设和经营许可证)和建设成本的不确定性、运营绩效的不确定性,以及与未来石油、天然气和煤炭价格相关的不确定性的重视程度低于他们必须承担这些成本和业绩风险的程度。

迄今为止,商业/民用核工业已经运行了 50 多年。在这样一个漫长的过程中,当涉及被称为第四代的新一代核电站时,技术改进周期和经验的积累是一个正常且自然的过程,最终会提高经济性。但是,除了在过去的几年中看到一些由该领域的专家提出的创新方法,特别是在先进小型模块化反应堆中[2,3],核工业没有遵循这种模式。

考虑到这些因素,我们现在研究美国基本负荷运营中的新建核电站、煤粉电厂和联合循环燃气轮机(CCGT)电厂的相对成本。这些作者和同事们也建议将开式布雷顿循环作为一种模块化反应堆核电厂的创新解决方案[2,3]。

需要注意的是,我们也没有考虑新的核电站与现有的燃煤和天然气电厂之间的竞争,因为它们的建设成本现已成为沉没成本。我们认识到可能存在经济上的机会来增加一些现有核电站的容量并延长其商业寿命。但是这些机会在这里不考虑。

该分析也不是为了产生精确的估计值,而是根据许多反映出未来建设和运营成本的不确定性的不同假设进行"合理"的范围估计。由于欧洲的天然气和煤炭成本通常比美国高,因此对欧洲,尤其是日本和韩国的类似分析在某种程度上更有利于核能。

影响核能经济性的相关变量列示如下。

1.10.1　建设成本上升

各国核电站建设项目已大大超出预算。美国75座反应堆的预计成本高达450亿美元,但是实际成本增加了两倍多,达到约1 450亿美元。在印度等一些国家,10座反应堆的完工成本平均至少超出预算300%。图1.7给出了建设成本超支随时间的变化。

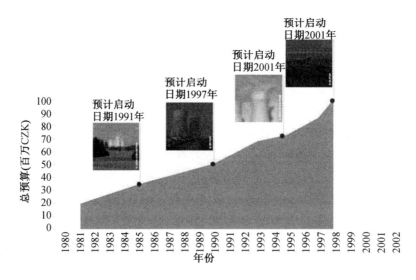

图1.7　建设成本超支随时间的变化

1.10.2　建设时间延长

核电厂的平均建设时间也从20世纪70年代中期的66个月增加到将近116个月,1995年至2000年类似项目的完工时间大致需要10年。

1.10.3　建设需求下降

目前,全球有 50 多座核反应堆正在建设中,其中 2 座在美国,18 座在中国。图 1.8 的统计数据显示了截至 2018 年 2 月全球在建核反应堆的数量。

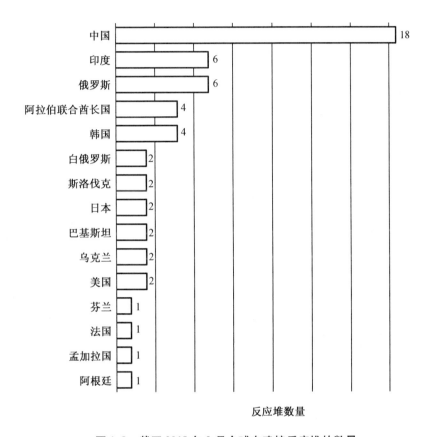

图 1.8　截至 2018 年 2 月全球在建核反应堆的数量

这 50 多座核反应堆中,其中有 5 座反应堆在 20 多年前就已开始建设,因此,反应堆能否按当前的时间表进行建设仍有待商榷。还有 14 座反应堆已经开始建设,但目前处于停工状态,其中 10 座位于中欧和东欧。这种低水平的核建设提供的相关经验很少,无法对成本进行预测[28]。

1.10.4　未经测试的技术

核工业界正在开发新一代反应堆(第三代和三代＋)技术,并希望在未来几年内会有一批订单。至少在设计阶段,一些核电制造商正在研究六种不同的第四代核反应堆,分别在表 1.2 中简要列出。

三代＋反应堆:三代＋反应堆还未建设完成,只有一台正在建设中。在这些最新设计中,最广泛推广的是新一代压水堆(pressurized water reactor,PWR),尤其是阿海珐集团的欧洲压水堆和西屋的 AP1000。

其中的一种被视为先进小型模块化反应堆的三代+反应堆设计是本书介绍的重点,即:

(1)熔盐堆(molten salt reactor,MSR)系统;

(2)钠冷快堆(sodium-cooled fast reactor,SFR)系统;

(3)超高温反应堆(very high-temperature reactor,VHTR)系统。

当前的核技术在第三代核电技术的基础上向前发展,并随着三代+反应堆的建设而不断进步,每代反应堆技术描述如下:

第三代反应堆:目前唯一运行的第三代反应堆是日本开发的先进沸水反应堆。截至2006年底,中国台湾有4台先进沸水反应堆已投入运行,还有2台在建。前两台机组的总建造成本远高于预期。

第四代反应堆:更具投机性的是第四代钍燃料循环反应堆设计。尽管正在开展几种不同的反应堆设计,但技术上的困难使它们至少在20年内不太可能部署,而燃料后处理的经济性也尚未得到证实。

表1.2 第四代核反应堆系统的六种主要设计

气冷快堆系统:气冷快堆系统是采用快中子能谱和闭式燃料循环的氦气冷却反应堆。由于温度较高(出口温度为850 ℃;相比之下,压水堆为300 ℃,快中子增殖准为500 ℃),因此气冷快堆系统使用氦气作为冷却剂。因此,"高温和极端辐射条件是燃料和材料的艰巨挑战。"气冷快堆系统将使用钍燃料并燃烧锕系元素

铅冷快堆系统:铅冷快堆系统是采用快中子能谱和闭式燃料循环系统的液态金属(铅或铅/铋)冷却反应堆。预计采用中央或区域设置,实现全锕系元素燃料循环。机组规模的范围广,从50~150 MWe的"核电池",300~400 MWe的模块化单元,到1 200 MWe的大型电厂都在计划中。铅冷快堆电池是一个小型工厂建造的交钥匙电厂,具有非常长的反应堆寿命(10~30年)。它是为小型电网和不希望部署燃料循环基础设施的发展中国家而设计的。在铅冷快堆概念中(就实现第四代目标而言),该电池概念被认为是最好的。但是,它也是研究需求最大、开发时间最长的设计方案

熔盐堆系统:熔盐堆系统基于热中子能谱和闭式燃料循环。铀燃料溶解在氟化钠盐冷却剂中,这些冷却剂通过石墨芯通道循环。在熔融盐中直接产生的热量被传递到二次侧冷却剂系统,然后通过第三热交换器传递到能量转换系统。熔盐堆主要用于电力生产和废物焚烧,参考功率为1 000 MWe系统。在非常低的压力下运行,冷却剂温度为700 ℃。在所有六个反应堆系统中,MSR的开发成本要求最高(10亿美元)

超临界水冷堆系统:超临界水冷堆是高温高压水冷反应堆,在水的热力学临界点以上(即在液相和气相之间没有差异的压力和温度下)运行。参考电站的功率为1 700 MWe,工作压力为25 MPa,反应堆出口温度为550 ℃。燃料是氧化铀

钠冷快堆系统:钠冷快堆系统由快中子反应堆和闭式燃料循环系统组成。有两种主要选择:一种是使用金属合金燃料的中型(150~500 MWe)反应堆,由在配置工厂中以高温冶金后处理为基础的燃料循环支持。第二种是使用MO_x燃料的中型到大型(500~1 500 MWe)反应堆,基于在一个集中位置为多个反应堆服务的先进后处理燃料循环系统支持。根据GIF的说法,钠冷快堆在第四代核反应堆系统概念中具有最广泛的研发基础

超高温反应堆系统:超高温反应堆系统使用热中子谱和一次铀燃料循环。参考堆芯有基于GT-MHR的棱柱形燃料或球床模块化反应堆600 MWt石墨慢化氦冷堆芯

1.10.5 不利的市场

核电的经济性一直受到质疑。消费者或政府历来承担着对核电厂进行投资的风险,这一事实意味着公用事业公司不受这些风险的影响,并能够以反映投资者和贷款方风险降低的利率借款。

但是,随着许多国家引入竞争性电力市场,在某些国家/地区发电厂将花费高于预期价格的风险转移给了电厂开发商,这些开发商受到银行、股东和信用评级机构等金融组织的制约。这些组织认为对任何类型的发电厂的投资都是有风险的,从而将投资成本提高到使核电竞争性较小的水平。

这种转移到竞争性电力市场的优势是,电厂开发商拥有更好的信息并直接控制管理,因此拥有控制成本的手段和动机。非核电厂的建设者以及能效服务的供应商都愿意承担这些风险。因此,当消费者不再承担建造新电厂的经济风险时,核电就没有机会在转向竞争性电力市场的国家中使用,因为核电价格过高、可靠性差并且成本超支风险严重。

但是,随着第四代小型模块化反应堆的发展,这个问题将不再是一个令人担忧的风险,这是由于模块化建造和安装的 SMR 模块是电站的基本组成要素,当电力需求上升时,安装的 SMR 模块数量可相应增加。

1.10.6 不可靠的预测

近年来对核能经济性进行了大量研究。用于产生核电预测成本的关键参数值在不同的研究中差异很大。例如,假定的建设成本从 856 ~ 3 600 美元/kW 不等,而假定的建设时间则从 60 ~ 120 个月不等。因此,最终的电力价格也相差很大,价格范围为 21 ~ 76 美元/(MW·h)。

1.10.7 需要的补贴

距美国上一份新建核电站的订单已经过去了 29 年,距上一份实际完成的核电站订单已经过去了 34 年。在 20 世纪 80 年代,因为经济监管机构越来越不愿意将核电项目的巨额成本超支转嫁给消费者,公用事业公司遭受了巨大损失,不得不承担额外的费用。当前电力市场的引入意味着电厂所有者不仅要承受成本超支的风险,而且还要承受电厂的不可靠性。《2005 年美国能源政策法案》(EPACT 2005)的核条款旨在扭转这些变化并保护投资者免受巨大的经济风险。

EPACT 2005 中最重要的核条款提供了三种类型的支持:

(1)有限数量的新核电站可获得 18 美元/(MW·h)(13.7 欧元)的生产税抵免,最高可达 1.25 亿美元每 1 000 MW(如果其运行时间为 100%,则大约可获利 80%)。

(2)为最高 80% 的项目成本提供联邦贷款担保。

(3)前两个机组的风险保险最高为 5 亿美元,第 3 ~ 6 机组的风险保险最高为 2.5 亿美元。如果不是由业主的过错而导致电厂的许可延期,则应支付此保险。

据说这些补贴的价值为 2 ~ 20 美元/(MW·h)。没有这些补贴,任何美国公司都不太可能考虑投资建造新核电站。政府的财政或合同担保将有效地使核能脱离市场,从而像过去一样由电力消费者和纳税人支付。如果要以这种方式对核电进行补贴,则需要有明确而令人信服的依据,证明这是一种成本效益高、值得使用纳税人和电力消费者资金的方法。

作为核能成本技术前景和现状的一部分,自20世纪70年代以来,除了核能以外,所有技术的能源生产和使用成本都随着制造和使用的创新技术和规模经济的提高而下降。

导致核电学习率相对较低的原因有很多,包括20世纪70年代后相对较小的反应堆订购率、核电站的复杂性、监管和政治程序之间的联系,以及所建核电站设计的多样性。尽管将来可能会克服某些因素,但英国政府的绩效和创新部门也强调了未来核电站在某些领域可能不会表现出与其他技术相媲美的学习率,这些领域包括:

(1)核电是一种相对成熟的技术,因此,相比于其他技术,不太可能出现快速的"技术发展"。

(2)建设和调试的周期相对较长,这意味着通过从第一批机组的运行和设计经验反馈而得到的改进必然是缓慢的。

(3)由于可再生能源的初始规模较小且潜在应用范围更广,因此在核能领域的规模经济范围要小于可再生能源。

图1.9描述了所选能源技术的学习率。

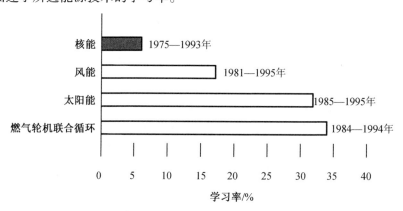

图1.9 所选能源技术的学习率(由 McDonald A 和 Schrattenholzer L 提供)

有关更多详细信息,读者可以参考本章末尾的参考文献[28]。

1.10.8 核能的复兴或衰落

目前在建的核电厂很少(图1.10)。在这22个机组中,有16台机组由中国、俄罗斯和印度的供应商提供。西欧和北美似乎不太可能考虑这些供应商,如果要实现全球核电复兴,这些市场将需要新订单。印度的核电站大多采用的是加拿大20世纪60年代的设计,这些设计在加拿大早已被新技术所取代。尽管没有像印度核电厂那样过时,中国的核电厂也在效仿AP1000订单之前西方的旧设计。中国可能会继续主要供应国内市场,并向巴基斯坦出口一两个机组。

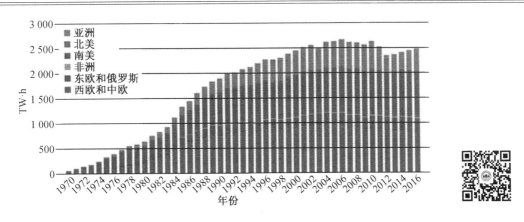

图 1.10 在电网上接入的新核电容量(来源:世界核协会,国际原子能机构动力反应堆信息服务(PRIS))

图 1.11 给出了 2017 年按来源划分的全球电力产量。

由图 1.11 可以看出,全球约 11% 的电力是由约 450 座核反应堆产生的。在建的核反应堆约有 60 座,相当于现有容量的 16%,而计划中的核反应堆有 150～160 座,几乎相当于现有容量的一半。

2016 年,核电站的发电量为 2 477 TW·h,高于 2015 年的 2441 TW·h。这是全球核能发电量连续第四年增长,产量比 2012 年增加了 130 TW·h。

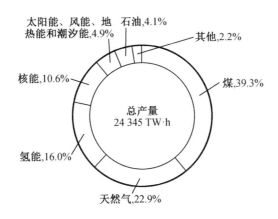

图 1.11 按来源划分的 2017 年全球电力产量(来源:IEA 电力信息 2017)

有 16 个国家的电力至少有 1/4 依赖于核能。法国大约 3/4 的电力来自核能;匈牙利、斯洛伐克和乌克兰的核能占一半以上,而比利时、捷克、芬兰、瑞典、瑞士和斯洛文尼亚则占 1/3 以上。韩国和保加利亚通常从核电中获取超过 30% 的电力,而在美国、英国、西班牙、罗马尼亚和俄罗斯,约有 1/5 的电力来自核电。日本之前依靠核电来提供其 1/4 以上的电力,目前有望恢复到接近这一水平(图 1.12)。

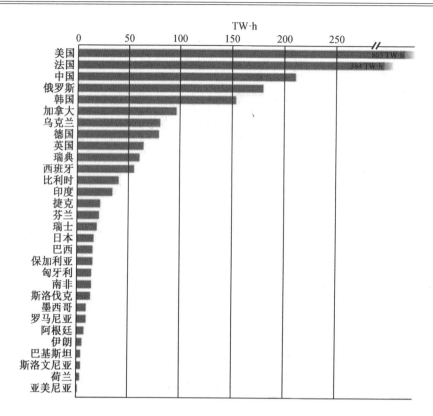

图 1.12 2016 年各国核能发电量(资料来源:IAEA PRIS 数据库)

1.11 乏燃料和高放废物管理

在本节中,我们重点关注乏燃料和再处理的高放废物,因为这类废物中包含核燃料循环中产生的大部分放射性物质,并且对最终处置提出了较大的技术和政治挑战。我们还在讨论中列入所谓的超铀废物(被大量长寿命超铀放射性核素污染的非高放废物),由于其寿命很长,很可能同高放废物一样在同一设施中处置。其他类型的核废料,包括低放废物和铀厂尾矿,在核燃料循环中产生了大量核废料,但在处理方面造成的技术挑战较少。

超铀废物包括被重于铀的人造放射性元素污染的废物(元素周期表中这些元素的原子序数高于铀)。由于它们在元素周期表中排在铀之后,因此被称为"超铀"。废物中这些超铀元素的浓度决定了它是超铀废物还是低放废物,参见图 1.13。

此外,被超铀元素污染的材料(人工制造的放射性元素,例如镎、钚、锔等)的原子序数比铀高。废物主要是回收乏燃料或使用钚制造核武器而产生的。

《废物隔离试验厂土地回收法案》将超铀废物定义为"每克废物中含有 100 nm 以上的半衰期超过 20 年的,发射 α 粒子的超铀同位素,但不包括以下情况:

①高放废物。

②经环境保护署署长同意,能源部长已确定的废物,不需要达到处置条例所要求的隔离程度。

图 1.13　超铀废物包装

③核监管委员会根据《联邦条例法典》第 10 编第 61 部分的规定批准处置的废物。

在 20 世纪七八十年代,超过 7 万个存放超铀废物的容器(有时称为可疑的超铀废物)被存放在汉福德遗址 200 个区域的低埋地中的一层泥土下。其目的是在以后设立一个接受超铀废料的国家储存库时回收废物(因此有时也称为可回收储存的废物)。

核燃料循环产生的放射性废物的管理和处置是当前核电工业面临的难题之一。今天,在第一座商业核电站投入运行 40 多年后,还没有一个国家能够成功处理高放核废料——核工业产生的寿命最长、放射性最强、技术挑战性最高的核废料。

随着新墨西哥州卡尔斯巴德郊外的废物隔离中试厂(waste isolation pilot plant,WIPP)于 1999 年启用,对来自汉福德的超铀废物进行回收、包装,以符合 WIPP 的验收标准,并运往 WIPP 永久处置,参见图 1.14。

图 1.14　储存设施(由 DOE 汉福德网站提供)

废物被存储在箱子、55 gal① 和 85 gal 的桶中。这些废物包括在汉福德进行钚生产任务时所需的工具、衣服、实验室设备和其他材料。由于原本预计在 20 世纪 70 和 80 年代存储的废物会被挖掘出来,因此典型的超铀废物沟由多层圆桶组成,这些桶堆叠在沥青层上,用胶合板隔开,用防水布覆盖,然后覆盖上泥土。

在回收过程中,工作人员挖掘出圆桶和箱子,检查装有废物的容器的稳定性,并确定容器内的放射性水平。如果容器损坏或腐蚀,则必须小心地将其放入另一个称为二次包装的容器中,使材料在从废物沟中移出时不会洒落到地面上,以便将来进行处理。容纳废物的容器的稳定性各不相同。在某些沟渠中,大多数容器都处于良好状态,可以安全地取出而不需要二次包装。在其他沟渠中,大多数容器都会损坏或腐蚀,需要二次包装。

大多数超铀元素都会发射 α 粒子,这是辐射穿透力最小的一种形式,可以使用一张纸或皮肤外层加以阻挡(屏蔽)。但是,由于 α 粒子存在内照射危险,损坏或腐蚀的超铀废物桶需要特殊处理,以防止工作人员吸入粒子。因此,工作人员在把这些容器装进套袋以便安全撤离废物沟之前,通常要穿着防护服和呼吸设备工作。

由于超铀废物的定义(基于超铀元素的浓度)随时间的推移而改变,因此只有大约一半可回收存储的废物被视为超铀废物;而另一半是低放废物。超铀废物被运至 WIPP 进行处置,而低放废物将根据需要在汉福德进行处理。

WIPP 是一个用于永久处理放射性废物的深层地质仓库。WIPP 安全处理与国防相关的超铀废物。WIPP 位于新墨西哥州卡尔斯巴德郊外的奇瓦瓦沙漠,于 1999 年 3 月开始进行处置工作,同时 WIPP 由卡尔斯巴德外地办事处进行管理,参见图 1.15。

图 1.15 新墨西哥州卡尔斯巴德郊外的奇瓦瓦沙漠航空照片

值得提出的是,目前在高放废物管理和处置领域的国际合作尚不发达。必须加强废物

---

① 1 gal ≈ 3.78 L。

运输、储存、处置标准和条例的国际协作,以加强公众对这些活动安全的信心。国际共享废物存储和处置设施的潜力也很大。尽管必须首先克服巨大的政治障碍,但这不仅可以减小燃料循环带来的扩散风险,而且还可以带来巨大的经济和安全效益。

1.12　核扩散与核不扩散

鉴于当今全球范围内存在的地缘政治情况,拥有核电技术和能力的发展中国家与希望获得或增强其核武器能力的国家之间将利用商业核能作为技术知识的来源或核武器的可用材料,特别是制造浓缩武器级的钚(即^{239}Pu)。

尽管这并不是提高核武器能力的首选途径,但拥有完整的核燃料循环(包括浓缩、燃料制造、反应堆运行和后处理)无疑会使任何国家更接近获得这种能力。获得核武器能力的关键步骤是获得足够的可用于制造武器的裂变材料,无论是高浓缩铀还是钚[6]。

不幸的是,在欧洲、俄罗斯和日本进行燃料循环操作而对乏燃料进行后处理已积累了约200吨的分离钚。自"9·11"事件以来,人们越来越警惕地看待相关风险,这体现了国际恐怖主义的影响。未经后处理的乏燃料所产生的辐射,是盗窃和误用的一个强大而且不确定的障碍。

核武器的扩散问题从一开始就一直是核能讨论的重点。核技术的诞生始于第一批可用于制造武器的裂变材料——核反应堆中生产的钚和同位素浓缩法生产的高浓铀。当前的目标是尽量减小核燃料循环的扩散风险。我们必须防止通过转移钚或滥用燃料循环设施(包括研究堆或热电池等相关设施)以及尽可能控制利用生产和加工高浓缩铀(浓缩技术)或钚的专业知识等来获取可用于武器的材料[6]。

在过去半个世纪中,对核扩散的关切推动了一套详尽的国际机构和协定的产生,但没有一项是完全令人满意的。《核不扩散条约》是控制制度的基础,因为它体现了除已宣布的五个核武器国家(美国、俄罗斯、英国、法国、中国)之外的所有签署国放弃核武器,并承诺在发展和平利用核能方面进行合作的目标。然而,非签署国印度和巴基斯坦在1998年测试了核武器,而南非和朝鲜等签署国也承认制造了核武器[6]。

国际原子能机构监督与《核不扩散条约》签署方谈判达成的保障协定,核查《核不扩散条约》燃料循环设施的遵守情况。但是,国际原子能机构的保障努力受到其权限范围(伊拉克、伊朗和朝鲜在过去十年中就证明了这一点)、资源分配、职责和资金之间日益严重的分歧。

更多相关信息,请参阅 MIT 报告[6]或 IAEA 网站。

1.13　社会态度与公众对核电的认识

核能在公众中是一个存有争议并且敏感的话题,因为它与公共健康和安全密切相关。大众媒体以不同的方式处理这一问题,进而对公众产生了很大的影响。公众对核能的接受和支持程度也备受关注。为了监测改变公众对核能态度的活动的有效性,需要在高质量、有代表性的国家样本的基础上进行跟踪研究,并提供高敏感性指标。

我们需要一种手段和指标来研究与评估公众对核能的了解程度,这将有助于理解公众对支持和反对在全国和全世界建造新核电站的争论,事实上:新闻媒体可以在很大程度上帮助普通民众了解新一代核能,而无须考虑近期事故的负面影响,如发生在 2011 年的日本福岛核事故。该事故基于 20 多年前的电厂技术,日本福岛第一核电站参见图 1.16。

图 1.16　日本福岛第一核电站鸟瞰图

一种有助于这种研究指标的战略方法,不仅可以监测公众对核电的态度,还可以制定有效的通信策略。该研究的成功取决于采用核电厂技术的国家在全国和全球范围内的样本质量及其在整个人口中的代表性,以及基于新的先进技术推进清洁和可再生能源的想法,特别是随着第四代核电站和小型模块化反应堆的诞生。

此类方法的样本数据收集应以制定有效的沟通策略为基础,而不仅是对核电的监控以及各国政府利用这种技术支持这种方法和策略。这是各国政府的某些机构与设计新一代核能发电厂的行业进行合作和协作来参与发放许可证的努力。

公众认识核技术及其益处的一个关键指标是,作为利益相关者,我们应当认识到核技术给人类带来的所有益处。我们应该指出,"公众往往不知道其日常生活的各个方面在多大程度上涉及源自应用核技术的产品和工艺。"

福岛核事故日和切尔诺贝利核事故不断地提醒人们,对于核工业来说,这些问题似乎永远不会消失。但是,关键问题是为什么我们所提出的最安全的大规模发电来源被许多人认为很危险,导致在一些国家正在试图停止使用核能。

对于那些可能还不了解详情的人们,这里总结了核技术每天为社会带来的好处。如本章开头所述,"核技术不仅对提供可靠的低碳能源至关重要,它还具有救生医疗应用;改善制造业、采矿业、运输业和农业;帮助我们更多地了解我们赖以生存的星球以及如何可持续地与之共处。"

比如您是否知道:

(1)核技术通过使用放射性同位素进行各种医学状况的筛查、诊断和治疗来挽救生命。据世界核协会称,全世界有超过 10 000 家医院使用放射性同位素。放射性同位素用于治疗,以控制和破坏癌症的生长。^{131}I 用于治疗甲状腺癌,^{32}P 用于治疗白血病。核技术用于新生儿镰状细胞病、甲状腺功能减退、囊性纤维化以及儿童期癌症的筛查。

(2)辐射被用来保存种子和食物并培育抗病植物。在植物育种中,通过电离辐射诱导的突变,已开发出约 1 800 个新的农作物品种。

(3)辐照技术正越来越多地被用于保存食物——香料、谷物、水果、蔬菜和肉类,避免了使用潜在有害的化学熏蒸剂和杀虫剂。

(4)利用国际原子能机构的无菌杀虫技术,对这些昆虫的卵进行辐照,在孵化前进行灭菌。国际原子能机构估计,通过用 SIT(sterile insect techndogy,昆虫不育技术)抑制虫害种群,全世界每年已减少 60 万升农药的使用。

(5)在工业射线照相中,核物质用于新材料的无损检查和测试。来自核物质的辐射穿过材料,使焊缝或选择区的缺陷被记录在胶片或数字成像仪上。

以上核技术的应用与本书内容关联不大,但我强烈建议读者读一读。现在是时候停止被动防御,确保我们不再需要写以"公众往往不知道他们日常生活的各个方面在多大程度上涉及通过核工业应用核技术的产品和工艺"为开头的报告,是时候庆祝我们的成功了,而不仅仅是谈论我们需要改进的地方。我们为成为核工业界的一员而感到自豪,并且相信我们正在做出改变,帮助世界变得更美好[29]。

1.14　结　　论

争论的焦点似乎在于对可再生能源的确切定义,以及实现可再生能源所需满足要求的混淆。国际可再生能源机构临时总干事埃琳·佩洛斯(Hélène Pelosse)的声明表示,国际可再生能源机构将不支持核能计划,因为这是一个漫长而复杂的过程,会产生废物并且相对危险,这也证明了他们的决定与可持续的燃料供应无关[21]。但是,如果是这样的话,那么核能支持者在要求国际可再生能源机构重新考虑将核能纳入可再生能源清单之前,必须找出一种方法来处理核废料管理问题以及核电的其他政治影响[25]。

2009 年 8 月 3 日,詹姆斯·辛格马斯特博士提出了另一个反对裂变核电站作为可再生能源的有力论据,摘录如下:

"气候危机的根本问题是地球封闭生物圈中的热能不断增加。温度升高表明热能过载不断增加。每个阅读此书的人都应该通过发表在 EOS 的 *Trans. Amer. Geophys. Union* 期刊,89 卷, 28 期, 253 - 4(2008)页上的 E. Chaisson 博士的题为《能源使用带来的长期全球变暖》的文章来了解核能,无论是核裂变还是核聚变,都应该放弃开发,而把资金投入开发利用太阳能、风能和氢的可再生能源供应上。

"可以使用太阳光分解产生氢气或利用多余的太阳能或风能发电,可以通过电解水来产生氢气。

"核电无法避免释放能量从而增加能量过载,因此应放弃核能。

"为了消除生物圈中的某些能量和一些超载的碳,我们需要对大量不断膨胀的有机废物进行热解,以重制木炭,从而消除其中的一些超载。这一过程将需要使用可再生能源,并且热解过程会排出约50%的碳,作为小型有机化学物质,这些碳可以进行收集、提炼和使用,是一种可再生燃料。有关使用热解的更多信息,请在 GreenInc 博客上搜索我的名字,或在我的名字上搜索其他有关热解的博客评论。"

参 考 文 献

[1] Zohuri, B. (2015). Combined cycle driven efficiency for next generation nuclear power plants: An innovative design approach (1st ed.). New York: Springer.

[2] Zohuri, B., & McDaniel, P. (2017). Combined cycle driven efficiency for next generation nuclear power plants: An innovative design approach (2nd ed.). New York: Springer.

[3] Zohuri, B. (2018). Small modular reactors as renewable energy sources. New York: Springer.

[4] Zohuri, B. (2018). Hydrogen energy: Challenges and solutions for a cleaner future. New York: Springer.

[5] Zohuri, B. (2017). Hybrid energy systems: Driving reliable renewable sources of energy storage. New York: Springer.

[6] The future of nuclear power, an interdisciplinary MIT study. (2003).

[7] Zohuri, B. (2016). Plasma physics and controlled thermonuclear reactions driven fusion energy. New York: Springer.

[8] Zohuri, B. (2016). Inertial confinement fusion driven thermonuclear energy. New York: Springer.

[9] Zohuri, B. (2017). Magnetic confinement fusion driven thermonuclear energy. New York: Springer.

[10] Cohen, B. L. (1974). Nuclear science and society. Garden City, NY: Anchor Books.

[11] Zohuri, B., & McDaniel, P. (2015). Thermodynamics in nuclear power plant systems. New York: Springer.

[12] Zohuri, B. (2017). Thermal-hydraulic analysis of nuclear reactors (2nd ed.). New York: Springer.

[13] Chilton, A. B., Kenneth Shults, J., & Faw, R. E. (1983). Principle of radiation shielding (1st ed.). Upper Saddle River: Prentice Hall.

[14] GE Energy Flex Efficiency 50 Combined Cycle Power Plant, e-brochure. (2012).

[15] Horlock, J. H. (1997). Cogeneration-combined heat and power (CHP). Malabar, FL:

Krieger Publishing.

[16] Mattingly, J. D. (1996). Elements of gas turbine propulsion. New York: McGraw-Hill.

[17] Zohuri, B., McDaniel, P., & De Oliveira, C. (2015). Advanced nuclear open-air-Brayton cycles for highly efficient power conversion. Nuclear Technology Journal.

[18] Zohuri, B. (2017). Inertial confinement fusion driven thermonuclear energy. New York: Springer.

[19] Johnson, K. (2009, May 21). Is nuclear power renewable energy. Wall Street Journal.

[20] Cohen, B. L. (1983). Breeder reactors: A renewable energy source. American Journal of Physics, 51, 75.

[21] Moniz, E. Retrieved from http://energy.mit.edu/news/why-we-still-need-nuclear-power/.

[22] Zohuri, B. (2016). Neutronic analysis for nuclear reactor systems (1st ed.). New York: Springer.

[23] Fraas, A. P. (1989). Heat exchanger design (2nd ed.). New York: Wiley.

[24] Kanter, J. (2009, August 3). Is nuclear power renewable. New York Times.

[25] Chowdhury, D. (2012, March 22). Is nuclear energy renewable energy. Stanford Physics Department.

[26] Deterring terrorism—Aircraft crash impact analyses demonstrate nuclear power plant's structure strength. EPRI study. Retrieved December 2002, from www.nei.org.

[27] OECD Nuclear Energy Agency. (2001). Trends in the nuclear fuel cycle. ISBN 92 – 64 – 19664 – 1; Nuclear Science Committee. (1998, October). Summary of the workshop on advanced reactors with innovative fuel. NEA/NSC/DOC (99) 2.

[28] Bradford, T. S., Froggatt, A., & Milborrow, D. (2007). The economics of nuclear power. Research report 2007. Reenpeace.org.

[29] Retrieved from http://www.theenergycollective.com/mzconsulting/2376894/lets-create-awareness-for-all-the-benefits-that-nuclear-technology-brings-to-mankind.

第 2 章　小型模块化反应堆及其创新型高效强化设计

　　小型核反应堆在核能商业化的开拓期显得尤为重要,促进了早期核反应堆技术的发展和应用示范,并为刚起步的核能工业提供操作指导。最初的小型核反应堆就为美国海军第一艘核潜艇的建造和运行提供了经验。在人口数量激增的新时代,核反应堆的发展需要满足电力的需求,作为小型模块化反应堆设计创新方法的一部分,研究人员希望寻找一种可以更加高效转化电力的核能运用方式,这种类型的反应堆称为先进小型模块化反应堆(advanced small modular reactor,AdvSMR)。反应堆的工作原理可以看作由布雷顿循环和蒸汽朗肯循环联合组成,其中的布雷顿循环是开式循环,蒸汽朗肯循环是闭式循环。天然气驱动的电厂蒸汽朗肯循环必须是开式循环,从外界环境中吸入空气,再伴随燃烧反应产物一起排放到大气中。

2.1　引　　言

　　据目前所知,核技术是当今世界可用的主要基础负荷发电能源之一,约占全球发电总量的11.2%。根据国际原子能机构的预测,全世界使用核能发电的需求还会增加,特别是亚洲和环太平洋地区对电力的需求会持续增加。同时,国际原子能机构预测未来在这些国家建造的反应堆将不会像现在的反应堆这样大(超过1 000 MW的产能),这就为引进最小容量为300MWe的小型模块化反应堆带来了可能性。这些小型模块化反应堆可以在工厂中建造,并使用卡车、火车、轮船运输到各个位置。

　　根据国际原子能机构对核电站规模的划分,目前全世界运行的442座商用反应堆中有139座是小型模块化反应堆。但是大多数小型模块化反应堆只是大型核电厂设计的缩小版,并不是本章的重点。相反,这种小型模块化反应堆不仅设计得非常小,而且利用它们小的特性来实现特定的性能。极小反应堆就是典型的小型模块化反应堆,将在后续章节进行介绍。这些极小反应堆能适合基本负荷发电,尤其是电网较小的区域,而且特别适合一些特殊的非电力能源应用。

　　随着美国开启其"第二个核时代",问题就变成:小型核电站在满足国家电力和其他能源需求方面还发挥重要作用吗?

　　在过去的30年里,电力生产工业增长主要集中在燃气轮机循环驱动的天然气发电厂的扩张方面。最受欢迎的简单布雷顿循环的拓展是联合循环发电厂。以空气布雷顿循环作为顶部循环,蒸汽朗肯循环作为底部循环的新一代核电站称为第四代核电站。这项技术被认为是一种基于小型模块化反应堆的第四代核电厂的创新形式。在联合循环中,从布雷顿循环排出的热废气先通过热回收蒸汽发生器,然后再排放到环境中。热回收蒸汽发生器的作用与传统蒸汽朗肯循环中的锅炉相同[1-3]。

核能可以满足世界日益增长的能源需求,也可以应对全球气候和环境变化的挑战,并在其中长期地发挥重要作用。世界上许多国家,特别是亚洲及太平洋沿岸国家,正积极参与大规模扩大核能设施。核能可以在很大程度上满足全球或地区的长期能源供应要求,但这取决于废物、安全、保障和防扩散问题的技术发展,政策解决方案的速度和充分性以及建造投资成本。小型模块化反应堆可以成功解决其中的一部分问题。小型模块化反应堆可以通过工厂建造,它具有更简单、标准和安全的模块化设计,初始投资更少,建设时间更短。小型模块化反应堆体积小,便于运输,可以在没有先进基础设施和电网的地点单独使用,或者可以集中在一个地点,提供一个多模块、大容量的发电厂。

专业的知识内容和第四代核电站的优势以及关于为什么我们需要核电站来产生可再生能源、效率、效益以及安全问题的讨论将会在书中以实验和技术方面的细节描述出来。本书还通过给出每一个模块反应堆的配置和规格来描述不同类型的第四代核电厂。这些反应堆是新一代核电厂的组成部分,属于小型模块化反应堆的类别。

在本章中,我们假想一个世界,在那里几乎每个国家都有一种负担得起的第四代核电厂,比如燃烧钍、铀和废物燃料锕的熔盐反应堆,生产电力、氢和淡水而不会发生任何严重事故。

小型模块化反应堆被认为是可以替代已被用作海水淡化电厂能源的核电厂的可行性选择,原因如下:

(1)小型模块化反应堆的投资成本较低;

(2)几乎所有小型模块化反应堆都显示出了更高的可用性(90% 美元);

(3)由于其固有安全性较好,大多数小型模块化反应堆在人口中心附近有很好的选址潜力,从而降低了电力输送成本。

此外,本章还展示了小型模块化反应堆的独特性,并介绍了作为第四代反应堆技术的一部分创新方法,总结了小型模块化反应堆进行早期部署的一些基本特征,一些先进小型模块化反应堆的概念,以及监管、经济、安全和安保问题的优势和挑战。

2.2　第四代革新反应堆概念

基于对能源供应、气候变化、空气质量和能源安全的担忧,核能在未来的能源供应中将扮演重要角色。虽然目前的第二代和第三代核电站为众多市场提供了安全、低成本的电力,但核能系统设计的进一步发展可以扩大利用核能的机会。为了探索这些机会,美国能源部核能办公室与世界各国政府、工业界和研究界进行了广泛的讨论,主题是开发被称为"第四代"的下一代核能系统(图2.1)。

第四代核能系统的目标是解决开发下一代核能系统所需的基础研究问题,以满足未来对清洁和可靠电力的需求,当然包括一些核能的非传统应用。成功地解决研发问题将使在安全性、可持续性、成本效益和减少扩散风险方面表现出色的第四代反应堆概念被私营部门考虑用于未来的商业开发和建造。

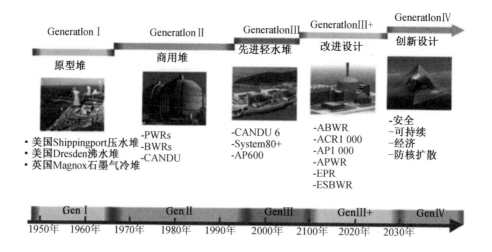

图2.1 核能的演变

目前正在开发第四代反应堆的概念,希望使用由循环反应堆燃料制成的具有较高燃耗的先进燃料。相应的燃料循环战略可以有效利用国内的铀资源,同时减少废物。减少扩散风险和改善实物保护正在被纳入第四代反应堆的概念,以帮助制止那些以恐怖主义为目标或利用核电厂开发核武器材料的行为。第四代反应堆概念将突出安全性和可靠性,提高公众对核能的信心,同时加强核电站业主的投资保障。具有竞争力的生命周期成本和可接受的财务风险正被纳入第四代反应堆的概念,包括高效发电系统、模块化建造和缩短电厂启动前的开发进度[4]。

第四代核反应堆技术也是创新核反应堆和燃料循环国际项目(International Project on Innovative Nuclear Reactors and Fuel Cycles,INPRO)的积极参与者。INPRO是根据国际原子能机构大会决议于2001年成立的,以帮助确保核能以可持续的方式满足21世纪的能源需求,并将研发人员和用户聚集在一起,使他们能够共同考虑实现核反应堆和燃料循环创新这一目标所需的国际和国家行动。INPRO为工业化国家和发展中国家的专家及决策者提供了一个平台,可以用于讨论核能规划的各个方面以及21世纪创新核能系统的发展和部署问题。

第四代核能系统国际论坛(Generation IV International Forum,GIF)于2001年5月启动,旨在领导世界领先的核技术国家合作开发下一代核能系统。GIF最初的成果是确定了6个最有前途的反应堆概念,这些概念被国际研究团体深入研究,并被记录在第四代核电技术路线图中。目前已有13个成员国签署了GIF章程:阿根廷、巴西、加拿大、中国、欧盟、法国、日本、韩国、俄罗斯、南非共和国、瑞士、英国和美国。2005年2月28日,GIF实现了一个重要的里程碑,该论坛的五个成员国(加拿大、法国、日本、英国和美国)签署了世界上第一个促进先进核能系统国际发展的协议,即第四代核能系统国际研究与开发合作框架协议。随后签署框架协议的国家有中国、欧盟、韩国、南非共和国和瑞士。英国是该框架协议的签署国,但目前是一个不积极的成员。阿根廷和巴西尚未签署框架协议,因此被认为是不积极的。俄罗斯正在为加入该框架协议进行必要的审批工作[4]。

正如其章程和随后的 GIF 政策声明所详细描述的那样,GIF 由政策小组领导,该小组负责全面协调 GIF 的研发协作、政策制定以及与其他组织的交流。法国目前担任政策小组的主席,副主席分别来自美国和日本。一个专家小组和高级行业顾问小组就每一个第四代系统的研发战略、优先级以及研究方法和研究计划向政策小组提供建议。框架协议规定了两级执行安排,以便进行联合研发。第一级包括由系统指导委员会指导的第四代反应堆概念的系统安排。在每个系统指导委员会,项目管理委员会建立项目以管理和实施联合研发。

2.3　技术水平和预期发展

实践证明,通过改进电厂寿命管理技术,并协调电厂许可证延期,通过燃料技术的发展改善反应堆性能,第二代核电站可以安全、经济地运行长达 60 年[5]。目前正在建设中的第三代反应堆是热中子反应堆的升级,其安全性能和经济性进一步得到提高,未来几十年,由于第二代反应堆的寿命延长和电网升级,以及第三代反应堆的新建,核能发电的比例应该会增加,或至少保持目前的水平。目前,芬兰和法国正在建设两座 1.6 GWe 的第三代反应堆。

芬兰正在建造的反应堆是同类堆型的首堆,建设已经延期,其隔夜费从 2000 欧元/kWe 增加到了 3 100 欧元/kWe,而法国的第二个反应堆的隔夜费现在是 2 400 欧元/kWe。在批量生产时,行业预计成本为(2 000 ±500)欧元/kWe,这与最近的国际研究结果一致。合理的估计是,在未来 25 年全世界范围内将增建 100 GWe 的第三代反应堆,将需要高达 2 000 ~ 2 800 亿欧元的投资。投资成本通常占核电平均成本的 60% ~ 70%,运行和维护成本占 20% ~ 25%,燃料成本占 10% ~ 15%。前置式的成本分布意味着,平准化成本对施工时间和投资的财务计划非常敏感。2007 年英国估计的单位发电量成本范围为 31 ~ 44 英镑/(MW·h) (37 ~ 53 欧元/(MW·h))。

虽然铀在地壳和海洋中相对丰富,但对自然储量的估计总是与矿物开采的成本有关。随着铀在世界市场上的价格上涨,经济上可开采的矿藏数量也在增加。根据最新的估计[6] 550 万吨铀(5.5 MtU)的开采价低于 130 美元/kgU。以低于 130 美元/kgU 的开采费可得到的未发现资源总数(合理确定的和推测的)的估计值为 10.5 MtU。非常规资源(仅作为副产品提取铀,如磷酸盐生产)的储量为 7 ~ 22 MtU,海水储量估计为 4 000 MtU。日本的研究表明,从海水中提取铀的成本为 300 欧元/kgU[8]。保守估计,在一个开放的燃料循环中,生产 1 000 MWe 的燃料需要 2.5 万吨铀。核能提供的全球电力为 2 600 MWe,这意味着,按照目前的消耗速度,低于 130 美元/kgU 的常规能源至少可以使用 85 年(已确定的资源为 5.5 MtU),如果加上未发现的资源((5.5 + 10.5) MtU),则至少可以使用 246 年。除了铀之外,还可以使用钍,钍在地壳中的含量是铀的三倍,但需要不同的反应堆和燃料循环。因此,自然资源是丰富的,不会成为核能发展的直接限制因素。

然而,在核能大规模扩张的情况下,资源短缺将会更早地成为问题,特别是因为新核电站至少有 60 年的寿命,而公用事业公司在订购新核电站时需要保证铀供应可以维持整个运营期。最终,可能在 21 世纪中叶时,已知的常规储备将全部指定用于当前的电厂或在建电厂。这种趋势突出了为新一代(即所谓的第四代)反应堆和燃料循环开发更可持续技术的必要性。特别是快中子增殖反应堆可以从相同数量的铀中产生比目前的设计多 100 倍的能量,并可显著减少放射性废物的数量。

快堆在运行过程中将燃料中的非裂变材料(^{238}U)转化为可裂变材料(^{239}Pu),从而使裂变材料的净量增加(增殖)。对乏燃料进行后处理后,提取出的裂变物质可以再循环成为新燃料。通过分离一些长寿期放射性核素、锕系元素可以减少废物中的辐射毒性和热负荷,这些放射性核素可以通过嬗变在快堆或加速器驱动系统(ADS)中"燃烧"。快中子反应堆的概念已经在过去的研究项目和原型堆中得到了验证,但是需要进一步的研发来使其商业化并开发符合真正的第四代标准的设计。主要的问题包括:可以承受更高温度、更高燃耗和中子剂量,耐冷却剂腐蚀的新材料;消除严重事故的反应堆设计;发展燃料循环以减少废物并消除扩散风险。快堆预计将于2040年投入商用。

到目前为止,核能主要用于发电,但它也可用于热工艺应用[7,8]。目前,轻水堆已经在一定程度上用于一些较低温度的应用(200 ℃),如区域供热和海水淡化。现有的高温反应堆设计温度可以达到800 ℃,可以在未来几十年内部署。作为第四代概念,气体冷却剂温度可以超过1 000 ℃的超高温反应堆正在研究中,未来可以部署。热工艺应用包括:石油炼制(400 ℃)、从焦油砂中回收油(600~700 ℃)、由二氧化碳和氢合成燃料(600~1 000 ℃)、制氢(600~1 000 ℃)和煤汽化(900~1 200 ℃)。小型反应堆可以是固有安全的,可用于支持特定的高能量应用,并且通常布置在偏远地区,这是小型反应堆另一个非常主要的应用,正受到更多的关注,特别是在国际原子能机构的INPRO倡议中。

对作为乏燃料或最终废物的放射性废料的管理(取决于国家战略)是公众接受核能的一个关键问题。科学界一致认为,地质处置是处理最终废物的唯一安全的长期解决办法。经过长时间的研究和发展,加上深入的政治和社会参与,到2020年,世界上第一个深核废料地质存储库将在瑞典和芬兰运行,几年后还将加上法国。这证明对核电厂运行中的危险废物进行安全的长期管理存在切实可行的解决方案。虽然第四代快堆燃料循环在后处理后也会产生最终的废物,但其体积和热负荷将大大减少,从而有利于处置操作和优化地质储存库的空间利用。

2.4 新一代核电站

新一代核电站示范工程为新一代的先进核电厂建设奠定了基础,这些核电站能够满足美国对无温室气体的工艺热和电力的需求。新一代核电站是基于超高温气冷堆技术,被认为是中期美国最有前途的技术。在经过广泛的国际技术评估,并于2003年提交给国会的一份报告中,将这一决定作为第四代实施战略的一部分加以记载。与现有核技术相比,超高温气冷堆技术在安全性和运行上都有了实质性的改进。根据2005年能源政策法案(Energy Policy Act,EPAct)的要求,新一代核电站将是一个原型核电站,在爱达荷国家实验室建造。新一代核电站未来的商业版本将达到甚至超过现有商业核电站的可靠性、安全性、防扩散能力和经济性[9]。

可以预见,这些先进核电站能够提供具有成本竞争力的过程热,可以用于各种能源密集型产业,如发电、制氢、提高原油采收率、炼油厂、煤制油和煤制气工厂、化工厂、化肥厂[9]。

美国核管理委员会(Nuclear Regulatory Commission,NRC)负责审批和监管新一代核电站的建设和运营。能源政策法案授权美国能源部(Department of Energy,DOE)在爱达荷国家实验室建造新一代核电站,并让爱达荷国家实验室负责领导该项目的开发。该项目的完成取决于美国能源部及其国家实验室、运营商、美国大学和国际政府机构的合作努力,以及核管理委员会的成功许可。目前,按照 EPAct 的要求,新一代核电站在第 1 阶段与工业界进行成本分担合作,美国能源部尚未就许可证申请人是美国能源部还是反映美国能源部与私营企业之间伙伴关系的一个或多个实体做出最终决定[9]。

根据 EPAct 第 644 条的规定,能源部部长和核管理委员会主席将在 2005 年 8 月 8 日法案颁布后 3 年内,联合向国会提交新一代核电站的许可证策略。本报告通过概述核管理委员会和能源部联合开发的新一代核电站的许可证策略来解决许可证问题。该文件包括 EPAct 第 644 条所述的新一代核电站的许可证策略的所有要素:

(1)本项目所考虑的反应堆类型需要对现有的核管理委员会轻水反应堆许可证要求进行调整的方法的说明;

(2)为了独立验证新一代核电站的设计及其安全性能,核管理委员会需要开发的分析工具的描述;

(3)核管理委员会在审查新一代核电站许可证申请时需要进行的其他研究或开发活动的描述;

(4)与许可证策略相关的预算。

美国能源部已经确定新一代核电站反应堆将是一个超高温气冷反应堆,用于发电、供热和制氢。超高温气冷堆可以提供高温过程热(最高为 950 ℃),可作为化石燃料燃烧的替代品在商业上广泛使用。由于超高温气冷堆是一种新的未经验证的反应堆设计,核管理委员会需要调整许可证要求和程序以获得新一代核电站反应堆的许可证,这些许可证要求和程序在历史上是围绕轻水反应堆设计而开发的。因此,EPAct 第 644 条认识到需要另一种许可证策略。本报告提供由核管理委员会和美国能源部联合开发的新一代核电站的许可证策略的建议。随着技术的成熟,政府/行业伙伴关系的发展,对许可证策略的一般公共修订提供的投入可能是必要和适当的[9]。

2.5　第四代核能系统

到 2050 年,世界人口预计将从现在的 67 亿增长到 90 亿以上,而且所有人都在努力改善生活质量。随着地球人口的增长,对能源的需求也随之增加。能源带来的好处包括:改善生活水平、改善健康状况和延长寿命、提高文化程度和就业机会等。然而,仅仅按照现在的电力生产方式组合来扩大对能源的使用,并不能满意地解决气候变化和化石资源枯竭的问题。为了在确保人类发展可持续性的同时支持地球人口的增长,我们必须增加对清洁、安全和具有成本效益的能源的使用,这些能源可以满足基本的电力生产和其他主要能源需求。在这些能源中最突出的就是核能。

目前,全球运行有 370 GWe 的核电,每年的发电量为 3 000 TW·h,占世界电力的 15%,这是所有非温室气体排放源所提供的最大比重,大大减小了发电对当今环境的影响,使电力供应更加多样性,从而提高了能源的安全性。

10 多年来,GIF 领导国际共同努力,以开发可以帮助满足世界未来能源需求的下一代核能系统。第四代设计将更有效地使用燃料,减少废物产生,具有经济竞争力,并符合严格的安全性和防核扩散标准。

考虑到这些目标,大约 100 位专家评估了 130 个反应堆概念,GIF 选择了 6 种反应堆技术开展进一步的研究和开发。

其中包括:

(1)超高温反应堆;

(2)熔盐堆;

(3)钠快冷堆;

(4)超临界水冷堆;

(5)气冷快堆;

(6)铅快冷堆。

图 2.2 给出了 6 个第四代核反应堆技术示意图。这些反应堆的更多细节将在后面的内容中介绍。

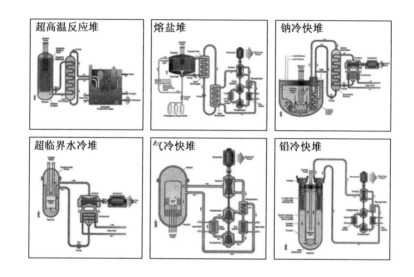

图 2.2 6 个第四代核反应堆技术(GIF 提供)

2.5.1 超高温反应堆

GIF 技术路线图中的第四代核能系统的 6 个备选方案中,超高温反应堆主要用于发电和制氢的热电联产。制氢是通过热化学、电化学或混合工艺从水中提取氢的技术。较高的反应堆出口温度使超高温反应堆在化学、石油和钢铁行业中也具有吸引力(图 2.3)。超高温反应堆将出口温度定为 1 000 ℃ 的最初目标是可以支持通过热化学过程有效地产生氢气。超高温反应堆的技术基础是具有各向同性涂层的颗粒燃料,以石墨为堆芯结构,使用氦气冷却剂以及专门的堆芯布置和较低的功率密度,以自然方式移除衰变热。三结构同向性(tristuctural – isotropic,TRISO)具有固有安全性、较高的热效率、过程供热能力、较低的运行和维护成本以及模块化结构。

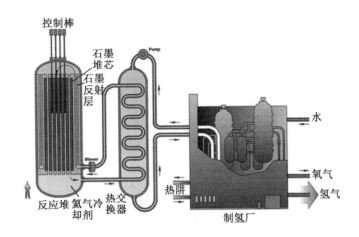

图 2.3　超高温反应堆(GIF 提供)

超高温反应堆是高温气冷堆的改进堆型,是具有热中子能谱的石墨慢化氦气冷却反应堆。超高温反应堆可以在 700～950 ℃(将来可超过 1 000 ℃)的堆芯出口温度范围内提供核热和电力。超高温反应堆的反应堆堆芯类型可以是棱柱形堆芯,如日本的 HTTR,也可以是球床堆芯,如中国的 HTR – 10。对于发电应用,可以将氦气涡轮机系统直接设置在主冷却剂回路中,称为直接循环,或者在出口温度范围之内设置蒸汽发生器与常规朗肯循环一起使用。对于核热应用,例如用于炼油厂的过程热、石油化工、冶金和制氢,通常将热应用过程通过中间热交换器与反应堆耦合,即所谓的间接循环。超高温反应堆可以通过使用热化学工艺(例如硫 – 碘处理器或混合硫工艺)、高温蒸汽电解或利用蒸汽转换技术从热、水和天然气中分离产生氢气。

尽管 GIF 计划开始时最初的超高温反应堆侧重于很高的出口温度和氢气产量,但当前的市场评估表明,高温蒸汽驱动的电力生产和工业过程需要合适的出口温度(700～850 ℃),在未来十年中具有最大的应用潜力。这也降低了与较高出口温度相关的技术风险。在过去十年中,超高温反应堆的研究重点已从较高的出口温度设计(例如 GT – MHR 和 PBMR)转移到较低的出口温度设计(例如中国的 HTR – PM 和美国的 NGNP)。

超高温反应堆有两种典型的反应堆配置,即球床形和棱柱形。

尽管两种配置所采用的燃料元件形状都不同,但是两种配置的技术基础是相同的,例如石墨基体中的 TRISO 涂层颗粒燃料、全陶瓷(石墨)堆芯结构、氦冷却剂和低功率密度。

超高温反应堆允许在正常运行和事故条件下实现较高的堆芯出口温度,并在涂层颗粒内部保留裂变产物。超高温反应堆可支持替代燃料循环,例如 U – Pu、Pu、MO_X 和 U – Th。

2.5.2　熔盐堆

熔盐堆的核心是将燃料溶解在熔融的氟化物盐中。这项技术最早在 50 多年前就已开展研究。当前的研究是基于快中子反应堆的概念,熔盐堆可以作为固体燃料快中子反应堆的长期替代方案。使用热化学技术的现场燃料后处理装置可从 Pu 中增殖 Pu 或[233]U。熔盐堆的研发朝着解决可行性问题以及评估设计概念的安全性和性能的方向发展。关键的可行性问题集中在专用的安全方法以及盐氧化还原电位测量和控制装置的开发,为限制结构材料的腐蚀速率,需要进一步进行分批在线盐处理工作。熔盐技术和相关设备还需要做大量的研究工作(图2.4)。

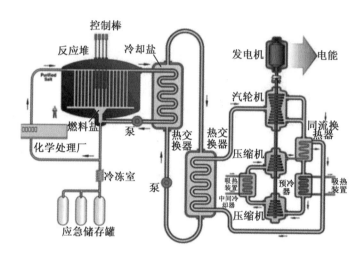

图2.4 熔盐堆(GIF提供)

在20世纪50年代和60年代,美国在一定程度上开发了熔盐堆技术,其中包括两个示范反应堆(橡树岭国家实验室)。经过验证的熔盐堆概念采用的是热中子谱石墨慢化技术。自2005年以来,熔盐堆的研究和设计转向快中子熔盐堆概念,它将快中子反应堆的特性(扩大的资源利用,废物最小化)与作为流体燃料和冷却剂(低压力、高沸点、光学透明性)的熔融盐氟化物相关联。

与以前研究过的大多数其他熔盐堆相反,快中子熔盐堆的堆芯中不包含任何固体慢化剂(通常为石墨)。通过研究诸如反馈系数、产出比、石墨寿命和^{233}U初始装量等参数,可以推进快中子熔盐堆设计。快中子熔盐堆具有较大的负温度反应性反馈系数,这是固体燃料快堆中没有的安全特性。

与固体燃料反应堆相比,快中子熔盐堆系统具有更少的裂变物质存量,对可达到的燃料燃耗没有辐射损害的限制,不需要制造和处理固体燃料,并且反应堆中的燃料同位素组成单一。这些特征和其他特性使快中子熔盐堆具有潜在的燃烧锕系元素和扩展燃料资源的独特功能。

俄罗斯在熔盐锕系元素循环和转化装置方面进行的熔盐堆开发,目的是在不含任何U和Pu的情况下,用作UO_x和MO_x轻水反应堆乏燃料的超铀废料的高效燃烧器。其他先进的反应堆概念也正在研究中,其中包括使用液态盐技术作为氟盐冷却高温反应堆以及类似于高温气冷反应堆涂层颗粒燃料的主冷却剂系统。

更广泛地说,人们对使用液体盐作为核和非核应用的冷却剂的兴趣大大增加。这些盐可以促进核制氢概念、集中太阳能发电、炼油厂和页岩油处理设施的传热,以及其他应用。

2.5.3　钠冷快堆

钠冷快堆使用液态钠作为反应堆冷却剂,允许在低冷却剂体积分数的情况下实现高功率密度,并可在低压下运行。一方面无氧环境可以防止腐蚀,另一方面钠与空气和水会发生化学反应,因此钠冷快堆需要使用密闭的冷却系统(图2.5)。

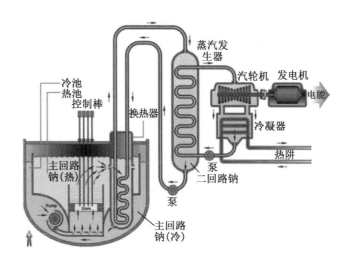

图2.5　钠冷快堆(GIF 提供)

正在考虑的电厂规模选择范围从小型的 50 ~ 300 MWe 的模块化反应堆到最大功率为 1 500 MWe 的大型电厂。反应堆出口温度设定为 500 ~ 550 ℃,前期快堆计划中开发和论证的材料可以沿用。

钠冷快堆闭式燃料循环可再生易裂变燃料,并有助于管理微量的锕系元素。但是,这要求开发循环燃料并符合使用条件。第四代发电系统的重要安全特性包括:较长的热响应时间、合理的冷却剂沸腾裕度、在接近大气压下运行的主系统,以及介于主系统中的放射性钠与功率转换系统之间的中间钠系统。水/蒸汽、超临界二氧化碳或氮气可作为功率转换系统的工作流体,以在热效率、安全性和可靠性方面实现良好的性能。通过创新来降低投资成本,钠冷快堆的目标是在未来的电力市场中具有经济竞争力。此外,与热堆相比,快中子能谱极大地扩展了铀资源。因此钠冷快堆被认为是最接近可部署的锕系元素管理系统。

钠冷快堆的许多基本技术已在以前的快中子反应堆计划中开发完成,并正在法国的“凤凰号”(Phenix)寿命结束测试、日本的“文珠号”(Monju)重启和俄罗斯的 BN – 600 寿命延长中得到证实。涉及钠冷快堆技术的新项目包括 2011 年 7 月接入电网的中国实验快堆和印度原型快堆。

对于那些希望充分利用有限的核燃料资源并通过闭式燃料循环来管理核废料的国家来说,钠冷快堆是一种具有吸引力的反应堆类型。

快中子反应堆在锕系元素管理任务中扮演着独特的角色,因为它们使用高能中子,在裂变锕系元素时更有效。用于锕系化合物管理任务的钠冷快堆的主要特征是:

（1）在闭式燃料循环中消耗超铀，减少放射性和热负荷，从而有利于废物处置和地质隔离。

（2）通过对易裂变材料的有效管理和多次循环利用，提高铀资源的利用率。

（3）通过固有和非能动方式实现的高安全性还可以适应具有显著安全裕度的瞬态和边界事件。反应堆单元可以采用池式布置或紧凑回路布置方式。这里有三个选项以供考虑：

①大型（600～1 500 MWe）回路型反应堆，带有混合的铀钚氧化物燃料和潜在的少量镧元素，并由服务于多个反应堆的、位于中心位置的先进水处理燃料循环支持。

②使用氧化物或金属燃料的中型到大型（300～1 500 MWe）池式反应堆。

③一种小型（50～150 MWe）的模块化反应堆，使用铀－钚－微量镧系元素－锆合金燃料，由与反应堆集成的基于高温冶金处理的燃料循环支持。

2.5.4 超临界水冷堆

超临界水冷堆是高温、高压、轻水冷却反应堆，其运行温度超过水的热力学临界点（374 ℃，22.1 MPa）（图2.6）。

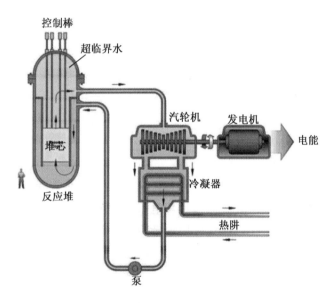

图2.6 超临界水冷堆（GIF 提供）

反应堆堆芯可以是热中子谱也可以是快中子谱，主要取决于堆芯设计。该概念可以基于当前的压力容器或压力管反应堆技术，因此可以使用轻水或重水作为慢化剂。与当前的水冷反应堆不同，冷却剂在堆芯中会经历很大的焓升，可以降低给定热功率下堆芯的流量，并使堆芯出口焓值达到过热状态。对于压力容器和压力管设计，都设想采用一次蒸汽循环，而不考虑反应堆内部的任何冷却剂再循环。就像在沸水堆中一样，过热蒸汽被直接供应给高压蒸汽轮机，而来自蒸汽循环的给水被输送回堆芯。因此，超临界水冷堆的概念结合了数百个水冷反应堆的设计和运行经验与数百个使用超临界水运行的化石燃料火电厂的经验。与其他第四代核能系统相比，超临界水冷堆可以基于当前的水冷反应堆逐步开发。

2.5.4.1　优势与挑战

与最先进的水冷反应堆相比,这种超临界水冷堆设计具有许多重要的特点:

(1)与当前的水冷反应堆相比,超临界水冷堆可提高热效率。超临界水冷堆的效率可以达到44%或更高,而当前的水冷反应堆热效率只有34%～36%。

(2)不需要反应堆冷却剂泵。在正常运行条件下,唯一驱动冷却剂的泵是给水泵和凝水泵。

(3)由于冷却剂在堆芯中过热,因此可以省去用于压水堆的蒸汽发生器以及沸水堆的汽水分离器和干燥器。

(4)有抑压池、应急冷却和余热排出系统的安全壳可以大大小于当前的水冷反应堆的安全壳。

(5)较高的蒸汽焓可以减小汽轮机系统的尺寸,从而降低常规岛的投资成本。

与现有的轻水反应堆相比,这些特点使电厂具有降低给定电力的投资成本和更好的燃料利用率的潜力,因此具有明显的经济优势。

但是,超临界水冷堆的开发存在一些技术挑战,特别是需要验证瞬态传热模型(用于描述从超临界到亚临界条件的压降)、材料鉴定(用于包壳的高级钢)和非能动安全系统的演示。

2.5.4.2　到 2012 年的 GIF 计划

在日本,对堆芯出口温度超过 500 ℃ 的热中子谱或快中子谱堆芯都进行了概念前设计研究。两种选择都是基于冷却剂加热的两个步骤,在堆芯下面混合。热中子谱的慢化剂由水棒内的给水提供。快中子谱使用锆氢化物(ZrH_2)层来减少中子光谱的硬化,防止堆芯失效。通过瞬态分析,研究了两种方案的安全系统的概念前设计。

Yamada 等人研究了净功率为 1 700 MW 的概念压力容器型反应堆的设计,并对其效率、安全性和成本进行了评估。该研究确认目标净效率为 44%,与目前的压水反应堆相比,成本可降低 30%。安全特性预计与先进的沸水反应堆一致。

正如 Schulenberg 和 Starfl inger 总结的那样,欧洲已经完成了具有 500 ℃ 堆芯出口温度、发电功率为 1 000 MW 的压力容器型反应堆的概念设计。组件盒间隙中的水棒提供了额外的热中子慢化剂。核岛的设计和电厂的热平衡计算证明了日本获得的结果,即效率提高了43.5%,与最新的沸水反应堆相比成本降低了 20%～30%。所定义的安全功能可以满足严格的《欧洲公用事业要求》。

加拿大正在开发压力管型超临界水冷堆,堆芯出口温度为 625 ℃,压力为 25 MPa。该压力管型超临界水冷堆旨在产生 1 200 MW 的电力(也正在考虑 300 MW 的电力)。它具有模块化的燃料通道配置,有独立的冷却剂和慢化剂,集成了高效的燃料通道以容纳燃料组件。重水慢化剂与压力管直接接触,装入低压列管容器内。除了在正常运行期间提供调节,它还被设计用于在长期冷却期间利用非能动慢化剂冷却系统从高效燃料通道中去除衰变热。一种钍氧化物和钚的混合物被用作参考燃料。加拿大超临界水冷堆的安全系统设计与经济简化沸水反应堆的安全系统设计相似。但是,在假定的严重事故如冷却剂丧失或全厂断电事件中,引入非能动慢化剂冷却系统并与高效通道相结合,可显著降低堆芯损毁概率。

俄罗斯在 2011 年加入超临界水冷堆系统组织,完成了三种具有热谱、混合谱和快谱的压力容器超临界反应堆的概念前设计。

在 GIF 框架之外,中国的一些研究机构已经建立了两个具有热谱和混合谱的超临界水冷堆概念设计。2007—2012 年,中国在国家研发项目的背景下,开展了材料和热工水力基础研究、堆芯/燃料设计、主要系统设计(包括常规岛部分)、安全系统设计、反应堆结构设计、燃料组件结构设计。相关的可行性研究也已经完成,表明该概念设计在整体性能、集成设计、组件结构可行性和可制造性方面具有广阔的前景。

根据 Pioro 等人的理论,超临界水的传热预测可以基于火力发电厂的数据。对于更复杂的几何形状,比如燃料组件,已经有了计算工具,但仍然需要通过大量实验进行验证。可用于超临界水瞬态安全分析的系统程序已经进行了升级,包括降压过渡到亚临界条件。堆芯的流动稳定性采用数值方法进行了研究。与沸水反应堆一样,在燃料组件中使用合适的入口孔可以确保流量稳定。

已经在 25 MPa 的压力,700 ℃高温下的小容器、高压容器和循环回路中测试了多种候选包壳材料。铬含量超过 20% 的不锈钢有望在 650 ℃的最高温下具有所需的耐腐蚀性。需要更多的工作来开发适用于加拿大超临界水冷堆概念的设计峰值温度为 850 ℃的合金。还需要进一步的工作来更好地识别导致应力腐蚀开裂的冷却条件。正如 Kaneda 等人提到的那样,已经表明,通过添加少量元素,例如锆,可以改善现有合金的抗蠕变性。从长远来看,实验性氧化物弥散强化钢合金具有更高的潜力,而被认为用于超超临界火电厂的镍基合金,由于其高中子吸收与相关的膨胀和脆化而不太适合用于超临界水冷堆。

Guzonas 等人已经确定了关键的水化学问题。预测和控制水的辐射分解与腐蚀产物的传输(包括裂变产物)仍然是主要的研究领域。在这方面,俄罗斯 Beloyarsk 核电站使用核蒸汽再热的运行经验是极其宝贵的。

2.5.5　气冷快堆

气冷快堆系统是一种具有闭式燃料循环的高温氦冷快中子反应堆。它结合了快中子系统以及高温系统的优势,可以实现铀资源的长期可持续性和废物的最小化(通过燃料多次处理和长寿命锕系元素的裂变),同时实现高热循环效率,产生的热量可用于制氢等工业用途(图 2.7)。

气冷快堆使用与钠冷快堆相同的燃料回收过程,并使用与超高温反应堆相同的技术。因此,其开发方法是在可行的情况下尽可能依赖于超高温反应堆开发的结构、材料、组件和功率转换系统的技术。但是,它要求在超高温反应堆系统的当前和预期的工作之外进行特定的研发,主要是在堆芯设计和安全方法上。

气冷快堆的参考设计是布置在钢制压力容器内的 2 400 MWt 反应堆堆芯。堆芯由一组六角形燃料元件组成,每个燃料元件都包括陶瓷六角管燃料包壳以及包含在陶瓷六角管内部的混合碳化物燃料。目前,用于包壳和六角管的首选材料是纤维增强碳化硅。图 2.8 显示了反应堆堆芯布置在钢制压力容器内,该容器被主要的热交换器和衰变热导出回路所环绕。整个主回路都包含在一回路压力边界内,即保护容器内。

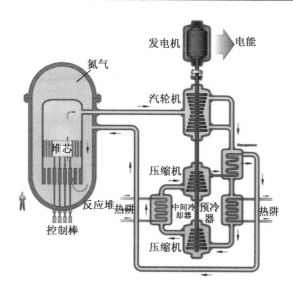

图 2.7　气冷快堆(GIF 提供)

如图 2.8 所示,冷却剂是氦气,堆芯出口温度约为 850 ℃。热交换器将热量从一次氦冷却剂传递到一个包含氦氮混合物的二次气体循环中,从而驱动闭式燃气轮机。燃气轮机废气中的废热用于在蒸汽发生器中产生蒸汽,然后驱动蒸汽轮机。这种组合循环在天然气发电厂中很常见,是一种成熟的技术,在气冷快堆系统中的唯一区别是使用了闭式燃气轮机。

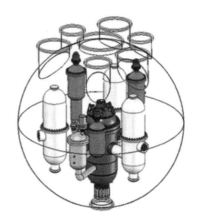

(a)气冷快堆,衰变热回路,主换热器,燃料控制装置　　　　(b)气冷快堆球形保护容器(GIF提供)

图 2.8　气冷快堆布置

2.5.6　铅冷快堆

铅冷快堆的特点是具有快中子能谱,高温运行,使用在低压下具有良好化学惰性和热力学性质的熔融铅或铅铋合金冷却。铅冷快堆具有多种应用,包括发电、制氢和制热。GIF 系统研究计划中的铅冷快堆系统是基于欧洲的 ELFR 铅冷系统、俄罗斯的 BREST – OD – 300 和美国的 SSTAR 系统概念提出的,如图 2.9 所示。

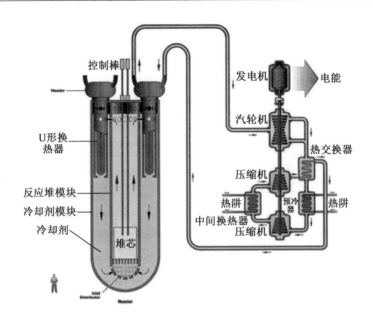

图 2.9　铅冷快堆（GIF 提供）

铅冷快堆具有出色的燃料管理能力，因为它在快中子谱运行，并使用闭式燃料循环有效地转化铀。它也可以用作燃烧堆，以消耗轻水堆乏燃料中的锕系元素，以及用作钍基燃料增殖堆。铅冷快堆的一个重要特点是，选择熔融铅作为化学惰性和低压冷却剂，提高了安全性。就可持续性而言，即使在部署大量反应堆的情况下，铅也很充足。更重要的是，与其他快堆系统一样，铅冷快堆燃料循环的转换能力大大提高了燃料的可持续性。因为它们加入了液态冷却剂，所以具有很高的沸腾裕度，与空气或水有良性的相互作用，所以铅冷快堆在安全性、简化设计、防扩散性以及由此产生的经济效益方面具有巨大的潜力。因为良好的状态可以防止严重事故的发生。

铅冷快堆在燃料、材料性能和腐蚀控制领域都有发展需求。在接下来的 5 年中，预计在材料、系统设计和操作参数方面都将取得进展。在此期间，正在进行和计划进行重要的测试和演示活动。

2.6　用于发电的下一代核电反应堆

专家预测，未来几十年世界范围内的电力消耗将大幅增加，特别是在发展中国家。经济增长和社会进步将对不断上涨的电价产生直接影响，并使人们重新关注核电站。新的、更安全、更经济的核反应堆不仅可以满足未来的能源需求，还可以应对全球变暖。如今，美国的核电站提供了全国 1/5 的电力。

考虑到全球能源需求的预期增长以及人们对全球变暖、气候变化和可持续发展问题的认知日益增强，将需要核能来满足未来的全球能源需求。

正如我们在上一节中所提到的，核电站技术已经过几代的设计发展，在此简述如下：

（1）第一代：原型和首堆（约 1950 年至 1970 年）。

（2）第二代：当前运营的电厂（约 1970 年至 2030 年）。

（3）第三代：当前反应堆的改进型（约 2000 年及以后）。

（4）第四代：先进的新反应堆系统（2030 年及以后）。

GIF 旨在领导世界领先的核技术国家合作开发下一代核能系统，以满足未来世界的能源需求。

GIF 在以下 4 个主要领域为第四代系统定义了 8 个技术目标（该 8 个目标将在 2.7 节介绍）：

（1）可持续发展；

（2）经济性；

（3）安全性和可靠性；

（4）防扩散和物理防护。

许多国家都有雄心勃勃的目标，以应对 21 世纪的经济、环境和社会需求。各国间建立了框架，并确定了 GIF 研发工作的具体目标。

2.7　第四代核能系统的目标

第四代核能系统旨在达到以下目标：在经济竞争力、安全性和可靠性方面至少与"第三代"差不多，以实现核能的可持续发展。

原则上，第四代核能系统应从 2030 年起开始投入市场或部署。该系统还应为与扩展利用核能兼容的新应用提供真正的潜力，尤其是在氢或合成烃生产、海水淡化和过程热生产领域。

人们已经认识到这些得到许多国家广泛和正式认同的目标，应该以国际共享的研发计划为基础，允许保持开放和巩固技术，避免任何过早或不成熟的淘汰。

实际上，由于下一代核能系统将具有巨大潜力解决需要改进的领域，许多国家在支持其发展的先进研发方面拥有共同的利益。国际研究界应从有前途的研究领域和合作努力中探索这种发展的好处。

通过利用资源、提供协同机会、避免不必要的重复和加强合作，许多国家在发展先进的下一代核能系统方面的研发合作原则上将有助于推动这类系统的进展（表 2.1）。

表 2.1　第四代的改进领域

可持续发展	1. 第四代核能系统将提供满足清洁空气目标的可持续能源生产，并为全球能源生产提供系统的长期可用性和有效的燃料利用
	2. 第四代核能系统将最大限度地减少和管理其核废料，显著减轻长期管理负担，从而改善对公众健康和环境的保护
经济性	1. 第四代核能系统将具有明显优于其他能源的生命周期成本优势
	2. 第四代核能系统的财务风险水平可与其他能源项目相当

表 2.1(续)

安全性和可靠性	1. 第四代核能系统将在运行的安全性和可靠性方面非常突出
	2. 第四代核系统的反应堆堆芯损坏可能性和程度非常低
	3. 第四代核能系统将消除对场外应急响应的需求
防扩散和物理防护	第四代核能系统将确保它们是转移或盗用武器级材料的最不理想的途径,并提供更多的防止恐怖主义行为的实体保护

从图 2.1 中可以看到核电厂生命周期的演变。

2009 年,专家组发布了《第四代研发展望》,以了解 GIF 成员希望在 2010—2014 年共同实现什么样的目标。所有第四代核能系统都具有旨在提高性能,核能的新应用和/或更具可持续性的核材料管理的特点。高温系统提供了有效的过程供热和制氢的可能性。提高可持续性主要是通过采用闭式燃料循环,使用快堆对钚、铀和少量锕元素进行后处理和再循环来实现的,这种方法大大减少了废物产生和对铀资源的需求。

2.8   当前为什么需要考虑核电的未来作用

以下是一些需要考虑新核电站设计在未来发挥作用的理由:

(1)在过去的 50 年里,核能一直是全球能源的一部分。目前,它为我们的家庭和工作场所提供了 18% 的电力。例如,在英国,大约 1/3 的二氧化碳排放来自发电[10],这些排放的二氧化碳绝大部分来自煤炭和天然气发电厂。

(2)未来 20 年,随着燃煤发电厂和核电站的退役,能源公司将需要投资新建 30 ~ 35 GW 发电能力的电厂,到 2020 年大约需要完成 2/3。这相当于我们现有产能的 1/3。世界需要一个明确和稳定的监管框架以减少商业经济的不确定性,确保对有助于实现能源目标的技术进行充分和及时的投资。

(3)在未来 20 年可能关闭的发电厂中,2/3 是煤碳密集型的化石燃料发电厂,约 10 GW 属于低碳发电的核能。因此,投资何种类型的电厂来取代这些淘汰的产能,将对碳排放水平产生重大影响。例如,如果现有的核电站全部被化石燃料发电站所取代,碳排放量每年将增加 8 ~ 16 Mt(取决于天然气和燃煤发电站的比例)。根据在能源白皮书[11]中提出的计划,这相当于在中期所实现的碳减排总量的 30% ~ 60%。在越来越依赖进口化石燃料的时候,对天然气的需求也会更高。

(4)美国未来的电力需求预计将大幅增长。在过去的 10 年里,美国人的用电量增加了 17%,但国内发电量只增加了 2.3%(国家能源政策,2001 年 5 月)。除非美国大幅提升发电能力,否则美国将面临能源短缺,这将对我们的经济、生活水平和国家安全产生不利影响。与这一挑战相伴随的是改善环境的需要。

(5)新建核电站的建设周期很长。施工前必须获得相关监管和开发许可,这需要一定时间,而且与其他发电技术相比,核电站的施工周期也很长。保守估计是,首台新核电站的建设前期约为 8 年(以获得必要的批准),建设期约为 5 年。对于后续将要建设的电厂,这两段时间均假设为 5 年。在 2020 年之前,新建核电站不太可能对满足新的产能需求做出重大贡献。

(6)尽管预期可再生能源的份额会增加,化石燃料发电可能会满足其中一部分需求,然而,仍然需要增加大量的发电容量。例如,到 2023 年,根据公布的使用寿命,美国仍将有 1/3 或 3 GW 的核电容量投入使用。考虑到在此之前化石燃料发电量可能会增加,用低碳技术取代大部分容量是很重要的。正如本书所概述的,新建核电站可以为满足我们在此期间及以后直至 2050 年的低碳发电和能源安全需求做出重要贡献。由于时间紧迫,如果现在不明确方向,将失去发展核能的机会。

(7)现有的核能建设规划是在 2003 年 11 月提出的:"核能目前是无碳发电的重要来源。但是,当前的经济状况使核能成为新型无碳发电方式中一个不具吸引力的选择,还有一些重要的核废料问题有待解决,包括遗留废物和其他来源产生的持续废物。这份白皮书没有包含建设新核电站的具体建议。然而,如果要达到碳排放目标,不排除在未来的某个时刻建造新的核设施的可能性。在做出兴建新核电站的决定之前,我们需要进行充分的公众磋商,并发表另一份新的白皮书来阐述我们的建议。"

(8)自 2003 年以来,一系列的发展促使政府重新考虑新建核电站的潜在贡献。

①在处理遗留废物方面,我们已经取得了重大进展:

- 我们有废物处理的技术解决方案,来自国外的科学共识和经验建议可以容纳现有和新建核电站产生的所有类型的废物。
- 现在有一个执行机构(核退役管理局)拥有这方面的专业知识,政府正在重组放射性废物管理委员会,以提供持续的独立审查和建议。
- 在未来几个月将实施一个在地质资源库中实现长期废物处理的框架协议。

政府在审议与潜在的新建核电站有关的废物管理问题方面也取得了进展:

- 这一考虑为讨论与允许私营业主投资新建核电站和产生新的核废料的决定有关的道德、代际和公众可接受性问题提供了机会。
- 政府正在制定保护纳税人的具体方案。根据这些提案,私营业主的开发商将承担全部的退役费用和废物管理费用。如果得出应允许能源公司投资新的核电站的结论,那么这些提案将会被执行。在新建电站的提案得以实施之前,必须准备好。

②为"能源审查"准备的核能高级别经济分析得出的结论是,在天然气和煤炭价格可能升高,以及对核电成本的审慎预测的情况下,在减少碳排放和保障供应方面核能将为英国带来总体经济效益。因此,政府认为,与其他低碳发电技术一样,核能发电可以做出潜在的贡献。

③一些能源公司表达了对投资新核建电站的浓厚兴趣。他们评估说,新的核电站是一项具有经济吸引力的低碳投资,这有助于其电力投资组合的多样化。他们重新燃起的兴趣反映了一种趋势,即随着煤炭以及天然气价格可能高于此前预期,新建核电站的经济状况正变得更加有利。

(9)核电站建设的时间很长。如果要用它们替代未来 20 年(尤其是 2020 年后)的关闭产能,现在就需要对能源公司选择投资新建核电站是否符合公共利益做出决定。能源公司需要尽快开始其初步准备工作,以便在这一时期有建设新一代核电站的合理前景。如果现在不做出符合公众利益的决定,新核能就无法成为我们应对气候变化和实现能源安全的选择之一。

2.9　第四代核能系统技术路线图项目

随着第四代核反应堆发展目标的最终确定,各国已经为制定第四代核能系统技术路线图做出了准备,路线图的组织结构如图 2.10 所示。路线图集成团队是执行机构,它组织了国际专家小组进行候选系统的鉴定和评估,并确定研发计划以支持新堆型的研究[12]。

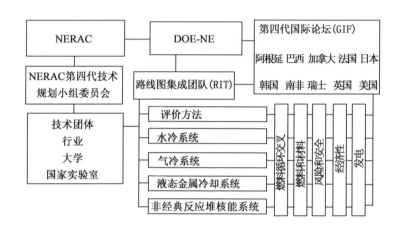

图 2.10　路线图的组织结构

第一步,成立一个评价方法小组,制定一项程序以系统地评价拟议的第四代核能系统实现第四代目标的潜力。本报告讨论了评价方法小组的评价方法。与此同时,向全世界发出征求意见书,要求概念设计人员提交他们认为能够满足部分或全部第四代核能系统的资料。来自十几个国家的研究人员提出了近 100 个概念和想法[12]。

成立技术工作组,审查拟议的水冷、气冷、液态金属冷却和非经典反应堆核能系统概念,并使用评价方法小组开发的工具评估其潜力。由于提交了大量的系统概念,技术工作组将这些概念收集到具有类似属性的概念集合中。技术工作组进行初始筛选,称为潜力筛选,排除那些没有足够潜力的发展目标,或技术上太遥远或不可行的概念或概念集[12]。

燃料循环协同组也很早就成立了,用以探讨燃料循环的选择对可持续性产生影响的主要因素,特别是对废物管理和燃料利用的影响。燃料循环协同组的成员同样来自技术工作组,使其能够直接比较他们的观点和调查结果。然后,又成立了经济、风险与安全、燃料与材料、能源产品等领域的协同组。协同组审查技术工作组的报告,以确保技术评估和主题处理的一致性,并继续就其主题领域交叉研发的范围和优先级提出建议。最后,技术工作组和协同组共同制定最有前途概念的研发需求和优先事项[12]。

为这一路线图做出贡献的国际专家代表了 10 个 GIF 国家、经济合作与发展组织核能机构、欧盟委员会和国际原子能机构[12]。

至少在美国能源部的爱达荷州 SMR 项目中,联邦机构在做出涉及 SMR 的电力购买决策时考虑有路线图的作用,决策过程中的关键步骤如图 2.11 所示。SMR 旨在提供经济性的弹性电力服务,可以作为安全、可靠且灵活的主电源和备用电源。SMR 与传输电网相结合,可以提供高度可靠、不间断、清洁且无碳的电源。SMR 还可以很容易地存储 2 年的现场维修费用。某些 SMR 设计可以对 SMR 功率进行调整以适应不断变化的负载需求,从而使电力输出可以在几天、几小时或几分钟内变化。

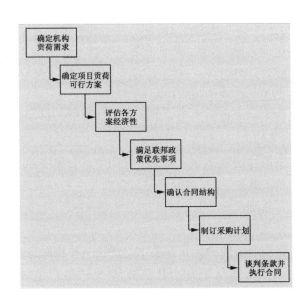

图 2.11　联邦机构 SMR 购买路线图

但是,由于同类堆型的首堆技术、施工挑战和许可要求,很难在全国范围内实施 SMR 项目。在没有最终用户的任何财务支持的情况下,SMR 会引入重大的费用和风险,对于项目实施是具有挑战性的。本章提供的建议以及本报告其他地方介绍的潜在解决方案,可以帮助解决这些问题,促进 SMR 在美国的部署,同时提高橡树岭保护区的电网弹性。

更具体地说,本章指出联邦政府如何能够协助简化 SMR 的融资和开发(无论是作为客户还是作为理事机构),使联邦机构可以签订长达 30 年的协议来购买小型模块化反应堆产生的电力。

国会不妨考虑颁布法律,允许联邦机构分担与 SMR 建造相关的风险。联邦政府作为电力购买者的强大信誉以及对基础负载电力的持续需求,对于 SMR 的开发非常重要。联邦机构的购买者可以帮助建立市场,并为其他最初的购买者提供更多确定性。虽然法律授权机构多种多样,但联邦机构可能会用来购买电力,通常将购电协议期限限制为 10 年。这项为期 10 年的限制会影响缔约方利用政府购买资金进行融资的能力。

联邦机构应该有能力购买 SMR 产生的电力,有效期最长为 30 年。目前,只有国防部(根据美国法典第 10 卷第 2922a 条)有权无限期购买长达 30 年的电力。通过设立一个授权,允许联邦机构购买长达 30 年的电力,SMR 开发商将能够使用传统融资方式偿还项目融资或长达 30 年的长期债券,使融资更容易负担。这取决于联邦机构的采购规模,与被资助的能源规模相比,这种差异可能会使融资变得困难。

2.10　许可策略组

美国能源部和美国核管理委员会成立了一个工作组来制定许可证策略。由资深工作人员深入分析轻水反应堆的许可证发放程序和技术要求备选方案。用于制订新一代反应堆许可策略备选方案所使用的方法还包括,由核领域的权威专家为一个典型的新一代反应堆开发现象识别和排序表,用于确定关键的研发需求。基于这些替代方案的详细分析,平衡许可风险和其他相关因素的进度考虑,能源部部长和委员会得出结论认为,以下的新一代反应堆许可策略为在 2021 年之前首次运行新一代反应堆原型堆提供了最好的机会,这种分析的细节可以在新一代反应堆向国会提交的报告中找到[22]。

新一代反应堆技术将不同于目前用于发电的商用轻水堆。轻水堆有一个完善的监管要求框架,这些要求的技术基础,以及申请人可以采取哪些可接受的方法来证明其满足美国核管理委员会要求的都有支持性法规指导。美国核管理委员会使用标准审查计划来审查这些反应堆设计的许可证申请。此外,美国核管理委员会拥有一套有效的分析代码和方法,以及进行安全研究所需的完善基础设施,以支持其对轻水堆核电厂设计的独立安全审查和许可证申请的技术充分性。

新的核电厂可以根据现有的两种监管方法中的任意一种获取许可。第一种方法是传统"两步法"程序,如《联邦法规汇编》(第 10CFR 章第 50 节)"生产和利用设施的国内许可"中所述,该程序要求同时具有施工许可证和单独的运营许可证。第二种方法是新的"一步法"许可程序,如《联邦法规》(第 10CFR 章第 52 节),"核电站的许可、认证和批准"所述,将两者合并形成施工和运营许可证。这两种程序都允许采用确定性的或基于风险的性能方法来处理技术要求。

轻水堆的许多法规要求和支持审查指南是与技术无关的,也就是说,它们既适用于轻水堆设计,也适用于非轻水堆设计。然而,某些轻水堆要求可能不适用于超高温反应堆设计。因此,在制定新一代反应堆许可策略时,美国核管理委员会和美国能源部考虑了美国核管理委员会工作人员可采用的各种方案,以适应美国核管理委员会轻水堆目前对新一代超高温反应堆的许可要求。这些选项涉及法律、流程、技术、研究和监管基础设施事项,并包括对历史许可活动的审查。这些考虑支持选择最符合能源政策法案中确定的考虑因素的许可策略。

本报告中概述的许可策略由两个不同的方面组成。第一个方面是美国核管理委员会将如何适应当前的轻水堆技术要求以应用于超高温反应堆的推荐方法。第二个方面是推荐的许可程序替代方案,确定美国核管理委员会法规中哪一种推荐方案最适合新一代反应堆的许可。为了得出更好的许可方案,美国核管理委员会和美国能源部评估了许多选项与备选方案。

2.11　市场和行业状况及潜力

欧洲在核能发展中处于领先地位,拥有全球35%的装机容量。欧洲反应堆的平均运行时间为27年。大多数欧盟成员国目前的计划是根据具体情况将电站寿命延长至40年以上,在某些情况下甚至超过60年,同时进行电网升级。目前欧洲正在建造两个三代反应堆,即欧洲压水堆。

全球核能的增长可以用反应堆数量的增加来衡量[9, 10](2005年和2006年增加了3个,2007年增加了7个,2008年增加了10个),这些增长主要集中在亚洲,但是其中一些反应堆是欧洲设计的。目前欧洲在建的反应堆有四个:芬兰和法国的欧洲压水堆,斯洛伐克的两个较小的二代反应堆(VVER 440),计划在法国、罗马尼亚、保加利亚和立陶宛建造新的反应堆。或许更重要的是,英国已经采取了具体措施,从2009年开始招标建设新的核电站,而意大利已经宣布启动一个核能项目计划,目标是到2030年生产占全国25%的电力。欧盟27国核裂变发电的预测最大潜在装机容量(2020年150 GWe,2030年200 GWe)似乎比基准(2020年115 GWe,2030年100 GWe)更接近现实。

俄罗斯和几个亚洲国家正在施工建造快中子反应堆和高温反应堆示范项目。虽然这些不是第四代反应堆设计,但从运行中获取知识和经验将对未来第四代堆的发展做出重大贡献。在欧洲,作为欧盟战略能源技术计划(简称SET计划)的一部分,以欧洲工业倡议的形式提出了以可持续核裂变为主题的共同努力。欧洲工业倡议已经选择了钠冷快堆作为其主要发展的核动力系统,于2012年选定了基本设计,建造的250~600 MWe的原型堆,已接入电网并将于2020年投入运行。

将同步研究气冷或铅冷快堆。根据目前的预概念设计研究计划,将于2012年选择备选快堆技术。该反应堆将是一个50~100 MWt的示范反应堆,也应在2020年投入运行。钠冷快堆原型系统和气冷或铅冷堆演示系统将由一个为两个系统服务的燃料制造车间和一系列新的或翻新的辅助实验设施进行补充,以对安全系统、组件、材料和规范进行鉴定。钠冷快堆的商业部署预计将从2040年开始,而替代设计则需要在10年后。

到2025年,专用于生产合成燃料或工业能源产品的过程热的高温反应堆将可满足市场需求,这将在未来几年引发建造"第一类"示范反应堆的要求。事实上,一些国家(美国、日本、南非和中国)正在实施这样的项目。关键是与常规工厂的耦合演示。目前正在评估超临界水冷堆和熔盐堆,以及致力于核废料转化的加速器驱动的亚临界系统的可行性和性能,尽管可能的工业应用尚不明确。

2.12　障　　碍

核能的高投资成本,加上不确定的长周期条件,对公用事业和投资者构成了极大的财务风险。缺乏欧盟成员国的广泛支持可能会削弱欧盟工业发展新技术的力量。欧盟层面的统一法规、规范和标准将加强欧洲核能部门的竞争力,并在短期内促进第三代技术的部署。支持核能的工业、基础设施和服务在过去几十年里显著萎缩。这种情况在欧洲并不罕见,但在不久的将来可能会成为反应堆部署的瓶颈。压力容器封头所需的大型锻件就是一个例子,这些部件的世界产能是有限的,即使在目前的建造速度下,也积累了大量等待交付的订单。

公众的接受程度仍然是一个重要的问题,尽管在一些会员国中的意见并不十分令人满意,但有迹象表明这种态度正在改变。但是,仍然需要在所有利益攸关方进行客观和公开对话的基础上做出协调一致的努力。目前在研究层面存在着国际合作,第四代国际论坛正在促进第四代系统领域的国际合作。然而,欧盟工业正面临激烈的竞争,特别是亚洲企业对研发的大力支持正使其工业处于一个更有利的位置,在不久的将来可能获得领导地位。核裂变的另一个重大的潜在障碍是合格工程师和科学家的短缺,这是20世纪90年代人们对核能事业缺乏兴趣和大学专业课程减少的结果。保留与核相关的知识仍然是一个主要的问题,特别是因为当今几代核专家大多数已接近退休。

2.13　需　　求

高额的初投资和所涉及技术的敏感性意味着仅在稳定(或至少可预测)的监管、经济和政治环境下才能重新部署当前可用的核技术。2009年6月,欧盟通过了理事会关于建立核设施安全共同体框架的决议,确立了具有共同约束力的核安全框架[13, 14]。这是该领域中第一个具有约束力的欧盟法案。

为了保持领先地位并克服供应链中的瓶颈,欧洲还需要重新振兴支持核能行业的工业供应链。除了明确的欧洲核能战略这一强制性要求外,还需要一个新的研究和创新体系以确保获得更多的资金,特别是用于第四代技术的研发。在此背景下,可持续核能技术平台[11]发挥了关键作用。所涉及的时间表,以及关于这项技术尚未做出关键政治和战略决定的事实,意味着这笔额外资金的很大一部分必须是公共的。在欧盟SET计划下发起的"欧洲可持续核工业计划"的启动,将主要的工业和研发组织聚集在一起,将是朝着必要的示范堆和原型堆建造、运行迈出的重要一步。

基于现有技术的高温反应堆也可以在不久的将来部署,其目的是证明过程热的热电联产以及与工业过程的耦合。这需要通过一个国际财团来建造和资助,该财团还应包括过程热终端用户行业。与此同时,需要加大研究工作,以确保欧洲在可持续核能技术方面的领导地位,其中包括轻水堆的持续创新、材料特性的研究和开发、U-Pu闭式燃料循环和(超)高温反应堆以及相关燃料技术。

特别是要在材料领域寻求突破,以增强安全性,完善核燃料设计和燃料循环过程。此外,还需要统一欧洲标准,并制定供欧洲研究共同体使用的国家和欧洲研究基础设施战略规划。虽然有些国家不像其他国家那样先进,但在国家废物管理方案中也正在推行高水平废物的地质处置。2009年11月启动的实施地质处置技术平台正在协调欧洲剩余的必要应用研究,直到2020年左右第一个高放废物和长寿期废物地质处置库开始运营,并将促进与其他国家的进展和技术转移。

需要做出更多努力与公众及其他利益攸关方交流互动,迫切需要重视对新一代核科学家和工程师的教育与培训,并且从20世纪70年代和80年代设计与建造核反应堆的一代人那里继承知识。欧洲核能论坛提供了一个独特的平台,可以就核能在当今和未来低碳经济中所扮演的角色进行广泛的公开讨论。欧洲核能论坛分析和讨论了与核能使用相关的机会（竞争力、融资、电网等）和风险（安全性、废物）以及与之相关的教育和培训的需要，并提出了促进公众沟通和参与的有效方法。

2.14　与其他行业的协同作用

核能提供了非常稳定的基本负荷电力供应，因此可以与间歇性可再生能源协同工作。核能还可以对低碳交通领域做出重大贡献，因为其高温应用可以提供合成燃料和氢，而电力可以为电动汽车提供大部分能源。可以通过核能制氢的潜力与"氢能源和燃料电池"中的活动以及与核发电特性中的"电网"进行交互。在基础材料研究方面，应该与其他行业协同合作，如"生物燃料"和"清洁煤"，因为这些应用中的材料会受到极端环境的影响。此外，还需要充分利用与聚变项目进行重要共同研究的机会，特别是在材料领域。SET 计划下的欧洲能源研究联盟也将为核材料领域的协同和合作提供机会。总的来说，协同研究将受益于更明确的交互渠道和责任，并增加资金和规划的灵活性。

2.15　联合循环提高新一代核电站的效率

在 1.1 节中，简要介绍了一种创新的设计方法，作为第四代核电站设计的一部分，用于提高下一代核电站的联合循环效率，第四代反应堆系统包括六种类型的小型模块化反应堆[1-3]。

表 2.2 汇总了这些第四代反应堆的更多细节，由于其高温设计要求，超高温气冷堆、钠冷快堆、气冷快堆和熔盐堆完全适合开式布雷顿联合循环，它们的设计温度范围为 550～900 ℃，也就是创新的开式布雷顿联合循环所要求的温度范围类型，作者开发了稳态热分析程序[1-3]。

为了使这种联合循环更有效地发挥作用，对新一代（即第四代）的超高温反应堆更感兴趣，该反应堆是实施开式布雷顿循环的创新设计的理想选择。从历史上讲，高温气冷堆的开发已经持续了半个多世纪，在第四代反应堆设计中也被称为超高温气冷堆。表 2.3 中列出了这些内容。其他国家也正在开发中，包括中国卵石床模块的高温（HTR-PM）动力堆、日本的多功能 GTHTR300C、韩国的用于制氢和工艺热的 NuH_2、下一代热电联产反应堆，以及印度尼西亚的实验动力堆。

第一座反应堆 Dragon 率先使用的三向同性涂层的颗粒燃料至今仍是标准燃料形式。联合实验反应堆（Arbeitsgemeinschaft Versuchsreaktor, AVR）测试了其他燃料设计，并积累了大量的性能数据。典型的例子是，Fort St. Vrain（FSV）通过利用钍燃料的高燃耗（90 GW·d/t）验证了棱柱形堆芯的物理设计，并证明了蒸汽轮机发电的热效率为 39%，且易于实现负荷跟随。

表 2.2　六种第四代反应堆系统的主要特征摘要

系统	中子能谱	冷却剂	温度/℃	燃料循环	规模/MWe
超高温反应堆	热	氦	900～1 000	开式	250～300
钠快冷堆	快	钠	550	闭式	30～150 300～1500 1 000～2 000
超临界水冷堆	热/快	水	510～625	开式	300～700 1 000～2 000
气冷快堆	快	氦	850	闭式	1200
铅快冷堆	快	铅	480～800	闭式	20～180 300～1 200 600～1 000
熔盐堆	超	氟化盐	700～800	闭式	1 000

先进小型模块化反应堆的安全性和许可进度概述如图 2.12 所示。

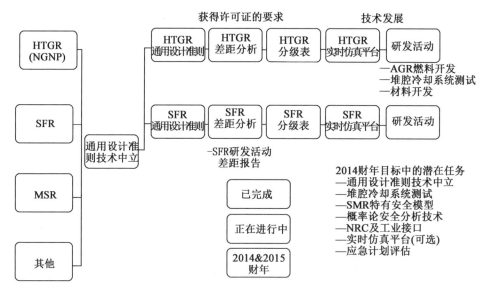

图 2.12　先进小型模块化反应堆的安全性和许可进度概述(由爱达荷州国家实验室提供)。BISO 燃料颗粒的双向同性涂层

然而,零件故障(例如主冷却剂循环泵故障)导致过多的停工并损害了其经济性。基于卵石床堆芯设计的钍高温反应堆 300(THTR-300)在很短的运行时间后就遇到了技术问题,仔细检查后长期停工。FSV 和 THTR-300 也是由于业务决策而过早退役[15]。

随后亚洲成为最新建造的反应堆的所在地。日本的高温工程试验反应堆(HTTR)和中国的高温试验反应堆(HTR-10)都在 2000 年左右建成并投入使用。直至今天都保持运行。

30 MWt 的 HTTR 证明反应堆冷却剂出口温度可以为 950 ℃。如日本原子能机构所设计的 GTHTR300 电厂所报道的,这种高温能力将提高反应堆的热效率并支持更先进的应用[16-17]。第四代系统使用 600 MWt 反应堆,冷却剂出口温度为 950 ℃,可为燃气轮机发电和热化学过程生产氢气提供动力,热效率达 50% 甚至更高[15]。

　　基于 HTR - 10 的经验和大量的反应堆组件工程开发,中国正在山东省东北部建设世界上第一个原型反应堆电厂 HTR - PM[18]。尽管不能通过冷却剂温度将其确定为超高温气冷堆,但反应堆冷却剂温度为 750 ℃ 的双机组(2 × 250 MWt)电厂具有一些超高温气冷堆的设计特征,包括非能动安全功能和高温加热潜在应用。该工程于 2012 年 12 月开始建设。

　　请注意,任何超高温小型模块化反应堆都是开式布雷顿联合循环[1-3]的创新设计方法的极佳候选者。这些类型的反应堆被视为先进的小型模块化反应堆,是第四代核动力反应堆的一部分。

　　2001 年,第四代核电系统国际论坛批准了六个核系统概念,这些概念将提供经济的能源产品,同时令人满意地解决核安全、废物和扩散问题[19]。美国能源部认识到超高温气冷堆是近期可部署且非常适合的反应堆类型,不仅适用于发电,还适用于制氢和其他工业应用,因此已将其作为第四代核反应堆优先考虑。2005 年的《能源政策法案》正式将下一代核电站确立为美国能源部项目,以展示商业高效的电力和制氢发电(《2005 年美国能源政策法案》,2005 年)。目前,美国爱达荷州国家实验室的先进气体反应堆燃料开发和鉴定计划正在对氧化铀/碳化铀 TRISO 燃料[19]和下一代核电站进行鉴定。

　　由高温和超高温气冷反应堆(high-temperature and very high-temperature gas - cooled re-actor,HTGR)设计者、公用事业电厂所有者/运营者、供应商和最终用户组成的产业联盟,正在促进反应堆的商业化和工业应用。在 2012 年,联盟选择了 AREVA 的棱柱形 SC - HTGR(625 MWt),以蒸汽和电热联产作为反应堆设计的主要选择,将在 2020 年中期实现原型堆[20]。实验 HTGR 与示范 HTGR 相关信息见表 2.3。

表 2.3　实验 HTGR 与示范 HTGR 相关信息

	实验 HTGR				示范 HTGR			
	Dragon	AVR	HTTR	HTR - 10	Peach bottom	FSV	THTR - 300	HTR - PM
国家	英国	德国	日本	中国	美国	美国	德国	中国
运行寿期	1963—1976 年	1967—1988 年	1998 年至今	2000 年至今	1967—1974 年	1976—1989 年	1986—1989 年	2017 年启动
堆芯形式	管道式	球床式	棱柱形	球床式	管道式	棱柱形	球床式	球床式
热功率/MWt	21.5	46	30	10	115	842	750	2 × 250
冷却剂出口温度/℃	750	950	950	700	725	775	750	750

表2.3(续)

	实验 HTGR				示范 HTGR			
	Dragon	AVR	HTTR	HTR – 10	Peach bottom	FSV	THTR – 300	HTR – PM
冷却剂压力/MPa	2	1.1	4.0	3.0	2.25	4.8	3.9	7.0
电力输出/MWe	—	13	—	2.5	40	330	300	211
过程热输出/MWt	—	—	10					
过程热温度/℃	—	–	863	–	—	—	—	–
堆芯功率密度/(W/cm^3)	14	2.6	2.5	2	8.3	6.3	6.0	3.2
燃料设计	UO_2 TRISO	(Th/U, U)O_2, C_2BISO[①]	UO_2 TRISO	UO_2 TRISO	ThC_2 BISO	(Th/U, Th)C_2 TRISO	(Th/U)O_2 BISO	UO_2 TRISO

注:①BISO 为各项同性 Bi 燃料颗粒涂层。

2.16   先进的模块化反应堆

我们可以从核能最新的研究报告中得出,SMR 也许将成为核能的未来,特别是更先进的 SMR。这些 SMR 建议将联合循环效率作为提高热电输出效率,以及作为一种新可再生能源的新方法[3]。

SMR 最初是由一个客户和供应商组成的新组织提出的,该组织致力于开发先进的小型模块化反应堆。随着全球人口增长及工业水平提升,对电力的需求以每年接近 17% 的速度增长,该组织的成立为新能源提供了希望。新一代 SMR 是非常有前途的新一代核电站,它是一种新的可再生能源,不仅可以促进实现全球低碳化,还可以实现制氢[21],同时还能为新组织的客户和供应商提供更好的总拥有成本和投资回报。

该组织的初衷是通过使用其他技术如可再生能源取得成功的经过验证的公共/私人合作伙伴关系,使 SMR 克服困扰所有新技术的最初市场困境。由于 300 MW 或更低功率的 SMR 规模较小,因此其具有经济、可在工厂建造、方便运输、足够灵活等优势,可用于海水淡化、精炼石油、负荷跟踪、制氢,并且提供了一类我们一直期待的反应堆——不会熔化的反应堆。先进小型模块化反应堆最重要的特点是采用了开式布雷顿联合循环,不需要利用水来冷却,不会像轻水堆那样受到蒸汽区的限制。

值得注意的是一些新 SMR 设计,例如 NuScale 所采用的是遵循轻水堆技术的设计方法,因此它们都将受到蒸汽区的限制。

SMR 最初的目标是确保 SMR 在未来能够成为在成本上具有竞争力的选择。

SMR 及其应用越来越受到关注。SMR 是用于产生 300 MW 电力的新一代反应堆,其组件和系统可在车间制造,然后根据需要作为模块运输到现场进行安装。大多数 SMR 都采用了先进或具有固有安全性的设计,可部署为单模块或多模块工厂。SMR 所有主要反应堆线路都在开发中:水冷堆、高温气冷堆、液态金属快堆、钠冷堆和气冷堆、熔盐堆。

许多 SMR 被设想用于大型反应堆不可行的小众电力或能源市场。SMR 可以满足更多用户和应用的灵活发电需求,包括更换老化的化石发电厂,为具有小型电网和远离电网地区的发展中国家提供热电联产,以及实现混合核/可再生能源系统。通过模块化技术,SMR 旨在用更短的建造时间实现批量生产的经济性。近期可部署的 SMR 将具有与逐渐发展的反应堆设计相当或更高的安全性能。

此外,中小型反应堆包括多种设计和技术,通常包括:

先进型 SMR,包括模块化反应堆和一体式压水反应堆;

创新型 SMR,包括带有非水冷却/慢化的小型第四代核反应堆;

改造或改进型 SMR,包括安装在驳船上的浮动核电站和海基反应堆;

传统型 SMR,即采用第二代技术的 SMR,仍在部署中。

先进 SMR 的等效电功率小于 700 MWe 甚至小于 300 MWe,是正在开发的新一代核电站设计的一部分,其可以为各种应用提供灵活、经济高效的能源。先进的 SMR 设计包括水冷堆、高温气冷堆以及液态金属冷却快堆。发展趋势是小型模块化反应堆的设计认证,它被定义为产生等效电力小于 300 MWe 的先进反应堆,设计在工厂建造并根据需求运往公用事业公司进行安装。SMR 系统采用模块化技术,即结构、系统和组件在车间进行制造,然后运输到现场进行组装。因此,SMR 的建造时间可以大大减少。一些 SMR 将被部署为多模块发电厂,从而允许公用事业公司随着当地电力需求的增加而增加额外的反应堆和电力转换模块。

先进的 SMR 将使用与大型反应堆不同的方法来实现其系统、结构和部件的高安全性和可靠性,这将是设计、操作、材料和人为因素之间复杂相互作用的结果。作为未来发电和能源安全的一种选择,人们对于 SMR 越来越感兴趣。然而,先进 SMR 部署的第一阶段必须能够证明其具有很高的工厂安全性、可靠性和经济性。当验证完成后才能进一步实现商业化。这种情况对技术开发商来说是个问题,因为建造第一批工厂的成本相对较高,而"同类"成本只能在部署第一批示范工厂后才能确定。因此,可能需要新的公共/私人伙伴关系安排来支持先进 SMR 部署的第一阶段。这些工厂将具有更高的自动化水平,但仍将依赖人工交互来进行监督、系统管理和运营决策。如果发生自动化保护措施失败,操作员仍被视为最后一道防线。

2.17　小型模块化反应堆的优势

与 SMR 相类似,这些 AdvSMR 能够带来一些好处,首先从投资回报率的角度来看,它们能从投资成本和总拥有成本中带来投资的成本效益。

SMR 可为无法容纳更多传统大型反应堆的地区提供较低的初始投资、更大的可扩展性和选址灵活性。与早期设计相比,它们具有增强安全性的潜力。部署先进 SMR 可以帮助推动经济增长。其低初始成本会带来以下优势。

1. 模块化

在小型模块化反应堆中,"模块化"是指在工厂环境中制造核蒸汽供应系统的主要部件并运送到使用地点的能力。尽管当前的大型核电站将工厂制造的组件(或模块)纳入其设计中,但仍需要大量的现场工作才能将组件组装成运行中的发电厂。SMR 预计只需要有限的现场准备工作,这样大大减少了典型大型单元设备的建造时间。与大型核电站相比,SMR 具有设计简单、安全性强、工厂制造所带来的经济性和品质保证,以及更大的灵活性(融资、选址、规模确定和最终用途)。随着能源需求的增加,可以逐步添加其他模块。

2. 较低的资本投资

由于降低了电厂的成本,SMR 可以减少核电站所有者的资本投资。模块化组件和工厂制造可以降低建造成本和缩短工期。

3. 选址灵活性

SMR 可为不需要大型电厂或缺乏支持大型装置的基础设施应用提供电源。这将包括较小的电力市场、偏远地区、较小的电网、水资源和面积有限的地点或独特的工业应用。SMR 有望成为替换老化/退役的工厂的更好选择,或者为使用不排放温室气体的能源补充现有的工业过程或发电厂提供选择。

4. 更高的效率

SMR 可与其他能源(包括可再生能源和化石能源)结合使用,充分利用资源,成为更高效、多能源的最终产品,同时提高电网的稳定性和安全性。一些先进的 SMR 设计可以产生更高温度的过程热,用于发电或工业应用。

5. 核安保与核安全/核不扩散

SMR 设计的显著优势是考虑了当前的核安保和核安全要求。设施保护系统包括可以承受设计基准的飞机坠毁情况和其他特定威胁的屏障,是应用于新 SMR 设计的工程过程的一部分。SMR 还为美国和更广泛的国际社会提供了安全和潜在利益。大多数 SMR 都将建造在地面以下,以增强核安全性和核安保性,解决故意破坏和自然危害情况下的脆弱性。一些 SMR 将被设计成在无须添加燃料的情况下,也可以长时间运行。这些 SMR 可以在工厂制造和添加燃料,密封后运输到发电或制热现场,然后在生命周期结束时返回工厂添加燃料。这种方法有助于最大限度地减少核材料的运输和处理。轻水型 SMR 预计将使用低浓铀(即约 5% 的 ^{235}U)作为燃料,这与现有的大型核电站类似。应用了这些"设计安全"概念的技术有望防止 SMR 发生核扩散。此外,可以将这些轻水堆堆芯设计成采用钚铀氧化物混合燃料。使用非轻水冷却剂的 SMR 可以更有效地处理钚,同时能最大限度地减少需要处置的废物。

6. 美国的工业,制造业和就业增长

SMR 经济竞争力的根源在于模块化零件的大规模生产,其能使电力成本比目前的发电能源的电力成本更少。SMR 既具有国内市场,也具有国际市场,而美国工业在竞争这些市场方面处于有利地位。美国能源部希望将 SMR 设计标准化,标准化的开发也将增加美国公司在全球能源市场的影响力。如果订购了足够数量的 SMR 机组,将为发展适当的电厂能力提供必要的动力,以进一步发展 SMR 发电厂的国内外销售。

7. 经济发展

部署 SMR 可替代退役的发电资产并满足不断增长的发电需求,使得国内制造业、税基以及高薪电厂、建筑和经营岗位显著增长。2010 年[8]的一项有关 SMR 部署对经济和就业影响的研究表明,制造和安装成本为 5 亿美元的 100 MWe SMR 将创造近 7 000 个工作岗位,产生 13 亿美元的销售额,4.04 亿美元的收入(薪资),以及 3 500 万美元的间接营业税。该报告研究了多种 SMR 部署率的影响,即小规模(1 ~ 2 台/年)、中等规模(30 台/年)、大规模(40 台/年)和颠覆性规模(85 台/年)。该研究表明,在中等规模部署水平上发展 SMR 制造企业,也将产生巨大的经济影响。

如果我们考虑 SMR 型核电站的上述优点,与今天核电站电力成本相比,我们确实看到了它们的成本效益和初始资本投资方面的优势。

2.17.1　核电的电力成本

对美国核电成本的最新估计为(成本指的是每千瓦时所花的钱):

11.2 美分/千瓦时核电(MIT 2003);

14.1 美分/千瓦时核电(Keystone 2007 年 6 月);

18.4 美分/千瓦时核电(Keystone 中等估算)。

在英国,核电成本估计为每千瓦时 8.2 美分(利率为 10%)和每千瓦时 11.5 美分(利率为 15%)。在这里,必须增加电力的传输和分配(通常为每千瓦时 3 美分)(数据来源:Thomas,Bradford,Froggatt,Milborrow,2007 年)[9]。因此,在英国,核能成本估计与上述范围相同。

与其他技术相比,例如大型风力发电场:每千瓦时交付 7 美分。

大多数环保主义者都认为风能和太阳能是一种廉价的电力生产方式,并称其为可替代的可再生能源,它们的价格越来越便宜,而核电却越来越昂贵。这难道不是一个很强的迹象表明核电是一种过去的技术吗?

但是,值得注意的是,风不会每周吹 7 天,每天吹 24 小时。白天也不会一直有阳光,如果阴天,我们就可能遇到这个问题,而到了晚上,太阳就会落山。

2.17.2 核技术成本过高

对于还未能得到应用的反应堆类型,要为生产应用开发该技术,需进行大量的研发,可能需要 30 ~ 50 年的时间,甚至更长的时间来研发。但是现在急需一个解决方案!

开发成本非常难以估计,因此上述成本可能是错误的。在核电的发展史上,一直大大低估了开发成本。

我们应全力以赴,进一步发展可持续能源技术,逐步淘汰传统的核技术。这将带来许多机会并产生许多良性效应。现在是时候改变了!

此外,我们不可避免地不得不改变自己的行为:我们应该使用与可持续技术生产一样多的能源。能源需求必须遵循可持续能源的可用供应。这也将带来很多好的影响。

2.18　结　　论

小型模块化反应堆组织提倡建立公共/私人合作伙伴关系,相当于为引进其他新能源技术(例如太阳能和风能)提供支持的合作伙伴关系,来帮助确保 SMR 的成功商业化。公共/私人合作伙伴关系激励了私人投资,以确保该技术继续发展,并在技术成熟后无须额外支持就能在国内外市场竞争。

当今能源市场具有天然气价格低廉、可再生能源拥有巨额补贴以及电力需求增长缓慢等特点。美国供应商还在国际市场上争夺 SMR 和其他先进核设计的部署。不幸的是,大多数国家(如俄罗斯和中国)直接补贴本国的核技术以打入全球市场。

新一轮的 SMR 设计在最近美国能源部和美国核管理委员会计划中得到了支持,最终的 SMR 设计是第一座发电厂开始建设和利用工厂制造的必要条件。但即使在向美国核管理委员会提交了 SMR 设计认证申请后,设计认证批准流程以及最终确定设计的工作仍然需要大量成本并且存在不确定性。设计最终确定活动的成本分摊计划将有助于降低首批反应堆设计公司的风险,增加最终 SMR 设计在工厂制造的可能性。

天然气的低价对低碳技术的部署提出了挑战,生产税收抵免将有助于评估 SMR 的无碳效益,并缩小可再生能源的价格差距。购电协议将有助于在电力需求增长放缓的时代创造对新型低碳技术的需求。

SMR 运营商和联邦机构之间的购电协议将符合该指令的要求,以支持第 13693 号行政命令中规定的低碳技术,并促进国家安全。

值得注意的是传统意义上,购电协议是政府机构与私营公用事业公司之间的合同。私营公司同意长期为政府机构生产电力或其他电源。

对先进制造的投资将降低 SMR 的成本和建造时间,并为目前大型传统核反应堆中必须在美国以外制造的组件创造制造工作岗位。

新的反应堆设计非常先进,随时可以推出。2017 年 1 月,俄勒冈州的 NuScale Power 宣布他们向美国核管理委员会提交了第一个设计认证申请。

另一家创新的小型模块化反应堆公司 Terrestrial Energy(图 2.13)已通知美国核管理委员会,打算为其整体熔盐反应堆(integral molten salt reactor,IMSR)颁发许可证。

图 2.13　Terrestrial Energy 公司的整体熔盐小型模块化反应堆概述

IMSR 技术可以快速推向市场。IMSR 发电厂可以在 4 年内建成,并以与化石燃料具有竞争力的价格生产电力或工业热,同时不排放温室气体。

首批 IMSR 发电厂有望在 21 世纪 20 年代上线。IMSR 技术是当今清洁能源规则的改变者。我们需要了解更多有关 IMSR 的信息,以及陆地能源是如何引领光明能源的未来[22]。

但对公众真正重要的是安全。SMR 的体积小且表面积/体积比大,例如 NuScale Power,位于超级抗震散热器的下方,在完全断电的情况下,允许自然过程无限期冷却,无须人工干预,没有交流或直流电源,不需要泵,也不需要额外的冷却水。

参 考 文 献

[1]　Zohuri, B. (2015). Combined cycle driven efficiency for next generation nuclear power plants: An innovative design approach (1st ed.). New York: Springer.

[2]　Zohuri, B., & McDaniel, P. (2017). Combined cycle driven efficiency for next generation nuclear power plants: An innovative design approach (2nd ed.). New York: Springer.

[3]　Zohuri, B. (2018). Small modular reactors as renewable energy sources. New York: Springer.

[4]　Retrieved from http://www.ne.doe.gov/geniv/neGenIV1.html.

[5]　Sustainable Nuclear Energy Technology Platform. (2009, May). Strategic research agenda. Retrieved from www.SNETP.eu.

[6]　OECD. (2008). Uranium 2007: Resources, production and demand. OECD Nuclear Energy Agency and the International Atomic Energy Agency, NEA N 6345.

[7]　Nuclear Energy Agency. (2008). Nuclear Energy Outlook 2008 (OECD/NEA Report No. 6348). Paris: Nuclear Energy Agency.

[8]　Massachusetts Institute of Technology. (2009, May). 2009 Update of the MIT 2003 future of nuclear power, an interdisciplinary MIT study, 2003. Cambridge, MA: Massachusetts Institute of Technology. Retrieved from http://web.mit.edu/ nuclear power/ pdf/ nuclear power update 2009. pdf.

[9]　Retrieved from http://www.ne.doe.gov/pdfFiles/NGNP_reporttoCongress.pdf.

[10]　Updated emissions projections. (2006, July). DTI. Retrieved from http://www.dti.gov.uk/files/ file31861.pdf.

[11]　DTI: Energy White Paper, Meeting the Energy Challenge. Retrieved from http://www.dti.gov. uk/energy/whitepaper.

[12]　Retrieved from http://www.ne.doe.gov/geniv/documents/gen_iv_roadmap.pdf/.

[13]　Proposal for a COUNCIL DIRECTIVE (EURATOM) setting up a Community framework for nuclear safety COM(2008) 790/3. (2008, November).

[14]　COUNCIL OF THE EUROPEAN UNION Legislative Acts and Other Instruments 10667/09. (2009, June).

[15]　Yan, X. L. Japan Atomic Agency, Oarai - Machi, Ibaraki - ken, Japan.

[16]　Sato, H., Yan, X. L., Tachibana, Y., & Kunitomi, K. (2014). GTHTR300dA nu-

clear power plant design with 50% generating ef? ciency. Nuclear Engineering and Design, 275, 190 – 196.

[17] Yan, X., Sato, H., Kamiji, Y., Imai, Y., Terada, A., Tachibana, Y., et al. (2014). GTHTR300 cost reduction through design upgrade and cogeneration. Paper HTR2014 – 21436. In Proceedings of the HTR 2014, Weihai, China, October 27 – 31.

[18] Fu, J., Jiang, Y., Cheng, H., & Cheng, W. (2014). Overview and progress of high temperature reactorpebble – bedmoduledemonstrationproject(HTR – PM), HTR2014 – 11125. InProceedings of the HTR 2014, Weihai, China, October 27 – 31.

[19] Petti, D. (2014). Implications of results from the advanced gas reactor fuel development and quali? cation program onlicensing ofmodularHTGRs. PaperHTR2014 – 31252. InProceedings of the HTR 2014, Weihai, China, October 27 – 31.

[20] Shahrokhi, F., Lommers, L., Mayer, J., III, & Southworth, F. (2014). US HTGR deployment challenges and strategies. Paper HTR2014 – 11309. In Proceedings of the HTR 2014, Weihai, China, October 27 – 31.

[21] Zohuri, B. (2018). Hydrogen energy: Challenges and solutions for a cleaner future (1st ed.). New York: Springer.

[22] Retrieved from https://www. terrestrialenergy. com/technology/.

第 3 章　小型模块化反应堆堆芯设计分析

核能的拥护者和倡导者坚称,世界能源的可持续发展离不开核能的广泛应用,并持续发挥核技术的优势。其中,新一代小型模块化反应堆是不可或缺的一部分。无论是归类为轻水堆、压水堆,还是多用途小型轻水堆,这些小型模块化反应堆都需要开展全新的设计和分析。设计和分析的内容则取决于这些新技术的供应商,以及相应的安全标准和防扩散要求。本章简要介绍了小型模块化反应堆的堆芯设计准则,读者如果想了解更多详细的内容需要在本书之外查阅更多的文献资料。

3.1　引　　言

为了满足国家和国际要求,实现最高的安全性和效率水平,并解决世界范围内的扩散问题,新一代核反应堆的研发需要采用多种创新技术。

一些制造商正在开展小型模块化反应堆的设计和研发。例如使用现有轻水反应堆技术的 NuScale 能源模块(图3.1)和霍尔台克国际公司的 SMR – 160 模块化反应堆。如图3.2所示,基于压水堆的类似技术并按比例缩小,改进的小型模块化反应堆可适用于核潜艇等多种用途。

图 3.1　NuScale 能源模块

巴威 B&W 公司于2009年公布的 mPower 反应堆如图3.3所示。mPower 是一种堆功率为500 MW 的一体化压水堆,可实现工厂制造及运输。该反应堆设计相对保守,可以更轻松地获得认证和许可。2012年11月,美国能源部宣布将提供2.26亿美元的研发资金用以支持加速 mPower 反应堆的研发设计,并已为此支付了1.11亿美元。

俄勒冈州立大学等也参与了图3.4所示的多用途小型轻水堆的设计研究。多用途小型轻水堆具有非能动安全系统、自然循环、长寿期堆芯、远程换料以及使用标准设备等基本设计特征。

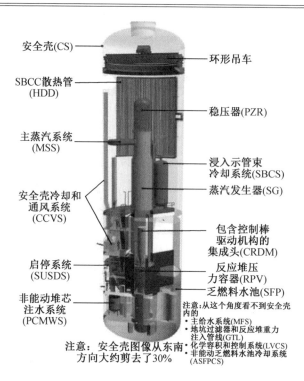

安全壳(CS)

环形吊车

SBCC散热管
(HDD)

稳压器(PZR)

主蒸汽系统
(MSS)

浸入示管束
冷却系统(SBCS)

蒸汽发生器(SG)

安全壳冷却和
通风系统
(CCVS)

包含控制棒
驱动机构的
集成头(CRDM)

启停系统
(SUSDS)

反应堆压
力容器(RPV)

非能动堆芯
注水系统
(PCMWS)

乏燃料水池(SFP)

注意:从这个角度看不到安全壳
内的
• 主给水系统(MFS)
• 地坑过滤器和反应堆重力
注入管线(GTL)
• 化学容积和控制系统(LVCS)
• 非能动乏燃料水池冷却系统
(ASFPCS)

注意:安全壳图像从东南
方向大约剪去了30%

图 3.2　Holtec International SMR - 160

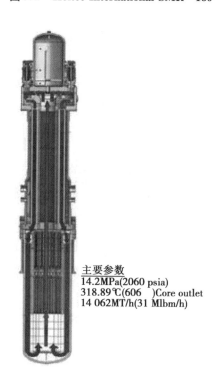

主要参数
14.2MPa(2060 psia)
318.89℃(606℉)Core outlet
14 062MT/h(31 Mlbm/h)

图 3.3　mPower 反应堆示意图

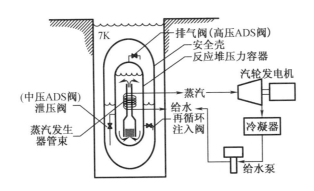

图 3.4　多功能小型轻水堆概述

在全球范围内,中国是拥有最先进的 SMR 项目的国家,中国正在建造电功率 210 MW 的球床模块化高温气冷堆核电站(HTR - PM),两座 250 MWt 的高温气冷堆,是基于 19 世纪 60 年代至 80 年代的几种创新型反应堆的经验设计的,如图 3.5 所示。

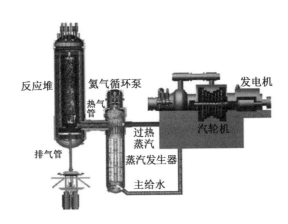

图 3.5　中国国家核电的 250 MWt HTR - PM

HTR - PM 反应堆使用氦气代替水作为冷却剂,氦气在反应堆内加热到 750 ℃(1 382 F)后被送到蒸汽发生器,加热二次侧给水变成高温蒸汽,蒸汽推动汽轮机发电。反应堆使用石墨慢化剂并采用一次铀燃料循环。

这个国家核电技术公司的项目是中国先进超高温气冷堆技术研究的一部分,包括两座 250 MWt 的球床模块化高温反应堆,如图 3.5 所示。该反应堆建造于中国山东省,将作为新一代先进小型模块化反应堆系列的组成部分投入商业运行。

该项目的成功将为核工业及其倡导者树立一个里程碑,推动核能成为可再生能源的一种选择。利用 SMR,可以同时帮助人们满足减少碳排放,以及由于全球人口的增长和相关行业对电力的需求。

其他反应堆还包括俄罗斯 OKBM 设计的 KLT - 40S(图 3.6)。OKBM 是 OAO I. I. Afrikantov OKB 机械工程的全称,该公司成立于 1945 年,1998 年以其前首席设计师兼总监 I. I. Afrikantov 的名字命名。KLT - 40S 反应堆使用低浓铀燃料,广泛用于海水淡化以及安装在驳船上用于偏远地区供电。一个 150 MWt 的机组可产生 35 MW 的总电功率以及高达 35 MW 的热能用于海水淡化或区域供热(如果仅用于发电,则总发电量为 38.5 MW)。反应堆的燃耗为 45 GW·d/t,机组每运行 3~4 年就需要换一次料,而且每次换料都要更换所有的燃料组件,更换的乏燃料储存在船上。在一个 12 年的运营周期结束时,将反应堆运送到工厂进行大修并转运存储乏燃料。电厂的使用寿命为 40 年,在 20 000 t 的驳船上安装了两台机组,可允许一台机组停机(容量系数为 70%)。它也可以在加里宁格勒使用。

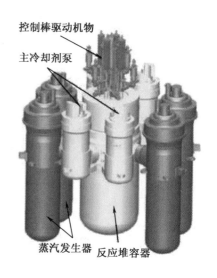

图 3.6　OKBM 设计的 KLT-40S

尽管反应堆堆芯通常采用强迫循环(四环路)冷却,但设计中仍依靠自然循环进行紧急冷却。反应堆燃料是铝-铀(Al_2U),富集度高达 20%,换料周期最多可达 4 年。KLT-20 是专门为浮动核电站设计的两环路版本,使用相同富集度的燃料,但换料周期为 10 年。

第一座浮动核电站 Akademik Lomonosov 于 2007 年开始建造。

阿根廷国家原子能委员会也参与了小型模块化反应堆以及 CAREM-25 反应堆的原型设计。CAREM-25 反应堆是一个早期 100 MWt(27 MWe)模块化一体化压水堆设计,INVAP 公司提供相当多的资金用于该反应堆的设计。在反应堆的压力容器内有 12 台蒸汽发生器,被设计用于发电、研究堆或海水淡化(热电联产时电功率为 8 MW)。CAREM 的反应堆压力容器(高 11 m,直径 3.5 m)内布置有整个主冷却剂系统,采用自加压的运行方式,并且完全依靠冷却剂的自然循环冷却堆芯(适用于电功率小于 150 MWe 的设计)。最终的全尺寸出口版本将是带有电力驱动轴向冷却剂泵的电功率 100 MWe 或更高功率的版本。反应堆使用六角形燃料组件,燃料是标准的富集度 3.1%~3.4% 的压水堆燃料,带有可燃毒物,并且每年进行换料。

功率为 25 MWe 的原型堆将在布宜诺斯艾利斯西北部 110 km 的利马帕拉纳河上的阿图查旁建造,一旦设计通过验证,第一个更大的版本(可能为 100 MWe)计划在布宜诺斯艾利斯以北 500 km 的福尔摩沙北部建造。大约 70% 的 CAREM-25 部件都在本地制造。如图 3.7 所

图 3.7　阿根廷 CAREM-25 小型模块化反应堆示意图

示,该压力容器由 Industrias Metalurgicas Pescarmona S. A. I. CyF(IMPSA)制造。

CAREM-25 是由阿根廷国家原子能委员会开发的一体化压水堆,可产生 27 MWe 的电

力,该反应堆采用了一系列的先进技术,包括采用自然循环一体化主冷却系统、容器内液压控制棒驱动机构和非能动安全系统。在一定时间内,其既不需要交流电源也不需要操作员干预就可以缓解假想设计事件。

通过采用一体化的主冷却系统,以多样性和冗余性来确定典型压水堆设计基础事故(例如,大量冷却剂丧失事故和停堆系统)发生的可能性满足监管要求。CAREM－25 反应堆目前正在阿根廷建造,作为原型来验证 CAREM 未来商业版本采用的创新功能。该原型电厂的输出功率是 300 MWe,建造目标是在 2018 年进行启动调试。这也是其他国家制造的众多先进小型模块化反应堆中的一个。

韩国的 SMART 是另一个先进的小型模块化反应堆,其系统布置如图 3.8 所示。

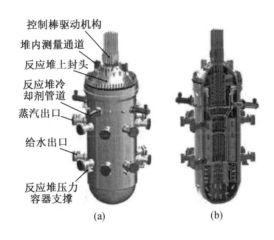

图 3.8　韩国的 SMART 反应堆示意图

SMART 是热功率 300 MWt 的小型模块化反应堆,韩国原子能研究院在该项目上花费了约 3 亿美元和 1 500 人·年的投入,在十年中得到了稳定的开发和组件测试。该项目获得了韩国核安全研究所的批准。

据世界核能协会称,SMART 的设计寿命为 60 年,燃料富集度为 4.8% ,设计换料周期为 3 年。与许多 SMR 一样,SMART 也是以非能动的方式排出反应堆剩余热量。据韩国原子能研究院称,非能动的余热排出设计为电厂提供了“20 天的宽限期来应对福岛型事故”。

根据设计,所有燃料都浸没在水中,安全壳建筑可以承受波音 767 的撞击。安全壳还包括一个非能动除氢系统,以防止氢爆炸。

当今的许多 SMR 计划都与希平港反应堆一样,起源于海军反应堆技术,希平港反应堆的技术就是基于为美国第一批核潜艇提供动力的西屋反应堆。阿根廷的 CAREM－25 反应堆设计来自阿根廷海军,阿根廷在 1984 年的国际原子能机构会议上公布了该设计,CAREM 项目随后被搁置,但面对进口天然气的有限供应和高昂价格,阿根廷于 2006 年重新启动该项目。阿根廷很少有容易获得的本土能源。

俄罗斯的浮动核反应堆也依靠海军技术,源于为其成功的核动力破冰船队开发的反应堆,其历史可追溯到苏联时代。该国第一艘核动力破冰船“列宁号”于 1957 年下水,同年希平港反应堆投入商业运营。

在美国,SMR 的两个主要供应商巴威公司和西屋公司,都在海军反应堆方面拥有丰富的经验。但是这种技术优势并没有带来商业上的影响力,因为这两家公司都在其产品缺少需求的情况下缩减了 SMR 计划(请参阅 2014 年 9 月刊的"SMR 出了什么问题?")。

日本原子能研究所设计了 MRX,这是一种小型(50～300 MWt)一体化压水反应堆,用于船舶推进或局部能源供应(电功率 30 MWe)。整个电厂将由工厂建造。MRX 使用传统的富集度为 4.3% 的压水堆氧化铀燃料,每隔 3.5 年换料一次,并有水密闭容器以提高其安全性。自 2000 年以后,关于 MRX 的报道就很少了。

当欠发达和财务状况较弱的国家与公用事业公司不断发展 SMR 时,是什么原因造成了美国(和欧洲的市场)无法接受 SMR 技术呢?

英国林肯大学的乔治·洛卡特利最近发表了一篇有关 SMR 经济学的论文《小型模块化反应堆:其经济和战略方面的全面概述》,他认为较小的反应堆对发展中国家更有意义,"在发展中国家获得投资非常困难,但是,使用小型模块化反应堆可以先建造一个便宜的反应堆,然后筹集更多资金建造第二个反应堆,利用第一个和第二个反应堆发电,通过出售电力资助第三个,甚至第四个反应堆的建设。"

3.2　热　管　微　堆

值得一提的是,还有另一种与其他小型模块化反应堆设计不同的独特形式的反应堆,即热管反应堆,被西屋公司称为 eVinci。

与其他小型模块化反应堆设计不同,eVinci 是一种热管反应堆,在许多密封的水平钢制热管中充入流体,将热量从热燃料(流体汽化蒸发)传导至外部的冷却器(流体在其中释放潜热),不需要泵就可以在低压下实现连续的等温蒸气/液体内部流动。在小规模上已经很好地证明了该原理的可行性,但是此处使用液态金属作为流体,并且设想的反应堆尺寸可达几兆瓦。太空热管反应堆的实验工作使用的装置要小得多(约 100 kWe),并且使用钠作为流体。自 1994 年以来,太空热管堆已发展成为一种强大且风险低的太空探索系统,重点是具有高可靠性和安全性。

eVinci 反应堆将完全在工厂中建造和装料。除发电外,还可提供 600 ℃ 的过程热。装置的使用寿命为 5～10 年,由于堆芯的固有温度负反馈特性会因过热而减少核反应从而实现负荷跟踪,因此反应堆具有无人值守的安全性。尽管 eVinci 不算是先进的小型模块化反应堆,但由于其规模小(如前所述它是空间能源的良好选择),可以归类为微型反应堆。如图 3.9 所示,eVinci 微型反应堆的创新设计结合了核裂变、空间反应堆技术和 50 多年的商业核系统设计、工程与创新能力。eVinci 微型反应堆旨在创造便宜可持续的电力,并具有更高的可靠性和最少的维护,特别是对于偏远地区的能源消费者而言。与大型集中式电站相比,微型反应堆的尺寸小,使其更易于运输和快速现场安装。反应堆堆芯的设计运行时间超过 10 年,无须频繁换料。

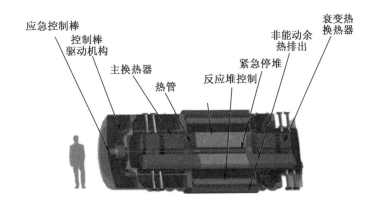

图 3.9　西屋的 eVinci 热管反应堆

eVinci 微型反应堆的主要优势在于其采用固体堆芯和先进的热管冷却技术。堆芯包裹燃料可显著降低扩散风险并增强用户的整体安全性。热管可实现非能动堆芯散热和固有的功率调节，从而实现自主运行和自动负荷跟踪能力。这些先进技术使 eVinci 微型反应堆成为具有最少活动部件的伪"固体"反应堆。

eVinci 微型反应堆的关键属性如下：

- 可移动能量产生器；
- 完全由工厂制造、装料和组装；
- 热电联产——200 kWe 至 25 MWe；
- 温度最高 600 ℃ 的过程热；
- 使用寿命 5～10 年，无人值守的固有安全性；
- 现场安装目标是少于 30 天；
- 自动负荷管理功能；
- 优秀的核不扩散能力；
- 高可靠性和最少的能动部件；
- 退役和维修无污染。

eVinci 微型反应堆可以是离网客户的最终能源解决方案，如图 3.10 所示。

图 3.10　eVinci 在离网模式下的各种应用

在反应堆系统中使用热管解决了当前第二代、第三代以及在一定程度上第四代概念的商用核反应堆中存在的一些最棘手的反应堆安全性问题和可靠性问题,尤其是一回路冷却剂丧失事故。热管以非能动方式在低于大气压的相对较低压力下运行。每个单独的热管仅包含少量工作流体,这些工作流体完全封装在密封的钢管内。反应堆没有主冷却回路,因此就没有在当今所有商用反应堆中常见的机械泵、阀门或大直径主回路管道。热管简单地以连续的等温蒸气/液体内部流动的方式将热量从堆芯内的蒸发段传输到堆芯外的冷凝段。热管以一种新颖、独特的方式从反应堆堆芯中移出热量。

3.3　高温气冷堆/先进小型模块化反应堆

基于如图 3.11 所示的高温气冷堆的设计特点和运行温度要求,将其视为先进模块化反应堆,属于创新的开式空气布雷顿循环或闭式 CO_2 联合布雷顿循环的类型,考虑高温的优点以最大限度地提高高温气冷堆的热效率[1-3]。

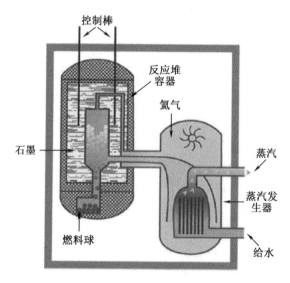

图 3.11　高温气冷堆结构图(世界核能协会提供)

这类先进的小型模块化反应堆使用石墨作为慢化剂(除非它们是快中子先进模块化反应堆),并且以氦气、二氧化碳或氮气为主冷却剂。通过总结 19 世纪六七十年代建造的几种创新反应堆(特别是德国的)的经验,特别是考虑到美国计划建造的下一代核电站计划以及 2011 年中国启动的球床模块式高温气冷堆(HTR - PM)项目,关于下一代核电站的经验包括:使用 TRISO 燃料,使用反应堆压力容器,使用氦气冷却(英国先进气冷堆是唯一使用 CO_2 作为主冷却剂的高温反应堆,参见图 3.12)。但是,美国政府对下一代核电站的资助实际上已经停止,技术领先优势已经转移到中国。

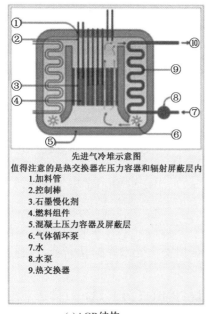

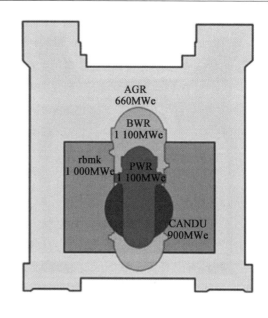

(a)AGR结构　　　　　　　　　　　(b)与其他技术相比的AGR体积

图3.12　先进气冷堆(AGR)

　　正在开发的新一代高温气冷堆能够将高温氦气(700～950 ℃,最终可达到约1 000 ℃)通过热交换器转化为工业用热,或通过蒸汽发生器在二回路中产生蒸汽,或直接驱动布雷顿循环涡轮机发电,其热效率几乎为50%(温度每增加50 ℃效率提高1.5%左右)[1-4]。其中一种设计是使用氦气直接驱动空气压缩机,为联合循环燃气轮机机组增压。尽管直接循环意味着燃料和反应堆部件必须具有高度的完整性,但近十年来冶金技术的不断发展和改进使高温气冷堆比过去更实用。图3.13给出的是石墨慢化反应堆和快中子反应堆。

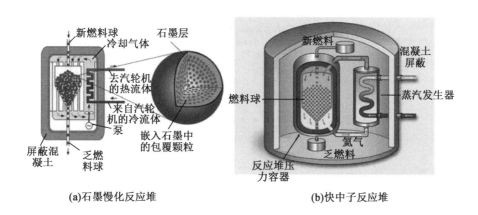

(a)石墨慢化反应堆　　　　　　　　　　(b)快中子反应堆

图3.13　球床反应堆示意图

　　请注意,由于存在较高的技术风险,目前人们对使用氦气的直接布雷顿循环几乎没有兴趣。燃料的磨损往往会在冷却回路中产生具有放射性的石墨粉尘。

高温气冷堆的燃料是直径小于 1 mm 的各项同性颗粒。每一个颗粒内都包含一个碳化铀（或氧化铀）的核芯（约 0.5 mm），燃料中 ^{235}U 的富集度最高可达 20%，但通常小于这一数值。核芯被碳和碳化硅层包围，在超过 1 600 ℃ 的温度下也可以稳定地包覆裂变产物。

燃料颗粒有两种排列方式：一种是六角形棱柱石墨芯块排列，另一种是台球大小的石墨球床排列，每个石墨球大约含有 15 000 个燃料颗粒和 9 g 铀。由于燃料球的主要成分是石墨，铀的体积不到 1%，因此乏燃料的体积比同样容量的轻水反应堆要大 20 倍。但是，乏燃料总体上放射性水平较低，由于燃耗较高，所产生的衰变热也很少。高温反应堆的慢化剂是石墨。

高温反应堆可使用钍基燃料，如高浓铀或低浓铀与 Th、^{233}U 与 Th、Pu 与 Th。有关钍基燃料的大部分经验都是来自高温反应堆。

由于反应性温度系数为负值（裂变反应随温度升高而减慢）并具有非能动衰变热导出功能，反应堆具有固有安全性。因此，高温反应堆不需要任何安全壳来保护其安全。它们足够小，可以进行工厂制造，通常安装在地面以下。

有三种特别的高温反应堆设计：球床模块化反应堆（PBMR）（图 3.13）、气体透平模块化氦冷反应堆（GT – MHR）（图 3.14 和图 3.15）和阿海珐的蒸汽循环高温气体反应堆（SC – HTGR）（图 3.16）。这三种高温反应堆设计是美国下一代核电站项目的竞争者。2012 年，美国选择了阿海珐的 SC – HTGR。但是，目前唯一正在开展的高温反应堆项目是中国的 HTR – PM。

混合动力技术将一个小型模块化反应堆与一个化石燃料驱动的燃气轮机相结合。

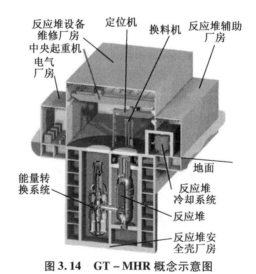

图 3.14　GT – MHR 概念示意图

M. P. LaBar, A. S. Shenoy, W. A. Simon 和 E. M. Cambel，"GT – MHR 用于电力生产的现状"，世界核协会 2003 年年会，
http://www. world – nuclear. org/ sym. / 2003/ fig – htm/ labf2 – h. htm

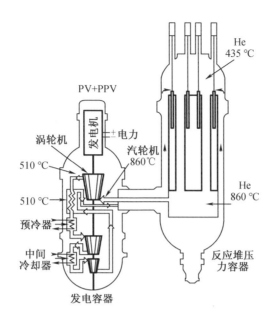

图 3.15　GT – MHR 布置图

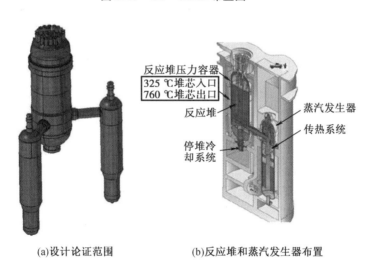

(a)设计论证范围　　　　(b)反应堆和蒸汽发生器布置

图 3.16　AREVA 的 SC – HTGR 设计方案

3.4　堆芯设计与分析

正如本章开头所述,将核能重新引入世界能源结构的主要挑战之一是要开发一个能与其他替代能源(如天然气、石油或煤炭)竞争的核电站。核能对环境的重要性是显而易见的:不排放温室气体,需要少量燃料,需要处理的废物也很少。然而与化石燃料相比,新建核电站的投资成本相当高,尽管核能在运行和维护方面的运营成本(最重要的是燃料成本)远低于化石能源,但较高的初始投资对世界范围内的应用来说是一个巨大的障碍。

为了应对这一挑战,考虑到这些 SMR 的新技术,我们需要适当且合适的反应堆堆芯设计配置以适应本章开头所述的复杂要求。

尽管使用了标准设备,如标准燃料几何形状、堆内构件等,但本章开头列出的特性组合要求这些 SMR 和 AdvSMR 的燃料特性与传统轻水堆燃料组件不同。设计小型、自然循环的轻水堆堆芯需要了解反应堆物理、热工水力[5]、核反应堆中子分析和一套精确有效的计算工具和软件,以及一个好的设计方法。

本节以及本章作为一个整体的目的是评估增加的富集度、燃耗、增加的中子泄漏和可燃毒物分布对反应堆性能的影响,并且从顶层设计一个小的轻水反应堆的原型堆芯。当然,读者可以在 Walter 的书[6]中找到更多详细的信息。

如果我们使用基于传统轻水反应堆建模的最先进的工具,例如,NuScale 等供应商使用的设计方法来实现小型模块化反应堆技术,这将有助于获得许可证的操作过程。像 RELAP 这类经美国核管会(U. S. NRC)确认和验证应用于传统轻水反应堆的程序,可以很容易地应用到这类 SMR 的安全分析,从冷却剂丧失事故的过程出发证明在整个事故瞬态过程中堆芯始终被淹没。值得注意的是,Zohuri 和 McDaniel[1-2]指出,轻水堆的运行是限制在饱和曲线以下的。

此外,上述设计方法和通过模拟生成的数据涵盖了新的燃料富集、温度、压力、功率和流速范围,这对于改进第四代核电站的堆芯设计至关重要。为了满足这类轻水堆的严格设计标准,还可以对反应堆控制系统进行评估。

在这种情况下,人们可以集中研究提高富集度,以及分析在特定运行条件下使用该燃料发生的现象,例如可以考虑多用途小型轻水堆。作为第一级分析的一部分,对于具有反射边界条件的燃料组件,可以通过中子输运燃耗程序(如 CASMO-4 或 CASMO-5)来进行分析。该分析能够评价多用途小型轻水堆燃料的特性,并将其与常规压水堆燃料的特性进行比较,结果已在 Soldatov[7]的著作中给出。

请注意,使用 CASMO 代码可开展以下轻水堆堆芯分析:

- 栅格物理程序(例如 CASMO)用于计算较小区域(例如燃料组件)内与问题相关的少群截面,以输入到全范围堆芯计算程序(例如 SIMULATE)中。
- 利用 CASMO 计算的多组截面曲线拟合重要变量函数,例如燃耗、慢化剂温度和空泡份额、燃料温度和可溶性毒物浓度。
- 这些主流程序(如 CASMO)都是确定性的。随机蒙特卡洛程序在这些应用中的使用也越来越多(MCNP 将在以后的实验课程中介绍)。但是对于许多方面来说,MCNP 程序的运行时间仍然过长。

上述模拟的结果将从以下方面对增加的燃料富集度和运行条件产生影响:

(1)无限栅格因子;

(2)燃料同位素含量;

(3)中子能谱;

(4)反应堆动力学参数;

(5)反应性反馈;

(6)控制棒和可溶硼价值。

此外,CASMO 计算机程序模块系列还具有以下功能:

- 输运燃耗程序:
    - ——无限栅格、燃料或组件;
    - ——多能群;
    - ——区域平均截面数据;
    - ——时间相关性(燃耗);
    - ——运行条件相关性(T_f,T_m,功率,Xe,硼浓度)。
- 节点扩散程序:
    - ——3D 堆芯功率分布;
    - ——两能群;
    - ——考虑热反馈。

此外,分析表明在反应堆(如多用途小型轻水堆堆芯)中使用高富集度燃料,可以提高反应堆的燃料后备反应性。这种后备反应性可以通过可燃毒物钆来补偿。

Soldatov[7]对多用途小型轻水堆燃料中钆的自屏蔽、燃料屏蔽和控制棒屏蔽效应进行了评价,并对其进行了讨论。

考虑到 SMR 的堆芯设计,基于传统的轻水堆堆芯设计方法的小型堆堆芯具有很高的中子泄漏率。在 Soldatov[7]的著作中,开展了中子泄漏对倍增系数和燃料利用率的评估以及对堆芯反射层问题的讨论。

在这种情况下,堆芯设计中也应考虑中子泄漏、可燃毒物吸收和耦合中子的使用以及热工水力分析(Zohuri[5])。

此外,反应堆理论的使用也将揭示以下技术要点,包括:

- 慢化:
    - ——能谱计算;
    - ——不同区域的均匀化。
- 输运:
    - ——无扩散的空间功率分布;
    - ——区域平均截面。
- 扩散:
    - ——用于 3D 堆芯功率分配的节点方法。
- 燃耗:
    - ——核素浓度随时间的变化。

所有这些技术特性都可以通过计算机程序(例如 CASMO 代码系列)来获得。

当前用于轻水堆分析的计算机程序见表 3.1。

表 3.1　当前用于轻水堆分析的计算机程序

开发商	程序[a]	用户		
		Yendor	Licensee	Consultant
ABB – CE	PHOENIX/POLKA	√	√	
B&W/Framatome/巴威/法玛通	CASMO[b]/NEMO	√	√	
通用电气 General Electric	TGEBLA/PANACEA	√	√	
西门子 Siemens	CASMO[b]/MICROBURN	√	√	
西屋 Westinghouse	PHOENIX/ANC	√	√	
EPRI	CPM-2/NODE-P		√	√
EPRI	CPM-2/SIMULATE-E		√	√
EPRI	CPM-3/CORETRAN			√
斯图斯维克 Studsvik	CASMO[b]SIMULATE-3[b]		√	√
捷成 Scanper[c]	HELIOS/RAMONA		√	

注：[a]这些代码的很多版本目前仍在使用；

　　[b]由美国斯图斯维克开发的程序；

　　[c]捷成已经与斯图斯维克合并。

但是，针对核反应堆物理和动力学的几种应用程序都需要对堆芯中子动力学进行三维建模，目前使用少群节点扩散程序进行这种计算。因此，扩散计算中的几何形状应由均匀的燃料区域或节点组成。用于计算的输入数据可能包括能谱平均截面、动力学参数和其他组件常数，它们是将积分反应速率平衡保留在每个节点内的方式生成的[8]。

总之，CASMO – 5 是栅格物理程序的最新版本，用于常规 LWR 分析，并具有 CASMO – 4 不具备的功能、特性和数值模型。CASMO – 5 的新功能包括"二次钆燃耗模型"，以及在数百个能群中执行 2D 输运计算的功能。可以在代码供应商的网站上找到有关 CASMO – 5 功能的描述以及 CASMO – 5 在生成 SIMULATE – 4 的截面和不连续因子数据中的作用，还描述了新的 CASMO – 5 数据库(586 组中子和 18 组 γ)，有兴趣的读者可以登录网站查看。

3.5　SMR 的一般概念

SMR 的发展动力是其重要特性。SMR 可以逐步部署，以匹配不断增长的能源需求，从而使电网规模较小的国家或地区做出适度的财政安排。SMR 展示了通过模块化和工厂建造显著降低成本的希望，这将进一步改善施工进度并降低成本。在更广泛的应用领域，SMR 的设计和尺寸更适合部分或专用于非电力应用，例如为工业过程提供热量、制氢或海水淡化。供热或热电联产可显著提高热效率，从而带来更好的投资回报。一些 SMR 设计也可能服务于其他需求，例如燃烧核废料。

小型模块化反应堆的设计具有提供清洁且具有成本优势的能源的潜力。根据国际原子能机构的分类，SMR 被定义为功率输出小于或等于 300 MWe 的反应堆。但一般而言，任何电功率低于 700 MWe 的反应堆都被视为 SMR。根据这些特征,SMR 可以进一步分为三类:轻水堆(LWR)、高温气冷堆(HTGR)、液态金属堆(即快中子钠冷反应堆和气冷反应堆)。

如图 3.17 所示,SMR 的可扩展性、模块化、稳健设计和增强安全性提供了优于大型商用反应堆的模块化和灵活性优势:与大型反应堆相比,SMR 可以在工厂环境中制造和组装,然后运到核电站。这将有助于减少现场准备工作,并减少冗长的建造工期,进一步降低建设成本,使 SMR 的成本降低 20% ~ 30%[9]。此外,SMR 的可扩展性和灵活性也使其更适合于能源需求低、基础设施有限以及电网系统规模较小和缺少电网的小型隔离区域。

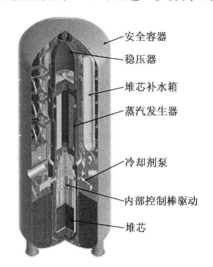

安全容器

稳压器

堆芯补水箱

蒸汽发生器

冷却剂泵

内部控制棒驱动

堆芯

图 3.17　小型模块化反应堆的等轴截面图(由核管会提供)

3.6　SMR 的安全特性和许可认证

核能可以在满足世界不断增长的能源需求的同时,应对与全球气候和环境影响相关的挑战,可以发挥非常重要的长期作用。世界上许多国家,特别是亚洲环太平洋国家,都在积极扩大其核能综合设施。核能在全球或区域范围内满足长期能源需求的程度取决于废物、安全、保障和防扩散问题的技术与政策解决方案的速度及适当性,以及建设的投资成本。SMR 可以成功解决其中的一些问题。SMR 通过工厂制造,提供了更简单、标准化和更安全的模块化设计方法,所需的初始资金投入更少,建造时间更短。SMR 体积非常小,运输方便,可以在没有先进基础设施和电网的偏远地区使用,也可以聚集在一个站点中形成多模块、大容量发电厂。

针对安全和许可两个主题的描述如下。

3.6.1　小型模块化反应堆的安全特性

SMR 的安全性方面已经在最近的几本出版物中进行了集中介绍,相关材料都可以在 IAEA 网站上找到。但是,在日本福岛核事故之后,需要对 SMR 的安全特性进行重新分析,并考虑从事故中汲取教训。

有关 SMR 安全性的主要发现如下:

- 先进小型模块化反应堆的设计制造商旨在通过最大限度地利用固有安全和非能动安全(也称为设计安全)功能来实现反应堆的安全设计。
- SMR 中使用的设计安全功能在大多数情况下不依赖于设计规模,可以应用在大型反应堆中,但是,SMR 提供了更多可能性以更高的效率来整合这些功能。
- 对于某些技术(如高温气冷堆),非能动安全功能的引入限制了反应堆的容量。

- 所有的 SMR 设计都以满足国际原子能机构制定的国际安全规范和标准(例如国际原子能机构《核电厂安全标准 NS - R - 1 安全》中制定的设计和要求,其中包括设计要求)为目标,深入实施纵深防御策略,并提供冗余和多样化的能动与非能动安全系统。

- 与内部事件相比,有关核电厂免受自然和人为事件影响的先进 SMR 安全特性的可用信息通常很少。

- 先进 SMR 的设计人员给出的堆芯损毁概率与现有的大型水冷反应堆的堆芯损坏频率相当甚至更低。

请注意,在使用非能动安全系统的情况下,小型模块化反应堆的整体设计使其在发生严重事故时更安全,从而防止任何辐射泄漏到环境中。非能动安全系统是 SMR 的另一个重要安全特性。如果发生冷却剂丧失事故,非能动安全系统将在无须任何人工干预或电源的情况下关闭反应堆并实现对反应堆的冷却,冷却时间可以持续 7 天。该非能动安全系统包含一个水池,在自然作用力(即自然循环、重力或压缩气体)下运行[10]。

3.6.2　小型模块化反应堆的许可认证

SMR 的许可将受日本福岛核事故的影响,影响方式与当前的大型反应堆相同。关于 SMR 相关的许可状态和监管问题,对最新出版物的分析可以得出以下结论:

- 根据表 3.2 中所列的先进小型模块化反应堆的供应商和设计者,它们已经或正在按照其当前国家(如由 NRC 强制实施)和国际(如由 IAEA 强制实施)规定进行设计。

- 可部署的 SMR,例如 CANDU - 6、PHWR、QP - 300、CNNP - 600 和 KLT - 40S,已经在原产国完成了许可程序。CANDU - 6 和 QP - 300 也已在原产国以外的其他国家/地区获得许可和部署。

- 对于先进的 SMR 设计,如表 3.2 所示,其中的三个已在阿根廷、中国和韩国处于正式许可阶段,其他几个正在美国和印度进行预许可谈判。

但是,政府对选定的先进 SMR 的支持可以帮助克服相应的许可延迟。

另一套重要的监管要求涉及 SMR 抵抗核扩散的能力。所有先进的轻水 PWR SMR 均使用常规的低浓铀燃料,并且大多数压水堆 SMRs 设计均使用与大型压水堆相同的燃料。但是,应特别注意某些重水或液态金属冷却设计的不扩散潜力,特别是如果打算将其部署在政治上不稳定的地区。原子能机构正在将固有的抗扩散特性与创新型小型模块化反应堆结合到核电厂方案中。

3.6.3　核不扩散措施及核安保

SMR 是建造在地面以下的密封装置,因此可以更安全地抵抗任何恐怖活动、飞机撞击或自然灾害。它们还设计为可以长时间运行而无须换料(18 ~ 24 个月换料一次);反应堆可以在工厂环境中换料,然后运回现场,从而确保其免受任何扩散问题的影响。

表 3.2　先进 SMR 的设计状态和可能的部署时间表

SMR	技术分类	电力输出/MW	电厂配置	设计状态	许可状态/完成（使用）日期	最终部署日期
KLT-40S, 俄罗斯	PWR	2×35	双单元驳船安装装置	详细设计完成	已获许可/正在建造	2013 年
VBER-300, 哈萨克斯坦,俄罗斯	PWR	302	单模块或双单元,陆基或驳船装置	详细设计接近完成	n/a	>2020 年
ABV, 俄罗斯	PWR	2×7.9	双单元驳船安装或陆基电厂	驳船电厂；详细设计完成	部分设计许可	2014—2015 年
CAREM-25, 阿根廷	PWR	27	单模块陆基电厂	详细设计接近完成	许可申请中/2011	示范:2015 年
SMART, 韩国	PWR	90	单模块陆基电厂	详细设计完成	许可申请中/2011	~2015 年
NuScale, USA	PWR	12×45	双模块陆基电厂	详细设计接近完成	许可预申请/(申请:2011)	FOAK 2018 年
mPower, USA	PWR	×125	多模块陆基电厂	详细设计完成	许可预申请/(申请:2011)	~2018 年
IRISa, USA	PWR	335	单模块或双单元陆基电厂	基本设计完成,正在接受供应商的审查		
西屋 SMR	PWR	>225				
HTR-PM, 中国	PWR	2×105	双模块陆基电厂	详细设计完成	许可申请中/2010 或 2011	FOAK 2013 年
AHWR, 印度	先进重水反应堆	300	单模块陆基电厂	详细设计定型	许可预申请/(申请:2011)	~2018 年
SVBR-100, 俄罗斯	铅包铋冷却快堆	×101.5	单舱或多舱陆基或驳船装置	详细设计正在进行中	n/a/原型机已经在俄罗斯潜艇上运行过	原型:2017 年
新的亥伯龙电源模块,美国	铅包铋冷却快堆	×25	单模块或多模块陆基电厂	n/a	许可预申请/(申请:未知)	FOAK 2018 年
4S, 日本	钠冷却快堆	10	单模块陆基电厂	详细设计正在进行中	许可预申请/(申请:未知)	FOAK 2014 年以后

3.7　商用小型反应堆设计

对碳排放的担忧和化石燃料资源的不稳定性,使全世界重新开始关注核能并将其作为解决日益增长的能源需求的一种方法。美国当前正在建设的几个大型核反应堆是30多年来首次新建的核反应堆。SMR已经设计多年,与传统的大型反应堆相比,具有潜在的技术和经济优势。但是目前,SMR的投资和运营成本仍具有许多不确定性。

根据经济合作与发展组织/核能机构(OECD/NEA)的预测,采用轻水堆技术的核电站无论是大型反应堆还是SMR,当装机容量小于300 MWe时,与其他发电技术相比均具有充足的竞争力。例外的情况是美国的廉价天然气电站和大型水力发电站。

然而,SMR以及模块化电站可能比大型反应堆核电站具有更高的电力平准化成本。SMR的电力平准化成本会随着大规模的批量生产而降低,这是证明SMR竞争力的关键因素。然而,启动系列化生产过程需要大量的SMR初始订单,而且必须知道谁可能是第一批客户,以及在不久的将来会真正部署多少个SMR。

如今,全球主要的反应堆供应商已经瞄准了发达国家的市场,目前提供的是具有大功率输出(1 000~1 700 MWe)的设计[11]。然而,由于多种原因,这些大型反应堆不适用于许多发展中国家[12]。

与大型反应堆一样,SMR的市场很难预测。但是,根据普遍接受的假设,SMR在发电方面可以与许多非核能发电技术竞争,在大型反应堆核电厂由于某种原因而无法形成有效竞争力的情况下,SMR可以尝试找出关键的市场机会。

许多发展中国家的电网容量有限,无法容纳输出功率接近或超过1 000 MWe的单个发电厂。此外,在某些国家/地区,电网被限定在几个相互联系很少的中心生活区。这种情况更有利于使用地理位置分离的小型发电厂。

到目前为止,我们对核电行业的了解是,相对于化石燃料发电厂,传统核电厂具有较高的投资成本,这为选择核电带来了额外的障碍。凭借较小的规模和复杂性,小型核电厂将具有较低的单一电厂投资成本和较短的建造周期。因此,在建造第二台和第三台机组之前,初始发电机组就可以产生收益,从而降低了组合发电能力的最大资本支出。这对于通常缺少资金的发展中经济体尤其重要。

由于中小型核电厂的电力水平较低,因此各国在以较小的增量安装发电能力方面具有更大的灵活性,从而更能满足其电力需求和经济增长的速度。降低的功率水平允许更多地使用非能动安全系统来简化电厂,例如主冷却剂的自然循环。这些特点增强了核电厂的安全性和可靠性,这在核经验较少且劳动力训练有限的国家中尤其有利。

当前,世界范围内的核能均基于中、高容量的反应堆[13](国际原子能机构给出的容量水平分别为300~900 MWe和900~1 600 MWe[14])。全世界内运行的核反应堆主要是轻水堆技术[14-16]。这里所说的世界"技术"并不是专门指核电站的设计,而是指面向轻水堆的燃料循环设施和综合供应链。轻水堆技术已经得到了很好的研究,并在监管实践中得到了很好的体现[17-21]。这使得轻水堆技术在短期和中期内对创新型反应堆的设计最具吸引力。

目前有几个国家正在设计低功率范围(10~300 MWe)的创新型核电站。世界范围内正在考虑多种设计概念(例如高温气冷堆和液态金属快中子增殖堆)[14,22-24]。然而,轻水堆被认为是短期内最经济可行和可部署的创新反应堆技术[25]。

为了设计一个具有竞争力的反应堆并成功地推向国际市场,有必要开展针对紧密竞争者的广泛调研和分析。首先,需要识别并列出过去十年中提出的所有主要反应堆设计概念(项目、设计),确定拟议设计的主要优点和缺点,确定与多用途小型轻水反应堆具有相似性的设计,并了解这些设计背后的想法和动机。了解SMR(特别是轻水堆)的困难和不成功的设计也很重要,这样可以避免在设计初期重复别人的错误和潜在的挑战。本书给出了大型创新轻水堆的竞争设计概况[26-30],以及包括创新LWR在内的小型[25]反应堆的不同设计。有关创新反应堆设计的详细讨论见文献[31-39]。

3.8　结　　论

本章的主要结论是,SMR在扩大核能的和平利用方面具有巨大的潜力,能够满足装备大型反应堆的常规核电站无法满足的市场需求。这些市场需求包括:

- 适用于偏远或孤立地区。在这些地区不需要较大的电力供应、电网发展很差或缺少电网,但对非电力能源需求如供热或海水淡化与电力一样重要。
- 替代退役的中小型化石燃料发电厂。同时,也可成为这类新建发电厂的备选方案。特别是存在选址限制的情况,例如电网的自由容量有限、备用容量有限和发电厂冷却塔供水有限。
- 替代那些已退役的化石燃料热电联产电厂,SMR的功率范围似乎更适合现有的热分布基础设施的要求。
- 能源市场开放的电厂或私人投资者或公用事业公司拥有的电厂,这些电厂的前期投资少,现场建设时间短,融资成本相应降低,电厂配置和应用的灵活性比同等的单位电力成本更为重要。

但是,值得注意的是,SMR还没有获得这些应用的许可,而且在部署之前还需要克服众多开发挑战和监管批准,尤其是考虑到日本福岛核事故。

在本章中的这些调研结果中,没有发现配备SMR的核电站可以在低浓铀的基础上与配备最新大型反应堆的核电站竞争的情况。但是,该研究也发现,在配备大型反应堆的核电站无论出于何种原因而没有竞争力的情况下,SMR都可以与许多非核技术竞争。

参 考 文 献

[1]　Zohuri, B. (2015). Combined cycle driven efficiency for next generation nuclear power plants: An innovative design approach (1st ed.). New York: Springer.

[2]　Zohuri, B., & McDaniel, P. (2017). Combined cycle driven efficiency for next generation nuclear power plants: An innovative design approach (2nd ed.). New York: Springer.

[3]　Zohuri, B. (2018). Small modular reactors as renewable energy sources. New York:

Springer.

[4] Zohuri, B., McDaniel, P., & De Oliveira, C. (2015). Advanced nuclear open – air – Brayton cycles for highly efficient power conversion. Nuclear Technology Journal.

[5] Zohuri, B. (2017). Thermal – hydraulic analysis of nuclear reactors (2nd ed.). New York: Springer.

[6] Walter, A. E. (1981). Fast breeder reactors. Oxford: Pergamon Press.

[7] Soldatov, A. (2009). Design and analysis of a nuclear reactor core for innovative small light water reactors. A Dissertation Submitted to Oregon State University, March 9, 2009.

[8] Lepp? nen, J. (2005). NEW ASSEMBLY – LEVEL MONTE CARLO NEUTRON TRANSPORT CODE FOR REACTOR PHYSICS CALCULATIONS. In Mathematics and Computation, Supercomputing, Reactor Physics and Nuclear and Biological Applications Palais des Papes, Avignon, France, September 12 – 15, 2005, on CD – ROM, American Nuclear Society, LaGrange Park, IL.

[9] Nuclear Energy Association (NEA). (2011, June). Current status, technical feasibility and economics of small modular reactors.

[10] Kozlowski, T., & Downar, T. J. (2003, December). OECD/NEA AND U. S. NRC PWR MOX/UO2 Core Transient Benchmark.

[11] International Atomic Energy Agency. (1999). IAEA – TECDOC – 1117. Evolutionary watercooled reactors: Strategic issues, technologies and economic viability. In Proceedings of a Symposium, Seoul, 30 November – 4 December 1998. Vienna: IAEA. ISSN 1011 – 4289.

[12] Ingersoll, D. T., & Poore, W. P., III. (2007). Reactor technology options study for near – term deployment of GNEP grid – appropriate reactors. ORNL/TM – 2007/157, ORNL, Oak Ridge, TN, September 26, 2007.

[13] 2005 World nuclear industry handbook. (2005). Nuclear Engineering International.

[14] IAEA CSP – 14 (Parts 1 – 5). (2002). Small and medium sized reactors: Status and prospects. In Proceeding of International Seminar, Cairo, Egypt, May 27 – 31, 2001. Vienna: IAEA.

[15] IAEA PUB 1280. (2006). Operating experience with nuclear power stations in member states in 2005. Vienna: IAEA.

[16] Nuclear energy today. Nuclear development. NEA/OECD. (2003).

[17] European utility requirements for LWR nuclear power plants (Vol. 1: Main policies and objectives. Revision C, EUR – Club, 2001). Chapter 1 – 6 with list of acronyms and definitions section.

[18] European utility requirements for LWR nuclear power plants (Vol. 2: Generic nuclear island requirements. Revision C, EUR – Club, 2001). Chapter 0 – 19 with list of acronyms and definitions section annexes.

[19] European utility requirements for LWR nuclear power plants (Vol. 3: Application of EUR

to the specific projects. Revision C, EUR – Club, 2001). Chapter 0 – 19 with list of acronyms and definitions section, annexes.

[20] European utility requirements for LWR nuclear power plants (Vol. 4: Generic conventional island requirements. Revision B, EUR – Club, 2000). Chapter 0 – 19 with list of acronyms and definitions section annexes.

[21]　10 CFR Part 52. Domestic licenses, certifications, and approvals for nuclear power plants. US Nuclear Regulatory Commission, Electronic Publication. Retrieved from http://www. nrc. gov/ reading – rm/doc – collections/cfr/part052/.

[22] International Atomic Energy Agency. (2006). IAEA – TECDOC – 1485. Status of innovative small and medium sized reactor designs 2005. Reactors with conventional refueling schemes. Vienna: IAEA. ISSN 1011 – 4289.

[23] IAEA. (2007). Progress in design and technology development for innovative small and medium sized reactors. In Proceeding of IAEA 51st General Conference, September 17, 2007. Vienna: IAEA.

[24] IAEA. (2007). Current trends in nuclear fuel for power reactors. In Proceeding of IAEA 51st General Conference, September 17, 2007. Vienna: IAEA.

[25] International Atomic Energy Agency. (2004). IAEA – TECDOC – 1391. Status of advanced light water reactor designs 2004. Vienna: IAEA.

[26] International Atomic Energy Agency. (2002). IAEA – TECDOC – 1290. Improving economics and safety of water – cooled reactors: Proven means and new approaches. Vienna: IAEA. ISSN 1011 – 4289.

[27] Kupitz, J., Bussurin, Y., & Gowin, P. Considerations related to specific concepts: Water – cooled reactors, gas – cooled reactors, metal – cooled reactors, non – conventional reactors. Retrieved from http://www. mi. infn. it/ ~ landnet/Doc/Reactors/kupitz. pdf.

[28] IAEA. (2003). Overview of global development of advanced nuclear power plants. Annex 1 (pp. 1094 – 1110). Vienna: IAEA.

[29] IAEA. (2006). IAEA overview of global development of advanced nuclear power plants. Information NPTDS brochure. Vienna: IAEA.

[30] Guerrini, B., & Paci, S. (1998). Lessons on nuclear plants part IIB: Advanced reactors. Training materials, RL (811) 99, University of Pisa.

[31] Fisher, J. E., Modro, S. M., Weaver, K. D., Reyes, J. N., Jr., Groome, J. T., & Bapka, P. (2001). Performance and safety studies for Multi – Application, Small, Light Water Reactor (MASLWR). In Proceedings of RELAP5 International Users Seminar, Sun Valley, ID, September 5 – 7, 2001.

[32] Fisher, J. E., Modro, S. M., Weaver, K. D., Reyes, J. N., Jr., Groome, J. T., & Bapka, P. (2002). Performance and safety studies for Multi – Application, Small, Light Water Reactor (MASLWR). In Proceedings of RELAP5 International Users Seminar, Park City, UT, September 4 – 6, 2002.

[33] Modro, S. M., Fisher, J. E., Weaver, K. D., Reyes, J. N., Jr., Groome, J. T., Bapka, P., & Wilson, G. (2002). Generation – IV Multi – Application Small Light Water Reactor (MASLWR). In 10th International Conference on Nuclear Energy, INEEL/CON – 02 – 00017, April 14, 2002.

[34] Modro, S. M., Fisher, J. E., Weaver, K. D., Reyes, J. N., Jr., Groome, J. T., Bapka, P., & Carlson, T. M. (2003, December). Multi – application small light water reactor final report. INEEL/EXT – 04 – 01626.

[35] Reyes, J. N., Groome, J., Woods, B. G., Young, E., Abel, K., Yao, Y., & Yoo, Y. J. (2007). Testing of the Multi – Application Small Light Water Reactor (MASLWR) passive safety systems. Nuclear Engineering and Design, 237, 1999 – 2005.

[36] Woods, B. G., Reyes, J. N., & Wu, Q. (2005). Flow stability testing under natural circulation conditions in integral type reactors. Presentation at IAEA Natural Circulation Research Coordination Meeting, Corvallis, OR, September 1, 2005.

[37] Soldatov, A., Marcum, W., Magedanz, J., Nelson, K., & Dahl, J. (2007, March). Advanced thermal accessible reactor final report. Course NE 574—Design Project Report, OSU.

[38] Soldatov, A., Magedanz, J., & Dahl, J. (2007, June). MASLWR extended core live design and preliminary instrumentation. Course NE 575—Design Project Report, OSU.

[39] Galvin, M., & Soldatov, A. (2007, March). Multi – Application Small Light Water Reactor (MASLWR), Global Viability. Course ECE599 – Design Project Report, OSU.

第4章 热力循环

本章重点介绍涡轮循环、热力学和热机,向读者简要介绍相关的基础知识。更深入的学习和了解可以参考本章参考文献[1,2]提供的学习资料。

4.1 引　言

热力循环存在一系列过程,在不同阶段会出现工质体积、温度和压力的变化,但在循环结束时又恢复到初始状态。了解各种热力循环过程对于了解联合循环在新一代核电站中的应用以及热力循环过程如何影响涡轮机械的热效率尤为重要。同时,了解热力循环过程对于工业革新也极为重要。这些热力循环过程是大多数大规模制造过程、发动机、冰箱和空调的基础。

4.2 功

如图4.1所示,系统做功的微分形式可表示为

$$dW = Fdx = FAdx = PV \tag{4.1}$$

在图4.2中的阴影区域表示从状态 a 变化到状态 b 时所做的功,可以用一个简单的 $P-V$ 图来表示,即

$$W_{ab} = \int_{V_a}^{V_b} PdV \tag{4.2}$$

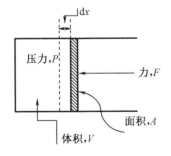

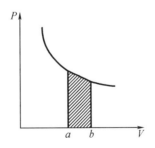

图4.1　简单的做功系统　　　　图4.2　简单的 $P-V$ 图

在国际单位制中,压力、体积和功的单位可以表示如下:

压力 P 的单位为 N/m^2;

体积 V 的单位为 m^3;

功 W 的单位为 $N \cdot m$ 或 J。

4.3　热力学第一定律

热力学第一定律是解决联合循环和涡轮机械中热力循环问题的重要定律之一。本节仅对热力学第一定律进行简要介绍,更多的内容希望读者参考热力学教科书或者专门针对热力循环的热力学教材(如 Zohuri 和 McDaniel 撰写的书)[1]。

"在具有相同动能和势能的任何两个平衡态之间的所有绝热过程所做的功是相同的"。我们将其推广,则包含内能的能量守恒方程如下:

$$dE = dQ - dW \tag{4.3a}$$

其中,

$$E = U + E_k + E_p = 内能 + 动能 + 势能 \tag{4.3b}$$

4.4　焓

在温度不变的条件下,考虑工质出现相变的过程(状态 1→状态 2)。由于工质相变通常会导致体积变化,因此由能量输入引起的变化可表示为

$$\int_1^2 dQ = \int_1^2 dU + \int_1^2 PdV \tag{4.4}$$

对于单位质量的工质,有 $q = Q/M, u = U/M, v = V/M$,其中 M 为质量。因此有

$$q_2 - q_1 = u_2 - u_1 + p(v_2 - v_1)(假设该过程压力恒定) \tag{4.5}$$

$u + Pv$ 的组合形式经常出现,被称为比焓 h:

$$h = u + Pv \tag{4.6}$$

例 4.1　分析 100 ℃的水从液相到汽相的相变过程。汽化潜热为 22.6×10^5 J/kg。100 ℃的水蒸气压力为 1 atm $= 1.01 \times 10^5$ N/m²,$v_g = 1.8$ m³/kg,$v_f = 10^{-3}$ m³/kg。

解　体积功(或机械功)(系统由于体积变化而对外做功)

$$w = P(v_g - v_f) = 1.7 \times 10^5 \text{ J/kg} \tag{4.7}$$

因此,$u_g - u_f = 22.6 \times 10^5 - 1.7 \times 10^5$ J/kg $= 20.9 \times 10^5$ J/kg。

可以看出,转化能量的 92% 用于增加内能,而 8% 用于 Pv 功。

4.5　能量守恒方程

考虑如图 4.3 所示的情况,工质由点 1 进入系统,并由点 2 离开系统。系统处于稳态工况。系统净能量可表示为

$$\Delta E = 0 = \sum \text{energy inflow} - \sum \text{energy outflow}$$
$$= \frac{1}{2}mv_1^2 - mu_1 + Q + P_1V_1 + mgZ_1 - \frac{1}{2}mv_2^2 - mu_2 + W - P_1V_1 - mgZ_2 \tag{4.8}$$

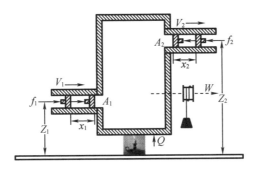

图4.3 稳态流动工况

对于单位质量的工质,有 $q = Q/M$ 和 $w = W/M$,可堆出

$$\left(u_2 + Pv_2 + \frac{1}{2}mv_2^2 + gZ_2\right) - \left(u_1 - Pv_2 + \frac{1}{2}mv_1^2 + gZ_1\right) = q - w$$

或

$$\left(h_2 + \frac{1}{2}mv_2^2 + gZ_2\right) - \left(h_1 + \frac{1}{2}mv_1^2 + gZ_1\right) = q - w \tag{4.9}$$

特殊情况:汽轮机 $q \approx 0$,$Z_1 \approx Z_2$,

$$w = (h_1 - h_2) + \frac{1}{2}(v_1^2 - v_2^2) \tag{4.10}$$

特殊情况:通过喷嘴流动 $q = 0 = w$,

$$v_2^2 = v_1^2 + 2(h_1 - h_2) \tag{4.11}$$

特殊情况:伯努利方程 $q = 0 = w$,

$$h_1 + \frac{1}{2}v_1^2 + gZ_1 = h_2 + \frac{1}{2}v_2^2 + gZ_2 = 常数$$

$$u + Pv + \frac{1}{2}v^2 + gZ = 常数 \tag{4.12}$$

如果没有摩擦力,则 $u = $常数。另外,如果流体是不可压缩的,则有

$$Pv + \frac{1}{2}v^2 + gZ = 常数$$

$$\tag{4.13}$$

$$P + \frac{1}{2}v^2 + \rho gZ = 常数$$

4.6 开式循环

观察内燃机的运行可以看出其与典型热机循环的供热过程有所不同,主要体现在燃烧过程中工质会发生永久性变化,工质不会经历一个完整的循环。因此,内燃机也通常被称为"开式循环"设备,而不是循环热力学热机。

从热力学的观点来看,"开式循环"这个词是没有意义的。它是指能量以化石燃料燃烧的形式从外部提供给热机,剩余的燃烧混合物中未转化的部分能量被排放到环境中。而使该循环过程封闭的步骤则由大自然完成,即将排放物变成化石燃料并达到循环开始的形式——因此"开式循环"才能够实现。

内燃机是一种以空气为工质,通过燃烧化石燃料释放机械能的装置,而不是在热力循环中处理空气的热机。就内燃机本身而言,热量是不提供给内燃机的,所以它不可能是在大多数热力学文献中描述的热机形式。

通过采用类似的传热过程代替一些实际的热机过程,可以构造一个模拟的热机循环,近似对应于内燃机的运行。因为模拟的只是热机的理论模型,而不是实际装置,因此可忽略这种传热过程的具体机制,这类循环形式被称为标准空气循环。标准空气循环是 Zohuri 和 McDaniel 的书[1]中 13.3 节的内容,了解这类循环形式有助于内燃机的初步研究。

4.7 闭式循环

热力循环可以用另一种方式进行分类,即闭式循环和开式循环。开式循环在 Zohuri 和 McDaniel 书[1]的第 13.3.1 节中进行了介绍。闭式循环如图 4.4 所示,工质在循环结束时返回初始状态,并进行下一次循环。在开式循环中,工质在每个循环结束时都会更新,而不会进行再一次循环。例如,在汽车发动机的每个循环结束时,燃烧后的气体被排出并被重新注入的空气 – 燃料混合物所代替。发动机在一个机械循环中工作,但是工质却不会经历完整的热力循环过程[2]。

如前所述,任何热力学循环本质上都是一个闭式循环。在这个循环中,工质经过一系列过程,总是回到初始状态。

图 4.4　热力学闭式循环示意图

4.8 气体压缩机和布雷顿循环

压缩机的做功可表示为[1]

$$\dot{W}_{\mathrm{comp}} = \dot{m}(h_e - h_i) \tag{4.14}$$

假设压缩机中的气体是理想气体,则

$$\dot{W}_{\mathrm{comp}} = \dot{m}C_p(T_e - T_i) \tag{4.15}$$

在大多数情况下,这是一个合理的假设。对于惰性气体,该假设非常准确,因为惰性气体都是理想气体。对于空气和类似的工质,该假设也是相对合理的,因为工质的温度变化不大,且取 C_p 的平均值通常是合适的。但是,C_p 的平均值应取 T_e 和 T 的平均温度下对应的值（而不是温度为 300 K 的值）。

假设压缩机等熵运行（绝热和可逆）,则出口温度与压缩机中的压力相关,可表示为

$$T_e = T_i\left(\frac{p_e}{p_i}\right)^{\frac{\gamma-1}{\gamma}}$$

$$\dot{W} = \dot{m}C_p(T_e - T_i) = \dot{m}C_p T_i\left(\frac{T_e}{T_i} - 1\right) = \dot{m}\,\frac{\gamma R}{\gamma - 1}T_i\left[\left(\frac{p_e}{p_i}\right)^{\frac{\gamma-1}{\gamma}} - 1\right] \tag{4.16}$$

压缩机可大致分为三类:往复式或容积式、离心式和轴流式。在往复式压缩机中,活塞在气缸中滑动,阀门打开和关闭用以吸入低压流体并排出高压流体。在离心式和轴流式压缩机中,流体从一端进入并通过旋转叶片被压缩,然后在压缩机的另一端流出。在离心式压缩机中,流体沿径向向外流动。压缩过程是通过驱使流体压向压缩机的外环面实现的。在轴流式压缩机中,一组旋转叶片像螺旋桨一样驱动流体流经压缩机,迫使流体通过越来越窄的通道,从而增加流体的密度和压力。汽油机、柴油机和容积泵都是往复式压缩机;水泵和洗衣机中的转子是离心式压缩机;喷气发动机是典型的轴流压缩机。往复式压缩机不需要填装,而且可以达到很高的压力,但流量适中。离心式和轴流式压缩机通常需要填装,可以达到很高的流量,但压力适中。

在本节中,我们讨论所有的燃气轮机都将使用布雷顿循环。图4.5给出了布雷顿循环的 $T-s$ 图。对燃气轮机运行工况点进行编号,起始点为工况0处的自由流动状态。在巡航飞行中,进气口将空气引入工况2的压气机中。由于空气流速降低,空气的静压在飞机飞行速度的作用下增加,空气被压缩。理想情况下,压缩过程是等熵过程,因此在图中的静态温度也会增加。压缩机对气体做功,使气体的压力和温度等熵地增加到工况3的压缩机出口状态。理想情况下压缩过程是等熵的,所以在 $T-s$ 图上用一条垂直线来描述该过程。实际的压缩过程不是等熵的,压缩过程线由于工质的熵增而向右倾斜。燃烧室中的燃烧过程在恒定压力下从工况3变化到工况4。温度的升高取决于所用燃料的类型和燃料空气比。高温燃气流经燃气轮机,并由工况4变为工况5完成做功过程。由于燃气轮机和压缩机位于同一根轴上,在理想情况下燃气轮机做的功与压缩机做的功完全相等,温度变化也是相同的。喷嘴使流体等熵地(绝热可逆)从工况5变化到工况8,恢复到自由流动压力。从外部看,流动状态恢复到自由流动状态,从而完成循环。$T-s$ 图下的面积与燃气轮机做的有用功和推力成正比。理想布雷顿循环的 $T-s$ 图如图4.5所示。

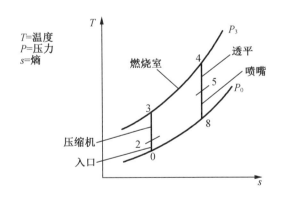

图4.5 布雷顿循环 $T-s$ 图(由美国国家航空航天局提供)

对布雷顿循环的分析能够预测燃气轮机的热力学性能。

众所周知,燃气轮机是另一种能够产生电力的机械系统,同样可以作为汽车或卡车的发动机完成热力循环,甚至可以在核电厂中实现闭式循环。

简单燃气轮机循环中的布雷顿循环可以描述为:在开式循环运行状态下,空气进入压缩机,流经恒压燃烧室,然后流经燃气轮机,最后作为燃烧废气排放到大气中,如图 4.6(a)所示。在图 4.6(a)的循环过程中加入一个热交换器形成闭式循环,如图 4.6(b)所示,在循环中通过添加一个附加的热交换器将热量带出,这样空气可以回到其初始状态。

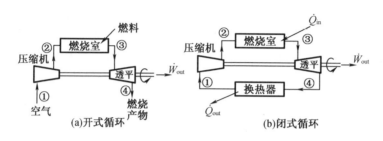

图 4.6　布雷顿循环中设备布置图

布雷顿循环是简单燃气轮机的理想循环形式。该循环包括两个等熵过程和两个等压过程。图 4.7 给出了 $P-V$ 和 $T-s$ 坐标下的布雷顿循环过程。该循环的压缩和加热过程类似于狄塞尔循环。狄塞尔循环的等熵膨胀过程会进一步膨胀,随后会等压排热。

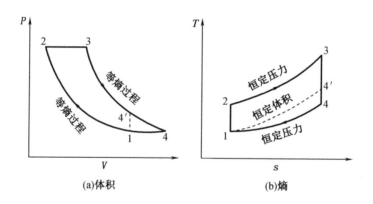

图 4.7　布雷顿循环 $P-V$ 和 $T-s$ 图

下面给出了理想状态下布雷顿循环热效率的数学表达式,可以用来建立燃气轮机的数学模型。模型中认为布雷顿循环中存在等熵压缩和膨胀。

$$\eta_{th} = \frac{输入热量 - 损失热量}{输入热量} = \frac{\dot{Q}_{out}}{\dot{Q}_{in}} \tag{4.17a}$$

$$\eta_{th} = \frac{mC_p(T_3 - T_1) - mC_p(T_4 - T_1)}{mC_p(T_3 - T_2)}$$

$$= 1 - \frac{T_4 - T_1}{T_3 - T_2} \tag{4.17b}$$

$$= 1 - \frac{T_1(T_4/T_1) - 1}{T_2(T_3/T_2) - 1}$$

利用等熵假设可得

$$\frac{T_2}{T_1} = \left(\frac{P_2}{P_1}\right)^{\frac{\gamma-1}{\gamma}} \quad \text{和} \quad \frac{T_3}{T_4} = \left(\frac{P_3}{P_4}\right)^{\frac{\gamma-1}{\gamma}} \tag{4.17c}$$

对于理想气体,图 4.7(a)的 $P - V$ 图可以认为 $P_2 = P_3$ 和 $P_1 = P_4$。这样,式(4.17c)变为

$$\frac{T_2}{T_1} = \frac{T_3}{T_4} \quad \text{或} \quad \frac{T_4}{T_1} = \frac{T_3}{T_2} \tag{4.17d}$$

式(4.17a)中的热效率 η_{th} 可简化为以下形式

$$\eta_{th} = 1 - \frac{T_4}{T_3} = 1 - \frac{T_1}{T_2} \tag{4.17e}$$

引入压缩比的概念,即 $r_p = P_2/P_1$,则式(4.17e)中的热效率可表示为

$$\frac{T_1}{T_2} = \frac{T_4}{T_3} = \frac{1}{r_p^{\gamma-1}} \tag{4.17f}$$

$$\frac{1}{r_p^{\gamma-1}} = \left(\frac{V_2}{V_1}\right)^{\gamma-1} \left(\frac{P_1}{P_2}\right)^{\gamma-1} = r_p^{\frac{\gamma-1}{\gamma}} \tag{4.17g}$$

$$\eta_{th} = 1 - \frac{T_1}{T_2} = 1 - \left(\frac{P_1}{P_2}\right)^{(\gamma-1)/\gamma} \tag{4.17h}$$

或者

$$\eta_{th} = 1 - r_p^{(1-\gamma)/\gamma} \tag{4.17i}$$

注意,以上两种形式的热效率 η_{th} 的最终表达式(4.17h)和(4.17i)都是基于假设恒定比热容得到的。更为准确的计算结果,应使用气体物性表获取。

在实际的燃气轮机中,压缩机和燃气轮机的运行过程都不是等熵的,会存在一定的损失。这些损失(通常在 85% 左右)显著降低了燃气轮机的效率。

综上,布雷顿循环系统的回功比可定义为 W_{comp}/W_{turb},这是一个限制燃气轮机热效率的重要参数,也是评价压缩机做功能力的重要指标。实际上,回功比可以非常接近于 1.0。如果压缩机效率太低,则布雷顿循环将很难运行。只有开发出高效的空气压缩机,喷气发动机才可以实现。

例 4.2 100 kPa、25 ℃的空气进入燃气轮机的压缩机。压缩比为 5,最高温度为 850 ℃,利用布雷顿循环确定回功比和热效率。

解 根据回功比的定义有

$$\frac{W_{comp}}{W_{turb}} = \frac{C_p(T_2 - T_1)}{C_p(T_3 - T_4)} = \frac{T_2 - T_1}{T_3 - T_4}$$

温度 $T_1 = 273 + 25 = 298$ K,$T_2 = 273 + 850 = 1\ 123$ K,

$$T_2 = T_1 \left(\frac{P_2}{P_1}\right)^{(\gamma-1)/\gamma} = 298 \times 5^{0.285\ 7} = 472.0 \text{ K}$$

$$T_4 = T_3 \left(\frac{P_4}{P_5}\right)^{(\gamma-1)/\gamma} = 1\ 123 \times \frac{1}{5}^{0.285\ 7} = 709.1 \text{ K}$$

回功比为

$$\frac{W_{comp}}{W_{turb}} = \frac{472.0 - 298}{1\ 123 - 709} = 0.420 \text{ 或 } 42.0\%$$

热效率为
$$\eta_{th} = 1 - r^{(1-\gamma)/\gamma} = 1 - 5^{-0.2857} = 0.369 \text{ 或 } 36.9\%$$

例4.3 在一个标准空气布雷顿循环中,压缩比为8,初始的压力和温度分别为100 kPa和300 K,循环中的最高允许温度为1 200 K。确定单位质量(kg)空气增加的能量,单位质量(kg)空气的功以及该循环的热效率。可参考图4.8。

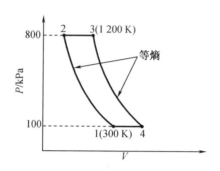

图4.8 例4.3 的示意图

解 标准空气布雷顿循环的 $P-V$ 图如图4.8所示。布雷顿循环的压缩比 r_p 为

$$r_p = \frac{P_2}{P_1} = 8$$

除了压缩以外,所给出的其他数据是 $P_1 = 100$ kPa,$T_1 = 300$ K 和 $T_3 = 1\ 200$ K,等熵压缩过程后的空气温度 T_2 为

$$T_2 = T_1\left(\frac{P_2}{P_1}\right)^{\frac{\gamma-1}{\gamma}} = 300 \times 8^{\frac{0.4}{1.4}} = 573.4 \text{ K}$$

空气增加的能量
$$q_1 = C_p(T_3 - T_2) = 1.004\ 7(1\ 200 - 543.4) = 659.69 \text{ kJ/kg}$$

布雷顿循环的热效率 η_{th} 由下式给出
$$\eta_{th} = 1 - \left(\frac{1}{r_p}\right)^{(1-\gamma)/\gamma} = 1 - \left(\frac{1}{8}\right)^{\frac{0.4}{1.4}} = 0.448$$

每千克空气的净功 W_{net} 为
$$W_{net} = q_1\eta_{th} = 659.69 \times 0.448 = 295.54 \text{ kJ/kg}$$

4.9 非理想状态下的布雷顿循环

理想的标准空气布雷顿循环假定为等熵压缩和膨胀过程。但到目前为止,还没有在任何实际设备中实现这些过程。这些过程的等熵效率定义为[1]

$$\text{等熵效率(压缩)} = \frac{\Delta h_{isentropic}}{\Delta h_{actual}}$$

$$\text{等熵效率(膨胀)} = \frac{\Delta h_{actual}}{\Delta h_{isentropic}}$$

但是,压缩机或涡轮机的等熵效率取决于装置的压缩比。在进行参数分析或设计研究时,更为有用的做法是定义一种不依赖于压缩比,而仅依赖于制造公差和各阶段效率的效率参数[1]。当各阶段过程足够小甚至达到无穷小时,这个效率被称为多变效率。

对于一个无穷小的过程,其第一定律和第二定律表示为

$$dh = vdp + Tds \tag{4.18}$$

Tds 项代表该过程的热流。在压缩过程中,效率低的过程意味着热量流入系统;对于膨胀过程,效率低的过程表示热量从系统中流出。取微分形式,可以写成[1]

$$dh = vdp + (Tds) = vdp/e_{c,poly}(对于压缩机来说)$$
$$= vdp + (-Tds) = e_{t,poly} \times vdp(对于涡轮机来说) \tag{4.19}$$

对这两个方程进行积分,类似于等熵过程的积分形式。对于理想气体的等熵膨胀过程有

$$vdp = \frac{RT}{p}dp$$

$$dh = C_p dT = \frac{RT}{p}dp$$

$$\frac{dT}{T} = \frac{Rdp}{C_p p} = \frac{\gamma-1}{\gamma}\frac{dp}{p}$$

$$\left(\frac{T_2}{T_1}\right) = \left(\frac{p_2}{p_1}\right)^{\frac{\gamma-1}{\gamma}}$$

对于多变压缩过程,有

$$vdp = \frac{RT}{e_{c,poly}p}dp$$

$$dh = C_p dT = \frac{RT}{e_{c,poly}p}dp$$

$$\frac{dT}{T} = \frac{Rdp}{C_p P} = \frac{\gamma-1}{e_{c,poly}\gamma}\frac{dp}{p}$$

$$\left(\frac{T_2}{T_1}\right) = \left(\frac{p_2}{p_1}\right)^{\frac{\gamma-1}{e_{c,poly}\gamma}}$$

对于多变膨胀过程,有

$$vdp = \frac{e_{t,poly}RT}{p}dp$$

$$dh = C_p dT = \frac{e_{t,poly}RT}{P}dp$$

$$\frac{dT}{T} = \frac{Rdp}{C_p p} = \frac{e_{t,poly}(\gamma-1)}{\gamma}\frac{dp}{p}$$

$$\frac{T_2}{T_1} = \left(\frac{p_2}{p_1}\right)^{\frac{e_{t,poly}(\gamma-1)}{\gamma}}$$

对于理想气体,压缩机的等熵效率由下式给出:

$$\eta_{c,isen} = \frac{C_p(T_{out,isen} - T_{in})}{C_p(T_{out,actual} - T_{in})} = \frac{\dfrac{T_{out,isen}}{T_{in}} - 1}{\dfrac{T_{out,actual}}{T_{in}} - 1} = \frac{\left(\dfrac{p_{out}}{p_{in}}\right)^{\frac{\gamma-1}{\gamma}} - 1}{\left(\dfrac{p_{out}}{p_{in}}\right)^{\frac{\gamma-1}{\gamma e_{c,poly}}} - 1}$$

燃气轮机的等熵效率由下式给出

$$\eta_{t,isen} = \frac{C_p(T_{out,actual} - T_{in})}{C_p(T_{out,isen} - T_{in})} = \frac{\dfrac{T_{out,actual}}{T_{in}} - 1}{\dfrac{T_{out,isen}}{T_{in}} - 1} = \frac{\left(\dfrac{p_{out}}{p_{in}}\right)^{\frac{e_{t,poly}(\gamma-1)}{\gamma}} - 1}{\left(\dfrac{p_{out}}{p_{in}}\right)^{\frac{\gamma-1}{\gamma e_{c,poly}}} - 1}$$

例 4.4 燃气轮机运行环境为压力 14.677 psi(1psi = 6.89 kPa),温度 17 ℃,最大循环温度限制在 1 000 K。压缩机由燃气轮机驱动,多变效率为 88%。独立燃气轮机通过传动轴进行动力输出。两台燃气轮机的多变效率均为 90%。压缩机和燃气轮机进口之间的压力损失为 2.9 psi。忽略所有其他损失,并假设动能变化可忽略不计,计算:

(a)提供最大比输出功率的压缩机压比;

(b)燃气轮机的等熵效率。

对于两个燃气轮机中的工质,取 $C_p = 1.15$ kJ/(kg·K),$\gamma = 1.33$。

对于空气,取 $C_p = 1.005$ kJ/(kg·K),$\gamma = 1.4$。

解 (a)循环过程的 $T-s$ 图如图 4.9 所示。

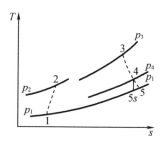

图 4.9 例 4.2 中的燃气轮机循环过程的 $T-s$ 图

令 $\dfrac{p_2}{p_1} = r$,由式(4.14c)得

$$T_2 = T_1 r^{(\gamma-1)/\gamma\eta}_{\infty c} = (17+273) \times r^{0.4/1.4\times0.88} = 290r^{0.325}$$

$$p_3 = p_2 - 0.2 = (p_1 \times r) - 0.2 = 1.012 \times r - 0.2$$

$$p_5 = p_1 = 14.677$$

$$或 \frac{p_3}{p_5} = \frac{14.677r - 2.9}{14.677} = r - 0.198$$

由于两个燃气轮机的多变效率相同,因此由式(4.15c)可得

$$\frac{T_3}{T_5} = \frac{(p_3)^{(\gamma-1)\eta_{\infty e}/\gamma}}{p_1} = (r - 0.198)^{0.9/4}$$

$$T_5 = \frac{1\,000}{(r-0.198)^{0.225}}$$

燃气轮机比输出功率 $= C_p(T_3 - T_5)$

$$= 1.15\left[1\,000 - \frac{1000}{(r-0.198)^{0.225}}\right]$$

$$= 1\,150[1 - (r-0.198)^{-0.225}]$$

压缩机比输出功率 $= C_p(T_2 - T_1)$

$$= 1.005(290r^{0.325} - 290)$$

$$= 291.5(r^{0.325} - 1)$$

净比输出功率

$$\dot{W} = 1\,150[1-(r-0.198)^{-0.225}] - 291.5(r^{0.325}-1)$$

为了找到上述参数的最大值,令 $\mathrm{d}\dot{W}/\mathrm{d}r = 0$,则有

$$0.225 \times 1\,150 \times (r-0.198)^{-1.225} = 0.325 \times 291.5 \times r^{-0.675}$$

通过试错法或图形法可得 $r = 6.65$。

压缩机比输出功率最高时的压缩比为 6.65。

（b）　　　　$T_2 - 290r^{0.325} = 290(6.65)^{0.325} = 536.8 \text{ K}$

燃气轮机输出功率 = 压缩机输入功率,则

$$1.15(1\,000 - T_4) = 1.005(536.8 - 290)$$

$$\text{i. e.,} \quad T_4 = 784.3\text{K}$$

$$\frac{p_3}{p_4} = \frac{(T_3)^{\gamma/(\gamma-1)\eta_{\infty e}}}{T_4} = \frac{(1\,000)^{4/0.9}}{7\,843.3} = 2.944$$

$$p_3 = 6.65p_1 - 0.290 = (6.65 \times 1.012) - 0.290 = 4.73 \text{ bar}$$

$$p_4 = \frac{4.73}{2.944} = 1.607 \text{ bar}$$

$$\frac{T_4}{T_5} = \frac{(p_4)^{(\gamma-1)\eta_{\infty e}/\gamma}}{p_5} = \frac{(1.607)^{0.9/4}}{14.677} = 1.110$$

$$\frac{T_4}{T_{5s}} = \frac{(p_4)^{(\gamma-1)/\gamma}}{p_5} = \frac{(1.607)^{0.25}}{14.677} = 1.123$$

利用燃气轮机等熵效率公式,燃气轮机等熵效率为

$$\eta_{\text{PT}} = \frac{C_p(T_4 - T_5)}{C_p(T_4 - T_{5s})} = \frac{(T_4 - T_5)}{(T_4 - T_{5s})}$$

然后可以写出

$$\eta_{\text{PT}} = \frac{T_4 - T_5}{T_4 - T_{5s}} = \frac{1 - (T_5/T_4)}{1 - (T_{5s}/T_4)} = \frac{1 - (1/1.11)}{1 - (1/1.123)} = 0.905 \text{ 或 } 90.5\%$$

4.10　基本朗肯循环

尽管卡诺循环是效率最高的热力循环形式,但其做功能力很低,且很难在实际过程中实现。比卡诺循环更适合作为实际蒸汽循环准则的理想循环是朗肯循环。基本朗肯循环包括四个过程,状态点如图4.10所示。

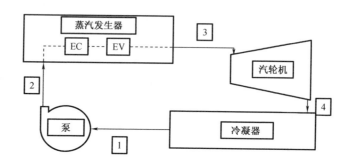

图4.10　基本朗肯循环的总体布局

过程1至2:液态工质在泵内等熵压缩。

过程2至3:在锅炉或热交换器中定压加热——产生蒸汽。

过程3至4:在汽轮机中蒸汽等熵膨胀。

过程4到1:在冷凝器中定压冷却——将蒸汽冷凝。

基本朗肯循环的总体布局如图4.10所示。蒸汽发生器或锅炉通常由两个独立的热交换器组成:省煤器将高压水加热到沸腾温度,蒸汽发生器将饱和液体转化为蒸汽。对于液体和蒸汽这两种不同状态,传热过程是不同的,因此通常需要对每个区域进行不同的设计。

基本朗肯循环的温 $T-s$ 图如图4.11所示。系统输出功由 $T-s$ 图中曲线 $1-2-3-4-1$ 围成的面积表示。输入系统的热量由曲线 $1'-1-2-3-4-4'-1'$ 表示。因此,循环的净热效率可由两个面积之比表示。

$$\eta_{\mathrm{th}} = \frac{\text{压域 } 1-2-3-4-1}{\text{压域 } 1'-2-3-4'-1'} \tag{4.20}$$

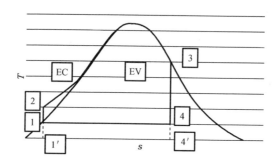

图4.11　基本朗肯循环的 $T-s$ 图

朗肯循环的效率一定小于卡诺循环的效率,因为热量的输入并不是全部在循环的最高温度下进行。

朗肯循环的主要优点之一是泵中的压缩过程是在液体状态下进行的。这一过程的能耗与燃气轮机的输出功相比可以忽略不计,因此液体泵的等熵效率不是该循环的主要能量损失。

通过在峰值温度下添加所有热量来提高朗肯循环效率的方法有两种,如图 4.12 所示。在图 4.12(a)中,该循环需要在状态点 1 处压缩蒸汽,其效率远低于压缩液体的效率。

在图 4.12(b)中,要在恒定温度下从饱和线到达状态点 3,必须连续降低压力,这很难实现。在蒸汽区域中等压线离开饱和线时,会有一个非常显著的上升。虽然可以通过降低压力来保持加热过程等温,但是会损失泵的部分机械能。有很多增加朗肯循环输出功的方法,但对卡诺循环没有效果[1]。

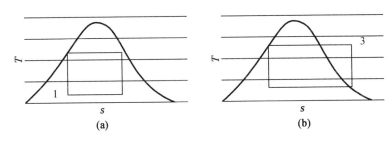

图 4.12　替代循环形式

现在考虑如何计算循环效率。热量输入为

$$q_{in} = h_3 - h_2 \tag{4.21}$$

汽轮机做功为

$$w_t = h_3 - h_4 \tag{4.22}$$

状态点 4 的焓是通过假设汽轮机为等熵膨胀过程得到的,所以状态 4 的熵和状态 3 的熵相同。一旦知道状态 4 的压强和熵,包括焓在内的其他的热力学变量就可以得到了。通常情况下,等熵膨胀到状态 4 时的压力将使流体处于两相区域。可以利用熵来计算两相区蒸汽的质量。得到了蒸汽质量,就可以通过两相区间的标准物性表查得状态 4 的焓。

泵所做的功由下式计算

$$w_p = h_2 - h_1 = \Delta p v = (p_2 - p_1) v_1 \tag{4.23}$$

因此,循环热效率为

$$\eta_{th} = \frac{h_3 - h_4 - (p_2 - p_1) v_1}{h_3 - h_2} = \frac{h_3 - h_4 - (p_2 - p_1) v_1}{h_3 - [h_1 + (p_2 - p_1) v_1]} \tag{4.24}$$

请注意,对于封闭系统,由于液体被冷凝至略高于冷却水(接近环境大气温度)的温度,离开汽轮机进入冷凝器中的乏汽压力将大大低于大气压力。

这可能会造成空气泄漏到冷凝器中,并降低系统中其他组件(尤其是泵)的效率。因此,必须保证冷凝器的真空密封。

例 4.5　考虑一个基本朗肯循环,饱和蒸汽以 1 000 psi 的压力输送到汽轮机,冷凝水以

2.5 psi 的压力输送到泵。假设汽轮机和泵能够实现等熵过程。计算这个朗肯循环的热效率。

解 在 1 000 psi 时，$T_{sat} = 1\ 004.3$ R，$h_3 = 1\ 195.1$ Btu/lbm，在 2.5psi 时，$s_3 = 1.395\ 48$ Btu/lbm/R，$T_{sat} = 594.1$ R，$v_f = 0.016\ 3$ m³/kg，$h_f = 102.6$ Btu/lbm，$h_{fg} = 1\ 019.1$ Btu/lbm，$s_f = 0.189\ 54$ Btu/lbm，$s_{fg} = 1.715\ 47$ Btu/lbm/R。

卡诺循环效率

$$\eta_C = 1 - \frac{594.1}{1\ 004.3} = 0.408\ 4$$

$$x_4 = \frac{1.395\ 48 - 0.189\ 54}{1.715\ 47} = 0.703\ 0 \quad h_4 = 102.6 + 0.703\ 0 \times 1\ 019.1 = 819.0$$

$$\Delta h_{3-4} = 1\ 195.1 - 819.0 = 376.1\ \text{Btu/lbm}$$

$$\Delta h_{pump} = (1\ 000 - 2.5) \times 144 \times 0.016\ 3/778 = 3.0\ \text{Btu/lbm}$$

$$h_2 = 102.6 + 3.0 = 105.6\ \text{Btu/lbm} \quad \Delta h_{2-3} = 1\ 195.1 - 105.6 = 1\ 089.5\ \text{Btu/lbm}$$

$$\eta_{th} = \frac{376.1 - 3.0}{1\ 089.5} = 0.342\ 5 \quad \eta_{th} = 34.25\% \quad \eta_H = \frac{0.342\ 5}{0.408\ 4} = 0.838\ 6$$

除了驱动泵所需的能量损失外，汽轮机和泵的效率较低也会影响热力循环效率。非理想汽轮机的焓变由下式给出：

$$\Delta h_{actual} = \eta_t \Delta h_{isentropic} \tag{4.25}$$

对于非理想的泵，焓的实际变化为

$$\Delta h_{actual} = \frac{\Delta h_{isentropic}}{\eta_p} \tag{4.26}$$

例4.6 假设汽轮机的绝热效率为90%，泵的绝热效率为80%，重新计算例4.5中朗肯循环的热效率。

解 唯一的变化是汽轮机和泵的焓变 Δh。

$$\Delta h_{pump} = \frac{3.0}{0.8} = 3.75\ \text{Btu/lbm} \quad \Delta h_{3-4} = 0.9 \times 376.1 = 338.5\ \text{Btu/lbm}$$

$$\eta_{th} = \frac{338.5 - 3.75}{1\ 089.5} = 0.307\ 3\ \text{或}\ 30.73\%$$

提高基本朗肯循环效率有三种可能的方法：(1)提高锅炉压力；(2)降低冷凝水进入泵的冷凝温度，从而降低冷凝压力；(3)提高循环的峰值温度。

例4.7 将例4.5的汽轮机入口压力更改为 1 200 psi，并重新估算循环效率。

解 在 1 200 psi 时，$T_{sat} = 1\ 026.9$，$h_3 = 1\ 186.8$ Btu/lbm，$s_3 = 1.372\ 53$ Btu/lbm/R

卡诺循环效率

$$\eta_C = 1 - \frac{594.1}{1\ 026.9} = 0.421\ 5 \quad x_4 = \frac{1.372\ 53 - 0.189\ 54}{1.715\ 47} = 0.689\ 6$$

$$h_4 = 102.6 + 0.689\ 6 \times 1019.7 = 805.8\ \text{Btu/lbm}$$

$$\Delta h_{3-4} = 1\ 186.8 - 805.8 = 381.0\ \text{Btu/lbm}$$

$$\Delta h_{2-3} = 1\ 186.8 - 105.6 = 1\ 081.2\ \text{Btu/lbm}$$

$$\eta_{th} = \frac{381.0 - 3.0}{1\ 081.2} = 0.349\ 6\ \text{或}\ 34.96\%$$

$$\eta_{\mathrm{H}} = \frac{0.349\,6}{0.421\,5} = 0.829\,4$$

例 4.8　将例 4.5 中的冷凝水泵输入压力更改为 4.7 psi,然后重新计算循环的热效率。

解　在 1.5 psi 时,$T_{\mathrm{sat}} = 575.3$ R,$v_{\mathrm{f}} = 0.016\,2$ m³/kg,$h_{\mathrm{f}} = 83.8$ Btu/lbm,$h_{\mathrm{fg}} = 1\,029.9$ Btu/lbm,$s_{\mathrm{f}} = 0.157\,46$ Btu/lbm,$s_{\mathrm{fg}} = 1.790\,23$ Btu/lbm/R

卡诺循环效率

$$\eta_{\mathrm{C}} = 1 - \frac{575.3}{1\,004.3} = 0.427\,2 \quad x_4 = \frac{1.395\,48 - 0.157\,46}{1.790\,23} = 0.691\,5$$

$$h_4 = 83.8 + 0.691\,5 \times 1\,029.9 = 796.0\ \text{Btu/lbm}$$

$$h_{3-4} = 1\,195.1 - 796.0 = 399.1\ \text{Btu/lbm}$$

$$\Delta h_{\mathrm{pump}} = (1\,000 - 1.5) \times 144 \times 0.016\,2/778 = 2.99\ \text{Btu/lbm}$$

$$\Delta h_{2-3} = 1\,195.1 - (83.8 + 2.99) = 1\,108.3\ \text{Btu/lbm}$$

$$\eta_{\mathrm{th}} = \frac{399.1 - 2.99}{1\,108.3} = 0.357\,4\ \text{或}\ 35.74\%$$

$$\eta_{\mathrm{H}} = \frac{0.357\,4}{0.427\,2} = 0.836\,6$$

4.11　带过热器的朗肯循环

在不增加锅炉压力的情况下提高朗肯循环峰值温度的唯一方法是将蒸汽加热到更高的温度。这需要添加另一种称为过热器的热交换器。如图 4.13 所示,第三种热交换器被添加到蒸汽发生器中。$T-s$ 图如图 4.14 所示。

在计算循环热效率时,过热朗肯循环的唯一区别在于状态点 3(汽轮机入口)的焓必须从过热蒸汽表中获得。

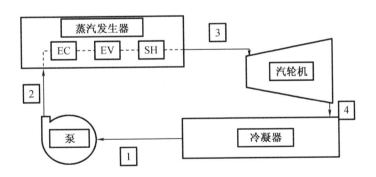

图 4.13　过热朗肯循环的组成形式

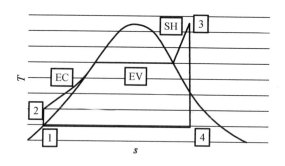

图 4.14 带有过热器的朗肯循环 $T-s$ 图

例 4.9 在例 4.5 中描述的循环中增加一个过热器,使汽轮机进口温度达到 1 500 °R。

解 在 1 000 psi 和 1 500 °R 的情况下,$h_3 = 1$ 532.5 Btu/lbm,$s_3 = 1.672$ 85 Btu/lbm/R

在 2.5 psi 时,$T_{sat} = 594.1$°R,$v_f = 0.016$ 3 m³/kg,$h_f = 102.6$ Btu/lbm,$h_{fg} = 1$ 019.1 Btu/lbm,$s_f = 0.189$ 54 Btu/lbm,$s_{fg} = 1.715$ 47 Btu/lbm/°R。

卡诺循环效率为

$$\eta_C = 1 - \frac{594.1}{1\ 500} = 0.603\ 9$$

$$x_4 = \frac{1.672\ 58 - 0.189\ 54}{1.715\ 47} = 0.864\ 5$$

$$h_4 = 102.6 + 0.864\ 5 \times 1\ 019.1 = 983.6\ \text{Btu/lbm}$$

$$h_{3-4} = 1\ 532.5 - 983.6 = 548.9\ \text{Btu/lbm}$$

$$\Delta h_{2-3} = 1\ 532.5 - 105.6 = 1\ 426.9\ \text{Btu/lbm}$$

$$\eta_{th} = \frac{548.9 - 3.0}{1\ 426.9} = 0.382\ 6\ \text{或}\ 38.26\%$$

$$\eta_H = \frac{0.382\ 6}{0.603\ 9} = 0.633\ 5$$

提高过热器出口温度将进一步提高循环效率,但相对于卡诺循环,其热力学第二定律效率将降低。

例 4.10 将过热器出口温度从例 4.9 的情况增加到 1 600 °R,并计算循环效率。

解 在 1 000 psi 和 1 600 °R 下,$h_3 = 1$ 589.3 Btu/lbm,$s_3 = 1.709$ 29 Btu/lbm/°R。

卡诺循环效率

$$\eta = 1 - \frac{594.1}{1\ 600} = 0.628\ 7$$

$$x_4 = \frac{1.709\ 29 - 0.189\ 54}{1.715\ 47} = 0.885\ 9$$

$$h_3 = 102.6 + 0.885\ 9 \times 1\ 019.1 = 1\ 005.4\ \text{Btu/lbm}$$

$$h_{3-4} = 1\ 589.3 - 1\ 005.4 = 583.9\ \text{Btu/lbm}$$

$$\Delta h_{2-3} = 1\ 589.3 - 105.6 = 1\ 492.7\ \text{Btu/lbm}$$

$$\eta_{th} = \frac{583.9 - 3.0}{1\ 492.7} = 0.389\ 2 \text{ 或 } 38.92\%$$

$$\eta_{H} = \frac{0.389\ 2}{0.628\ 7} = 0.619\ 0$$

显然,第二定律效率降低的原因是,循环的峰值温度增加,但是在循环的峰值温度附近输入循环的总热量却更少。

4.12　带再热器的过热朗肯循环

为了在接近循环峰值温度下传递更多的热量,通常在小于最大膨胀量后将蒸汽从汽轮机中抽出并重新加热到更高的温度。可以将汽轮机分成高压缸和低压缸,或分成高压、中压和低压三个缸。三缸汽轮机并不少见,它们可能组装在同一根轴上驱动同一台发电机,但是每个汽缸都有单独的壳体。使用再热器,在蒸汽部分膨胀后将气流抽出,流回锅炉再次将其加热到峰值温度,然后进入低压缸。图 4.15 给出了有一个再热器的朗肯循环系统布置图。

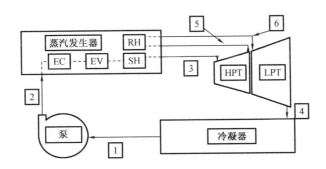

图 4.15　带有一个再热器的过热朗肯循环系统布置图

蒸汽在高压缸中部分膨胀到状态 5 时被抽出。通常,抽出压力约为峰值压力的 1/4。然后蒸汽被重新送入锅炉并被加热到状态 6 的峰值温度。蒸汽甚至可以被加热到更高的温度,因为设备在低压下能够承受更高的温度。然后将其送回中压或低压缸,膨胀至冷凝器压力[1]。

$T-s$ 图如图 4.16 所示。注意,状态点 5 可能在也可能不在饱和蒸汽线以下。如果它不在饱和蒸汽线之下,则必须根据已知压力和熵对过热蒸汽表进行插值,以找到状态点 5 处的焓。

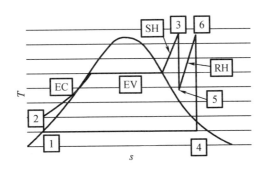

图 4.16　单再热器过热朗肯循环的 $T-s$ 图

如今,大多数大型汽轮机通常使用三个汽缸和两个再热器的设计。以下的分析是针对单个再热器进行的,针对第二个再热器的与此计算类似。在每种情况下,根据经验,汽轮机出口的压力应约为入口压力的1/4。

例4.11 在过热蒸汽膨胀到250 psi之后,在例4.9的循环中增加一个再热器。

在250 psi和$s_3 = 1.672\,58$ Btu/lbm的情况下插值求h_5。

$$s(200\ \text{psi}, 1\,000\ °\text{R}) = 1.650\,13,$$

$$h(200\ \text{psi}, 1\,000\ °\text{R}) = 1\,293.6 \quad s(300\ \text{psi}, 1\,000\ °\text{R}) = 1.598\,13$$

$$h(300\ \text{psi}, 1\,000\ °\text{R}) = 1\,284.2 \quad s(250\ \text{psi}, 1\,000\ °\text{R}) = 1.642\,13$$

$$h(250\ \text{psi}, 1\,000\ °\text{R}) = 1\,288.9 \quad s(200\ \text{psi}, 1\,000\ °\text{R}) = 1.700\,2$$

$$h(200\ \text{psi}, 1\,100\ °\text{R}) = 1\,346.2 \quad s(300\ \text{psi}, 1\,100\ °\text{R}) = 1.650\,91$$

$$h(300\ \text{psi}, 1\,100\ °\text{R}) = 1\,339.6 \quad s(250\ \text{psi}, 1\,100\ °\text{R}) = 1.675\,56$$

$$h(250\ \text{psi}, 1\,100\ °\text{R}) = 1\,342.9 \quad y = \frac{1.672\,58 - 1.642\,13}{1.675\,56 - 1.642\,13} = 0.911$$

$$h_5 = 1\,288.9 + 0.911 \times (1\,342.9 - 1\,288.9) = 1\,388.1\ \text{Btu/lbm}$$

$$\Delta h_6(250\ \text{psi}, 1\,500\ °\text{R}) = 1\,552.8\ \text{Btu/lbm}$$

$$s_6 = 1.836\,03\ \text{Btu/lbm/}°\text{R}$$

$$\Delta h_{5-6} = 1\,552.8 - 1\,388.1 = 164.7\ \text{Btu/lbm}$$

$$x_4 = \frac{1.836\,03 - 0.189\,54}{1.715\,47} = 0.959\,8$$

$$h_4 = 102.6 + 0.959\,8 \times 1\,019.1 = 1\,080.7\ \text{Btu/lbm}$$

$$\Delta h_{6-4} = 1\,552.8 - 1\,080.7 = 472.1\ \text{Btu/lbm}$$

$$\Delta h_{2-3} = 1\,532.5 - 105.6 = 1\,426.9\ \text{Btu/lbm}$$

$$\eta_{\text{th}} = \frac{144.4 + 472.1 - 3.0}{1\,426.9 + 164.7} = 0.385\,5\ \text{或}\ 38.55\%$$

$$\eta_{\text{H}} = \frac{0.385\,5}{0.603\,9} = 0.638\,4$$

当前的轻水堆只能产生饱和蒸汽,不能使用核动力的过热器或再热器。包括液态金属反应堆、气冷堆和熔盐堆在内的先进反应堆可能能够利用过热和再热的优势来提高其循环效率。从运行成本的角度来看,提高效率对核电站的重要性不如化石燃料电厂重要,因为燃料成本仅占核电站总运行成本的一小部分。但是,在任何情况下提高热效率都是值得的。

4.13 卡诺循环

卡诺循环如图4.17和图4.18所示。这是所有热机循环,尤其是涡轮机循环的基础。卡诺循环中的各个阶段包括

$a - b$:吸热,$\Delta E = Q_1$

$b - c$:做功,$\Delta E = W_1$

$c - d$:冷凝,$\Delta E = -Q_2$

$d - a$: 压缩, $\Delta E = W_2$

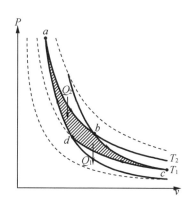

图 4.17　卡诺循环

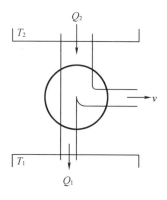

图 4.18　热机的流程示意图

总效率 η 为

$$\eta = \frac{Q_2 - Q_1}{Q_2} \tag{4.27}$$

（W 是净功；Q_2 是流入热量 $W = Q_2 - Q_1$，因为在一个完整的循环中能量没有净变化，即完成了 $\Delta E = 0 = Q - W = $ 净加热 $-$ 净功，即 $Q = Q_2 - Q_1 = W$）。Q_1 是废热。

可以得出[1]

$$\frac{|Q_2|}{|Q_1|} = \frac{T_2}{T_1} \tag{4.28}$$

因此

$$\eta = \frac{T_2 - T_1}{T_1} = 1 - \frac{T_1}{T_2} \tag{4.29}$$

4.14　熵

由于 Q_2 是流入热量，而 Q_1 是流出热量，所以它们是相反的。因此，由式（4.28）可得

$$\frac{T_2}{T_1} = \frac{Q_2}{Q_1} \quad \rightarrow \quad \frac{Q_1}{T_1} + \frac{Q_2}{T_2} = 0 \tag{4.30}$$

如图 4.19 和图 4.20 所示，可以将一个一般可逆循环进行拆分。把循环分成许多小卡诺循环，公共边界可以被抵消。

对于每个小循环，有

$$\frac{\Delta Q_1}{T_1} + \frac{\Delta Q_2}{T_2} = 0 \tag{4.31}$$

将所有循环相加可得

$$\sum \frac{\Delta Q}{T} = 0$$

$$\oint \frac{\mathrm{d}Q}{T} = 0 \tag{4.32}$$

由于闭合积分等于零,因此 $\mathrm{d}Q/T$ 必须是精确的微分且必须是状态变量,即 u、P、T、ρ 等材料状态的属性。我们将其定义为熵 s。因此可以写成

$$\oint \mathrm{d}s = 0 \tag{4.33}$$

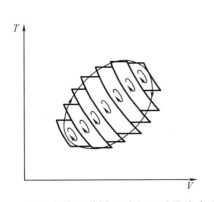

图 4.19　一个任意的可逆循环过程可以用许多小的卡诺循环来近似

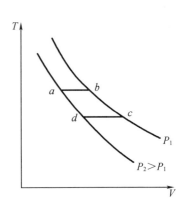

图 4.20　卡诺循环的 $T-V$ 图

由于 S 是系统的一个属性,我们可以用 s 加上一个其他状态变量(T、P 或其他任何形式)表示任何平衡状态。

卡诺循环现在变成如图 4.21 所示的形式。$T-s$ 图直接给出了热流,因为

$$\int_a^b T\mathrm{d}s = \int_a^b \mathrm{d}Q = Q_2$$

$$\int_c^d T\mathrm{d}s = Q_1$$

因此

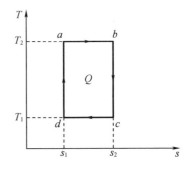

图 4.21　卡诺循环的 $T-s$ 图

$$\oint T\mathrm{d}s = \int_a^b T\mathrm{d}s + \int_b^c T\mathrm{d}s + \int_c^d T\mathrm{d}s + \int_d^c T\mathrm{d}s$$

$$= Q_2 + 0 - Q_1 + 0 = Q_2 - Q_1 \tag{4.34}$$

请注意,这与效率 η 的先前定义一致:

$$\eta = \frac{Q_2 - Q_1}{Q_2} = \frac{T_2(s_2 - s_1) - T_1(s_2 - s_1)}{T_2(s_2 - s_1)} \tag{4.35}$$

$$= \frac{T_2 - T_1}{T_2} = 1 - \frac{T_1}{T_2}$$

4.15　反应堆热力循环

反应堆系统的热力循环与卡诺循环相似。如图 4.22 所示,蒸汽发生器将工质(水)近似等温地加热沸腾,汽轮机中工质膨胀做功,冷凝器中换热冷凝工质,水泵将工质加压送回蒸汽发生器。当然,这个循环不是可逆的,但是循环的原理是相同的。发电厂中使用的典型循环称为朗肯循环。理想的简单朗肯循环的 $T-s$ 图和 $h-s$ 图如图 4.23 所示。

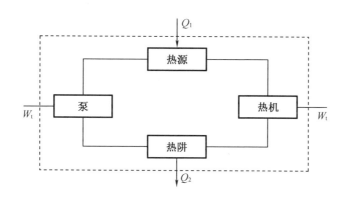

图 4.22　反应堆热力循环示意图

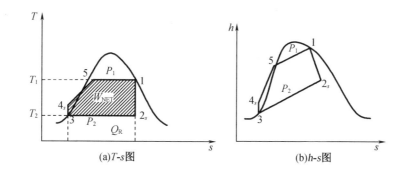

图 4.23　理想朗肯循环的 $T-s$ 图和 $h-s$ 图

注意:在图 4.23 中,我们假设流体的速度为零。即该图表示稳态平衡参数。

$h-s$ 图可用于计算,而 $T-s$ 图可用于说明过程。

在理想的朗肯循环中,饱和蒸汽(显示为点 1)进入汽轮机,并等熵膨胀至状态点 2_s。在点 2_s,湿蒸汽进入冷凝器进行冷凝,直到工质在点 3 冷凝为饱和液体。离开冷凝器后,工质从压力 P_2 等熵加压到锅炉压力 P_1。在点 4 处的高压液体进入锅炉,被加热蒸发并在点 1 处以蒸汽的形式出现。

阴影区域表示所做的净功($W=Q_2-Q_1$),循环曲线下的部分表示加热量 Q_2 ,而非阴影区域表示排出的热量 Q_1 。

根据 $h-s$ 图,很容易确定(单位质量下)

$$汽轮机做功 = W_T = h_1 - h_{2s}$$

$$泵做功 = W_p = h_{4s} - h_3$$

$$加热量 = Q_2 = h_1 - h_{4s}$$

$$\eta = \frac{W_T - W_p}{Q_2} = \frac{W_{NET}}{Q_2} = \frac{(h_1 - h_{4s}) - (h_{2s} - h_3)}{h_1 - h_{4s}} \tag{4.36}$$

注意:以上的 η 表达式可以写成如下形式:

$$\eta = \frac{(h_1 - h_{4s}) - (h_{4s} - h_3)}{h_1 - h_{4s}} = \frac{Q_2 - Q_1}{Q_2} \tag{4.37}$$

汽轮机性能通常以汽轮机热效率给出:

$$汽轮机热率 = \frac{用于沸腾的加热量}{净输出功} = \frac{1}{\eta}$$

在实践中,通过以下方法可以提高动力循环的性能:

(1)提高锅炉压力;

(2)降低排气压力;

(3)利用过热;

(4)使用再热。

(1)(3)和(4)有效地提高了入口温度,而(2)有效地降低了出口温度,同时也影响了循环效率[1]。

冷凝器压力受到可用冷却水温度、冷凝器尺寸和成本以及冷凝器所需的真空泵尺寸的限制。

因此,冷凝器压力的实际下限为几厘米汞柱。

因此,通常使用(1)(3)和(4)来提高效率。

4.16 提高锅炉压力

在 $T-s$ 图中很容易看出增加锅炉压力对朗肯循环效率的影响(图4.24)。锅炉压力的增加导致净功的增加(用阴影区域表示),同时相应地减少了废热。

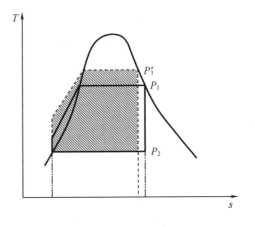

图4.24 锅炉压力升高对朗肯循环的影响

但是,对于间接动力循环,提高锅炉压力的缺点是迫使一回路温度升高,以提供足够的 ΔT 使热量从一次侧传递到二次侧。较高的一次侧温度使流体更容易沸腾。为了解决这个问题,如果需要的话,必须增加一次侧压力,并且必须将压力容器壁变厚。在压力容器式反应堆中,这会导致造价提高并降低可靠性。对于压力式管反应堆,提高蒸汽压力的主要缺点是相关的中子吸收增加,燃耗更高。

4.17　过　　热

图 4.25 给出了带过热的朗肯循环 $T-s$ 图。过热导致吸热温度升高,从而提高了循环效率。

另一个重要优势是减少了离开汽轮机的流体中的干度,增加了汽轮机效率,并减少了腐蚀。但是,为了利用过热,必须具有高温热源或降低锅炉压力。

4.18　再　　热

通过在朗肯循环中使用再热,可以增加有效吸热温度,并进一步降低乏汽中的水分含量。电厂示意图和对应的 $T-s$ 图如图 4.26 所示。高压过热蒸汽在高压缸中膨胀到中压 P_2',然后流体返回第二级锅

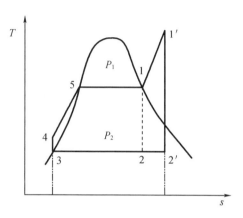

图 4.25　过热朗肯循环 $T-s$ 图

炉并重新加热到过热状态 $1''$。然后在低压缸中将重新加热的蒸汽膨胀到最终排气压力 P_2''。通过使用再热,工质的含水量大大降低,这种方法已在所有化石燃料电站和许多核电站中使用。用于计算再热循环做功和效率的方法与简单朗肯循环示例问题中使用的方法相同,可以分别计算每个汽轮机所做的功和所需的泵功。热量在循环的两个不同阶段被添加到流体中,并由状态 $1''$ 和状态 4 与状态 $1''$ 和状态 $2''$ 之间的焓差给出。

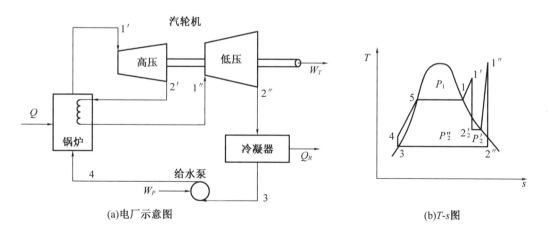

(a)电厂示意图　　　　　　　(b)$T-s$图

图 4.26　带有再热的朗肯循环

4.19 回　热

对热力循环过程进行修改可以降低循环过程的不可逆性。主要方法之一是使锅炉给水达到饱和温度,这是通过使用一些流经汽轮机的蒸汽加热给水来实现的。为了实现朗肯循环过程的可逆性,系统设置如图 4.27 所示,但这是理论情况,实际过程如图 4.28 所示。该分析超出了本书的范围。

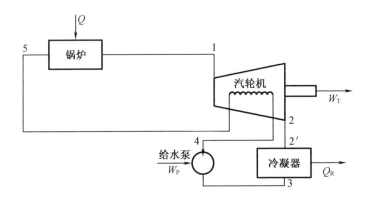

图 4.27　理想回热过程的动力系统的示意图

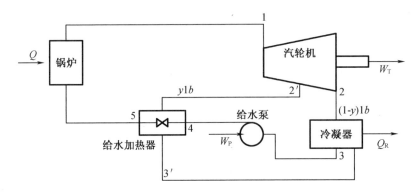

图 4.28　单加热器再生循环

参 考 文 献

[1] Zohuri, B., & McDaniel, P. J. (2018). Thermodynamics in nuclear power plant systems (2nd ed.). New York: Springer.

[2] Zohuri, B. (2017). Thermal-hydraulic analysis of nuclear reactors (2nd ed.). New York: Springer.

第5章 核空气布雷顿联合循环模拟

鉴于联合循环程序在对当前燃气轮机联合循环电厂进行模拟方面做得很好,因此将其功能外推到核-布雷顿联合循环发电厂和核-布雷顿循环回热发电厂也是可行的。联合循环电厂将在本章中讨论,而再热循环电厂将在下一章中讨论。在空气布雷顿循环核电厂中,燃气轮机系统的燃烧室被核反应堆和热交换器所代替。核反应堆加热工质,而该工质将依次通过热交换器来加热进入涡轮机的空气。由于核系统的传热过程(固体到气体)与燃气轮机的传热过程(气体到固体)相反,因此,核-空气布雷顿系统中可达到的峰值温度将永远不会比在燃气-布雷顿系统中达到的峰值温度高。但是,核系统可以多次加热空气,并将热空气分配到多个涡轮机上以增加可用功率。

与传统的轻水堆循环相比,核-布雷顿循环具有多种优势。由于其能够承受更高的温度而不会被限制在饱和蒸气曲线以下特点,其增加了系统的灵活性。较高的气体温度允许采用联合循环方法以提高系统效率。燃气轮机制造商的基础经验比大型蒸汽轮机制造商要大得多,有更多经验可供系统设计人员借鉴。涡轮机之后的所有下游组件目前都在 GTCC电厂中使用。与现有的轻水反应堆系统相比,核-布雷顿联合循环电厂的循环效率更高,排出废热所需的水要少得多,而且大量的废热无须经过冷却塔即可直接排入大气中。最后,核-布雷顿循环回热发电系统将其所有热量排放到大气中,因此不受靠近水源位置的束缚[3]。

5.1 引 言

为了证明核-空气布雷顿系统的可行性,将采用两种不同标准的验证方法说明。使用相对成熟的钠冷技术的核-空气布雷顿系统设计将会是近期最有可能的发展方向。在过去部署的系统范围内,此类系统的主要特征是热交换器的出口温度为 510 ℃[1]。基于熔盐概念或如第 7 章所述的铅铋概念的高温系统也将被考虑,此类系统的热交换器出口温度预计为 660 ℃。高温气冷堆可以提供更高的输出温度,但是由于氦气-空气热交换器存在多种技术难题[3],因此尚未被考虑。

选定了一组标定条件,作为对每个系统的环境条件和部件性能的最佳估计。基本上,所考虑的环境是一个平均标准。对于联合循环系统,改变涡轮机数量、涡轮机出口温度、压缩机压缩比和朗肯循环最低蒸汽压力,以实现最大的热力学效率。确定最佳效率后,计算了该结果对重要参数的敏感性。两个系统的标定输入参数如下[3]。

5.2 标定分析参数

- 涡轮机数量——变量
- 涡轮机进口温度——510 ℃,660 ℃
- 涡轮机出口温度——变量
- 涡轮机多变效率——基于 Wilson – Korakianitis 关系式计算得出[2]
- 压缩机压缩比——计算得出
- 压缩机多变效率——根据 Wilson – Korakianitis 关系式计算[2]
- 主加热器压比——0.99
- 大气压——1 atm
- 大气温度——288 K(15 ℃)
- 循环水进口温度——288 K(15 ℃)
- 排气压力与大气压之比——0.98
- 每个过热器的空气压比——0.99
- 蒸发段的空气压比——0.99
- 省煤器的空气压比——0.99
- 夹点温差——10 K
- 蒸汽出口到过热器的终端温差——15 K
- 最高朗肯循环压力——变量
- 中级朗肯循环压力——变量,最高压力的1/4
- 最低朗肯循环压力——变量,最高压力的1/16
- 冷凝段压力——9 kPa
- 蒸汽轮机的热效率——0.90
- 功率水平——50 MW [3]

涡轮机的 Wilson Korakianitis 关系式如下所示[2]

$$\eta_{\text{ploy}} = 0.712\ 7 + 0.03 \times \ln(d_\text{t}) - 0.009\ 3 \times \ln(1/pr_\text{t})$$

对于压缩机来说

$$\eta_{\text{ploy}} = 0.862 + 0.015 \times \ln(m_{\text{dot}}) - 0.009\ 3 \times \ln(pr_\text{c})$$

式中　d_t——涡轮机平均直径,m;

　　　pr_t——涡轮机压比;

　　　pr_c——压缩机压比;

　　　m_{dot}——压缩机质量流量,kg/s。

5.3 联合循环模型的标定结果

对于使用 1~5 台涡轮机的系统,涡轮机出口温度和蒸汽底循环的最高压力会发生变化。每种情况下可获得的最佳效率如图 5.1 所示。效率是关于涡轮机数量的单调函数,5 涡轮机系统仅比 4 汽轮机系统的效率略高。4 汽轮机系统被选作为联合循环系统的基准典型。因此,一个反应堆要配备 4 台热交换器,每台热交换器布置在一台涡轮机前部。对于温度为 660 ℃ 系统,4 涡轮机系统的峰值效率为 47.78%,5 涡轮机系统的峰值效率为 48.4%。

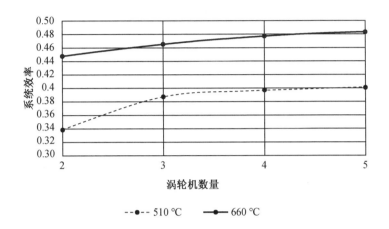

图 5.1 系统效率与涡轮机数量的关系

510 ℃ 系统在分别配备 3 台、4 台和 5 台涡轮机的情况下效率大约降低了 8%。对于先进的 660 ℃ 系统,在朗肯循环的最佳蒸汽压力为 2 MPa,4 涡轮机配置的最佳涡轮机出口温度为 515 ℃。对于 510 ℃ 系统,朗肯循环的最佳蒸汽压力为 0.9 MPa,4 涡轮机配置的最佳涡轮机出口温度为 410 ℃。

两种系统的效率变化都作为底循环压力的函数绘制在图 5.2 中。显然,只要非常接近最佳值,效率就不是蒸汽循环压力的强相关函数。

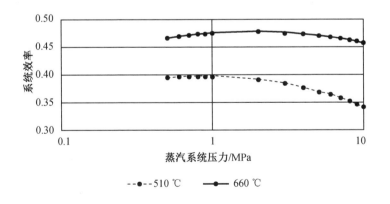

图 5.2 系统效率与蒸汽系统压力的关系

对于每种涡轮机配置,图 5.3 中给出了实现峰值效率并保持排气压力高于环境压力的最佳压缩机压比。请注意,对于每个涡轮机入口温度和涡轮机数量,都有一定的最佳压缩机压比以获得峰值效率。显然,随着涡轮机数量的增加,压缩机的压比必须增加,因为在此模型中只有一个压缩机,却有多个涡轮机。

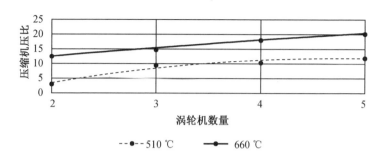

图 5.3　压缩机压比与涡轮机数量的关系

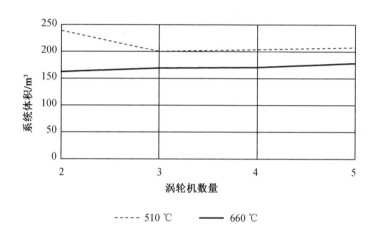

图 5.4　NACC 系统体积与涡轮机数量的关系

　　由于朗肯循环中的排气温度和蒸汽压力在较大的步长中以离散的方式变化,计算的点不遵循平滑的曲线,因此已经包含了对数据的功率拟合。

　　此处选择的基准系统是电功率为 50 MW 的小型模块化反应堆。设计热交换器并估算泵、压缩机和涡轮机部件的尺寸的主要目的是对整个功率转换系统的尺寸进行总体估算,请注意,对于电功率 50 MW 的系统,空气涡轮机发电产生 57% 的功率,而蒸汽汽轮机发电产生 43% 的功率。图 5.4 给出了估算的系统体积与涡轮机数量的关系。为了进行体积估算,一个池式钠冷反应堆和热交换器系统也包括在内,其尺寸是根据 Waltar 和 Reynolds[1] 给出的历史数据估算的。参考最先进的小型模块化反应堆 NuScale,NuScale 反应堆的设计基准也是 50 MW,其体积约为 380 m³。

　　对于 4 涡轮机的 NACC 系统,系统体积与一定功率水平产生的电功率的函数关系如图 5.5 所示。体积随功率水平线性变化,高温先进系统的体积缩小约 20%。

　　对于电功率 50 MW 的系统,反应堆容器占据了 52% 的体积,空气布雷顿系统占据了 13% 的体积,朗肯循环占据了 35% 的体积。

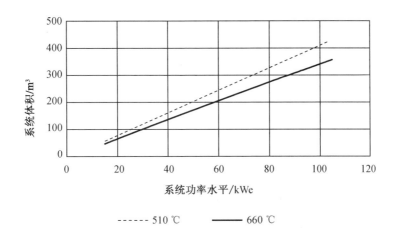

图 5.5 系统体积与电功率水平的关系

由于朗肯循环是功率转换系统的最大组成部分,对该系统所占据的体积进行研究,并将体积作为运行压力的函数,因为效率并不严格依赖于此压力。系统体积与朗肯循环压力的关系如图 5.6 所示。

考虑了三个主要的敏感因素:压缩机多变效率、主加热器压降(或压比)和环境温度。图 5.7 给出了系统效率与压缩机多变效率的关系。

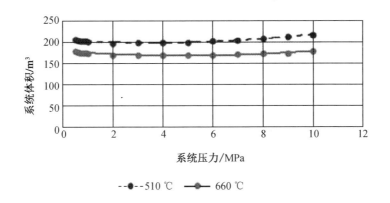

图 5.6 系统体积与朗肯循环系统压力的关系

压缩机多变效率每提高 1%,总的热效率就会提高约 0.5%。

主加热器中的压降类似于燃气轮机燃烧室中的压降。通常,将每个加热器中的压降设置为 1% 来估算系统体积,并设计紧凑型热交换器以实现该压降。燃气轮机的标定压降为 3% ~5%,因此这些热交换器的设计具有可比性。加热器压降对整个系统效率的影响如图 5.8 所示。

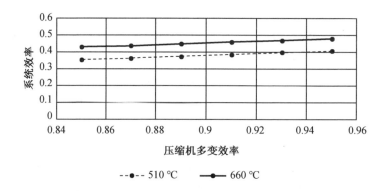

图 5.7　系统效率与压缩机多变效率的关系

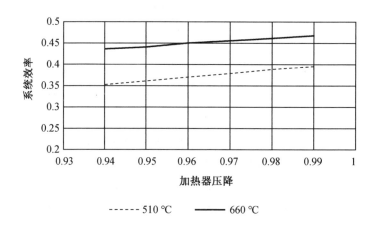

图 5.8　系统效率与加热器压降的关系(4 涡轮机系统)

对于配备 4 台涡轮机的系统,主加热器中的压降每下降 1%,系统效率就会下降大约 0.9%。

在典型发电厂的运行期间,不太可能经常满足 15 ℃和 1 atm 压力的标定条件,因此估算了效率随环境温度的变化。如图 5.9 所示,温度每升高 10 K,系统效率就会下降约 1.4%。

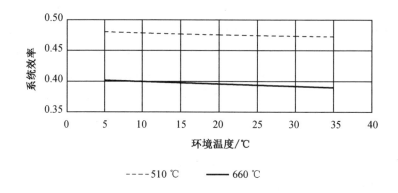

图 5.9　系统效率与环境温度的关系(4 涡轮机系统)

　　值得指出的是,与热力学效率为 35% 的标准轻水反应堆和热力学效率为 31% 的 NuS-cale SMR 相比,涡轮机进气温度为 510 ℃ 的钠冷反应堆的热力学效率为 39.75%。这意味着钠冷的核 – 布雷顿联合循环系统必须通过其循环水系统排放 43 MW 的热量。轻水堆必须通过其循环水系统排放 93 MW 的热量,而 NuScale 必须通过其循环水系统排放 111 MW 的热量。温度较高的熔盐反应堆甚至仅将 31.5 MW 的热量排入其循环水系统。最终,所有这些热量都直接通过核 – 布雷顿联合循环系统或通过带有闭式循环系统的冷却塔散发到大气中。主要区别在于,核 – 布雷顿联合循环系统排放这些热量使用的淡水要少得多[3]。

参 考 文 献

[1]　Waltar, A. E., & Reynolds, A. B. (1981). Fast breeder reactors. New York: Pergamon Press.

[2]　Wilson, D. G., & Korakianitis, T. (1998). The design of high-efficiency turbomachinery and gas turbines (2nd ed., p. 115). New Jersey: Prentice Hall.

[3]　Zohuri, B., & McDaniel, P. (2018). Combined cycle driven efficiency for next generation nuclear power plants: An innovative design approach (2nd ed.). New York: Springer.

第6章 热管的基本原理与历史

热管具有可以远距离传输热量而不会造成巨大热量损失的独特能力，是 21 世纪热物理和传热工程的一项杰出成就。热管的主要应用涉及环境保护以及能源和燃料节约等方面。热管已经成为一种有效且成熟的传热解决方案，特别是在高热通量应用以及存在热负荷不均匀，发热部件气流受限，以及空间或质量限制的情况下。本章将简要介绍热管技术，然后重点阐述其作为非能动热控制设备的基本应用[1]。

6.1 引 言

最初的热管概念是 1944 年 Gaugler[2] 和 1962 年 Trefethen[3] 所构想的。Gaugler 申请了一种非常轻巧的传热设备的专利，该设备实质上是热管非常基本的介绍。但在那个时代并不需要这样技术复杂但结构简单的两相非能动传热装置，也没有引起人们的太多关注。热管的概念是由 Trefethen[3] 在 1962 年提出后，在 1963 年 Wyatt[4] 的热管专利申请中再次出现。直到 1964 年，洛斯阿拉莫斯国家实验室的 George Grove[5] 及其同事在当时的太空计划及应用中重新提出同样的概念，热管才得到广泛的应用和宣传。George Grove 将这种最令人满意、最简单的传热设备命名为"热管"，并开发了其应用程序。

热管是一种两相流传热装置，在蒸发段和冷凝段之间进行着液体和蒸汽的循环流动过程，具有很高的传热系数。由于热管换热器具有较高的传热能力，在处理高热通量传热方面，其体积比传统热交换器小得多。借助热管中的工作流体，热量在蒸发段被吸收，并被输送到冷凝段通过蒸汽冷凝释放到冷却介质中。在微电子领域，热管技术在提高热交换器的热性能方面得到了越来越多的应用；热管作为一种完全非能动的冷却设备，常用于手术室、手术中心、酒店、无尘室等传统供暖、通风领域和空调系统、人体温度调节系统，以及其他工业领域，包括航天器和各种类型的核反应堆技术中。热管是一个独立的结构，通过细管内循环的两相流体实现了很高的热量传递。热管作为一个蒸发冷凝装置在两相流动状态下运行，利用了蒸发的汽化潜热，在相对较小的温差下实现远距离热量传输。

输入到蒸发段的热量通过热传递进入工作流体中，使工作流体在毛细芯表面汽化。汽化导致蒸发段内的局部蒸汽压力增大，蒸汽流向冷凝段，从而实现汽化潜热传输。热量在冷凝段中输出，因此通过蒸汽空间传输的蒸汽在毛细芯的表面冷凝，从而释放汽化潜热。通过毛细作用和/或体积力来维持工作流体的闭式循环。热管相对于其他传统热量传递方法（如翅片散热器）的优势在于，热管在稳态运行时可以具有极高的导热系数。因此，热管可以在相对长的距离上以相对较小的温差传递大量的热量。装有液态金属工作流体的热管的导热系数可以比最好的固态金属导体（银或铜）好一千甚至几万倍。热管是利用工作流体的相变而不是大的温度梯度来传输热量,而且不需要外部动力。
同时,通过小横截面传递的能量要比通过热传导或对流
传递的能量大得多。通过选择合适的工作流体,热管可
以在很宽的温度范围内工作(图6.1)。

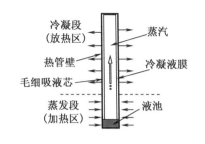

图 6.1　热管概念

但是,这种有用的设备存在一些运行极限,例如声速
极限、毛细极限、夹带极限和沸腾极限,这些极限将在本
书中进行讨论。当出现运行极限时,毛细吸液芯可能会
变干,从而导致热管失效。除了这些运行极限之外,如果使用液态金属作为工作流体,由于
工作流体可能变成固态的,并且蒸气密度极低,可能出现热管启动困难。

6.2　热管的历史

在洛斯阿拉莫斯进行的关于热管的早期研究是针对运行温度超过 1 500 K 的空间热离
子能量转换系统的应用。热管被用于加热热离子发射器、冷却热离子收集器以及最终将热
量辐射到太空中,而热管材料也是根据这个温度范围选择的。Deverall 和 Kemme 开展了多
项热管试验,包括:①使用 Nb – 1%Zr 热管,工质是锂,运行温度为 1 573 K,蒸发段的径向热
通量为 207 W/cm²;②轴向热通量 1.95 kW/cm²,工质是 Ag – Ta,运行温度为 2 273 K,蒸发
段的径向热通量为 410 W/cm²;③轴向热通量为 4 kW/cm²[6]。Deverall 和 Kemme[6],Grover
等[7-8],Cotter 等[9],以及 Ranken 和 Kemme[10]在早期热离子相关应用热管流体 – 壁面兼容
性和寿命试验研究的结果如下:In – W 组合在 2 173 K 的温度下持续运行了 75 h,Ag – Ta 组
合在 2 173 K 的温度下持续运行了 100 h,Cs – Ti 组合在 673 K 的温度下运行了超过 2 000 h,
Na – 不锈钢组合在 1 073 K 的温度下持续运行了 500 h,Li – Nb – 1%Zr 组合在 1 373 K 的温
度下持续运行了 4 300 h。Kemme[11]对具有不同吸液芯结构的钾和钠热管的特性进行了研
究,并探讨了热管的启动和运行极限。

1963 年 7 月 24 日,George Grover 在他的实验笔记本上记录了以下内容:"通过流体的毛
细效应进行传热,表面张力的'泵送'作用可能足以将液体从低温区移至高温区(随后以两
种温度下的蒸汽压差为驱动力,以蒸汽形式返回),再将热量从高温区转移到低温区。这种
不需要外部动力的封闭系统在空间反应堆中特别重要,因为它可以将热量从反应堆堆芯转
移到辐射系统。在没有重力的情况下,只需要克服液体通过毛细结构以及返回的蒸汽通过
管道的阻力。"

同年晚些时候,Grover 将以水和钠作为工作流体的"热管"实验结果提交给了《应用物理
杂志》[7]。钠热管长 90 cm,外径 1.9 cm,运行温度 1 100 K,输入热量 1 kW。本节回顾了自
热管发明以来,在洛斯阿拉莫斯开展的与空间动力相关的液态金属热管的研究。

6.3 热管的介绍和热管技术

热管本质上是一种具有极高的有效热导率的非能动传热装置。它是一种简单的封闭（密封）设备，可以通过两相流模式将热量从一个点快速传递到另一点。它也是一种高效的导热装置，通过两相流体循环来传递热量。热管的工作温度范围取决于所用工作流体的类型及其最佳设计范围。因为热管具有非凡的传热能力和速率，而且几乎没有热损失，热管通常被称为热的"超导体"。在各种传热方式中，热管被公认为是最令人满意的装置之一。热管结构简单，通过蒸发和冷凝将热量从一点传递到另一点，并且传热流体通过毛细作用力进行循环，而毛细作用力随着传热过程的产生而自动形成。

热管的闭合回路由一个密封的空心管组成，有两个区域，即蒸发段和冷凝段。在这种设备的非常简单的结构中，其内壁衬有被称为"吸液芯"的毛细结构，在所需的工作温度下具有相当大的蒸汽压的热力学工作流体会充满毛细结构的孔隙。当热量传递到热管蒸发段的任意部位时，工作流体就会被加热，然后蒸发，从而很容易充满中空管道的中心。然后，蒸汽向整个热管中扩散。当温度略低于蒸发区的温度时，蒸汽在管壁上冷凝。随着蒸汽的冷凝，工质将释放所吸收的热量，并通过吸液芯的毛细作用返回蒸发段部分或热源。该过程趋向于等温运行并具有非常高的热导率。当将散热器连接到热管上时，在这个有热损失的点处优先发生冷凝，然后建立蒸汽流动模式。

热管系统已经在航空航天应用中得到验证，其热传输速率是最有效的实心导体的数百倍，并且能量－质量比也非常优越。

就热传导而言，热管被设计为具有非常高的热导率。热管借助于包含在密封腔内的可冷凝流体，将热量从热源（热管的蒸发段部分）输送到冷源（热管的冷凝段部分）。

液体在蒸发段吸收热量而蒸发，然后，蒸汽流到冷凝段，在其中冷凝并释放潜热。液体通过毛细作用被抽吸回蒸发段，液体被再次蒸发以继续下一次循环。当蒸汽从蒸发段流向冷凝段时，通过设计一个非常小的蒸汽压降，可将沿管道长度的温度梯度降到最低。因此，两个部分的饱和温度（发生蒸发和冷凝的温度）几乎相同。

热管的概念最早是由 Gaugler[2] 在 1942 年提出的。然而，直到 1962 年 Grover 等人[5] 发明了热管，人们才认识到热管的非凡性能，并开始认真地研究。热管由一个密封的铝或铜容器组成，其内表面有毛细芯材料。热管类似于热虹吸管。热管与热虹吸管的不同之处在于，热管能够借助构成吸液芯的多孔毛细结构的帮助，通过蒸发冷凝循环抵抗重力来输送热量。吸液芯提供毛细驱动力，使冷凝液返回蒸发段。吸液芯的质量和类型通常决定着热管的性能。应根据热管的应用需求选择不同类型的吸液芯。

热管工作流体的选择范围从制冷剂到液态金属都可以，流体的选择应使其在热管工作压力下的饱和温度与热管的应用相匹配。此外，因为要润湿管道和吸液芯，选择的流体应是化学惰性的。理想情况下，工作流体应具有高热导率和潜热，还应具有较高的表面张力和较低的黏度。

热管的传热受到多种限制，如液体流过吸液芯的速率；"淤塞"（无法随着压差的增大而增大蒸汽流量，也称为"声速极限"）；蒸汽流中夹带液体，使流向蒸发段的液体量减少；以及在蒸发段不存在过大温差的情况下发生蒸发的速率。

等温热管将沿任一方向传递热量,对于给定的结构,热流将完全取决于热源和冷源之间的温差。因此,只要不超过其极限条件(声速、夹带、毛细和沸腾极限)(图6.2和图6.3),等温热管基本上是一种具有固定热导率的非能动设备。可以通过两种方式改变热管的等温功能,使其成为能动(可控)器件:二极管热管,在正向模式下作为等温热管运行,而在反向模式下关闭热管;或者可变热导热管,在正向模式下,可以控制热导率,而在反向模式下,同样可以关闭热管。

如图6.2所示,常规热管是一个充满可汽化液体的空心圆柱体。A—热量在蒸发段被吸收。B—液体沸腾为气体。C—热量从热管的上部散发到环境中;蒸汽冷凝为液体。D—液体在重力作用下返回热管下部(蒸发段)。

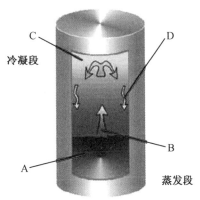

图6.2　常规热管示意图

但是,如今的热管可以在垂直和水平方向上工作,也可以在其应用中以任意角度安装和运行。最近,NASA、空军、洛斯阿拉莫斯国家实验室以及其他供应商(如TRW和Honeywell等)合作,加强和证明了热管在零重力环境下的应用,特别是在卫星上的应用。图6.3、图6.4和图6.5是这类应用的一些示例。

图6.6给出了回路热管的应用,该回路包含两个并联的蒸发段和两个并联的冷凝段,这些冷凝段和蒸发段之间的热负荷均匀分配,具有非能动和自动调节功能。该配置已应用到NASA的"新千年计划"中,即太空技术8(ST8)任务[12]。图6.6展示了新航天器的一部分,其中使用了回路热管。

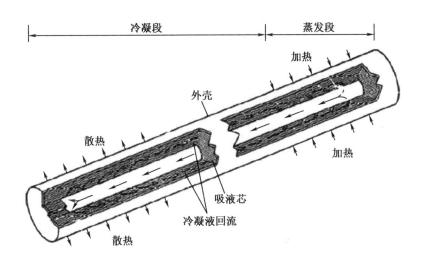

图6.3　基本热管的部件和功能

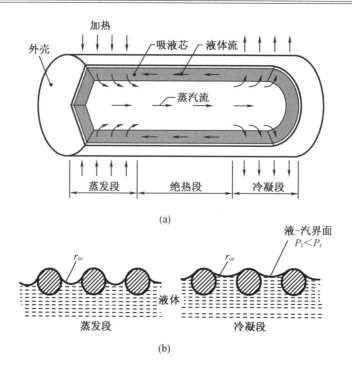

(a)

(b)

图6.4 （a）常规热管的组成和工作原理；（b）冷凝段和蒸发段中液－气界面的曲率半径[6]

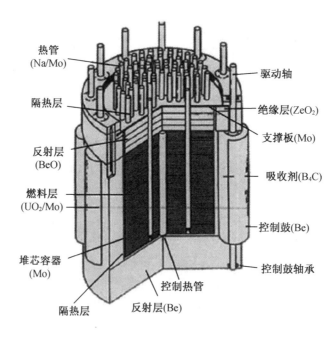

图6.5 钠／钼热管在核动力堆热控制中的使用[7]

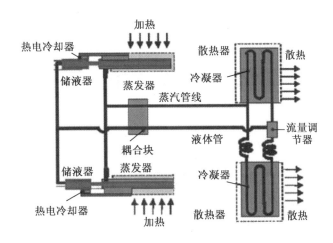

图 6.6　包含两个平行的蒸发段和两个平行的冷凝段的环路热管

根据其应用,尤其是在那些以反应堆作为电力来源的核反应堆行业中,热管被用作非能动停堆系统的二回路冷却部分,通常视其为液体热管(即汞或钠作为热管内的工作流体),其中将热管浇筑到冷却组件的结构中,可能需要考虑一段称为绝热段的热管。这种方法的典型例子可以在一些公司的研究中找到,如西屋电气公司在液态金属快中子增殖反应堆堆芯设计的早期研究中,汞热管被认为是该特殊反应堆设计的完全非能动停堆系统的一部分(作者参与了该设计,但是西屋公司获得的专利很少)。这种方法有助于将堆芯温度降低到临界点以下而无须在回路内进行任何操作,为防止反应堆的任何意外熔毁提供了更好的安全系数,并且为释放更多的热量提供了更好的手段。

现代设计和新一代液态金属快中子堆殖反应堆(例如法国制造的凤凰堆)都在使用这种热管。图 6.4 所示为带有绝热段的典型常规热管。这些带有绝热段的热管被设计用于核反应堆堆芯的热控制,这些热管以对流、传导和辐射传热装置的形式使用,如图 6.5 所示。当堆芯温度急剧下降时,在热管蒸发段的顶部以翅片的形式增加辐射表面积,或者采用本节后面介绍的可变热导热管。

这种类型的回路热管已被用作新 NASA 系列实验的一部分,以进行具有空间应用价值的热管研究。

回路热管的运行涉及复杂的物理过程,例如:

(1)流体动力学、传热学和热力学;

(2)重力、惯性力、黏性力和毛细作用力。

证明热管可以在零重力条件下运行的第一次轨道测试是在 1967 年进行的。ATS - A 卫星的运载火箭携带了一根带热电偶的热管,以确定热管在地球轨道不同位置和不同热负荷条件下的温度均匀性和性能。在这次成功的试验 1 年后,带有由约翰斯·霍普金斯大学设计的热管 GEOS - 2 发射。GEOS - 2 是第一颗将热管作为其整体热控制系统组成部分的卫星(图 6.7)。

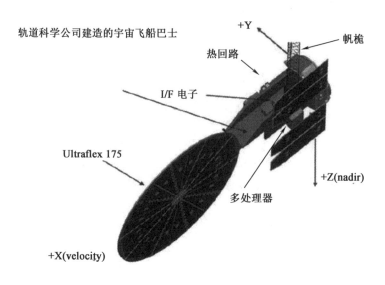

图 6.7　NASA 新千年太空计划卫星的一部分

在过去的几十年中,大型卫星和国际空间站取得了巨大的进步。因为存在大量需要被转移并辐射到外太空的热量,散热是迫切需要解决的问题之一。在过去的十年中,单相液体回路是用于大型航天器传热和散热的主要方法。自 20 世纪 80 年代以来,世界各国的研究重点致力于将两相流体回路技术用于国际空间站、电信和技术卫星的航天器热控制系统。

空间堆系统需要大面积的散热器,以将未转换的热量排入太空。文献[12]中已经开发了一种用于热电空间核动力系统的废热散热器的概念设计。该热管散热器的基本形状是一个直角圆锥体。该设计包括纵向热管,用于将来自热电模块的废热传递到由小直径、薄壁横叉热管组成的散热器表面。为防止被流星击穿,纵向热管经过了装甲防护。横叉热管的设计目的是在任务结束时以最小的初始系统质量提供必要的无击穿辐射区域。该设计研究了几种设计案例,其中各个纵向热管的生效概率各不相同,并计算了散热系统的质量。结果给出了在六种候选容器材料、三种候选热管流体、两种散热器工作温度、两种流星体屏蔽类型和两种辐射表面情况下,系统质量与单个纵向热管生效概率的函数;设计中还给出了三种系统尺寸的散热器排热随系统质量、面积和长度的函数。更多细节可以在 Zohuri[1]的书中找到。

在地面上热管的运行受重力影响,因此很难预测热管在空间中的性能,这要求热系统工程师采用保守的设计和地面测试方案来降低发射后系统故障的风险。热管是一种非常有效的传热设备,通常用于冷却电子组件和传感器。最近,一项热管性能实验的结果促进了改进的热管模型的开发和验证。这种称为 GAP 的计算机模型的准确性使工程师在设计时可以减少保守性,从而使每个航天器的热管数量减少,显著节省成本并减小质量。

在卫星上使用两相流"自然"循环的环路热管和毛细泵环路,可以确保从核心模块设备到散热器的热传递。环路热管和毛细泵环路被认为是可靠的热管理设备,能够在重力场的任何方向上运行,并且可以远距离传输热量。环路热管和毛细泵环路的主要部件是蒸发段,该蒸发段负责产生毛细力,驱动工作流体通过多孔结构和冷凝段[13]。

通常使用的电热毯的加热是不均匀的,并可能使用户遭受低强度的电磁辐射。但是,无论是用于加热还是冷却,这样的衣服和毯子通常连接外部电源。目前已经开发出许多用于区域性、治疗性的热传递装置。Faghri 的发明[14]通过使用热管重新分配人体热量并提供外部热源来补充热量,以满足人们对能设节体温的轻便、舒适的衣服和毯子的需求。温度调节系统将以衣服、毯子和垫子的形式出现。

该发明还提供了一种包含热管的改进垫子,用于局部治疗性热传递。在身体的一个或多个独立部分之间放置热管可以进行热传递。因此,在寒冷环境中使用的衣服,如紧身衣、裤子或夹克,可能嵌入从嵌入较暖的身体躯干延伸到较低温度区域的热管。例如,在诸如连体衣的衣服中,该发明提供了一种方法,该方法克服了当诱导全身热疗进行医疗时对热敏器官的损伤问题。通过一个具有加热装置的热交换器,可以将热量添加到身体的主要部分以实现

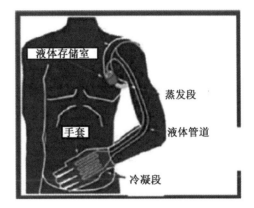

图 6.8　手部的温度调节方法

热疗,而通过另一个具有冷却装置的热交换器,可以冷却身体中面向热敏性器官的部分(图6.8)。当本发明用于特定诱导体温上升的医疗治疗,或为体温过低或体温过高的患者提供受控的加热或冷却时,温度控制具有特别的意义。

注意,传热机制可分为三大类:

导热:分子动能较大的区域通过分子的直接碰撞将其热能传递到分子动能较小的区域,这一过程称为导热。在金属中,传输热能的很大一部分也是由导带电子携带的。

对流:当热量传导到静态流体中时,会导致局部体积膨胀。由于重力引起的压力梯度,膨胀的流体团浮起并产生位移,因此除了导热之外还可以通过流体运动(即对流)来传递热量。这种在静态流体中由热引起的流体运动被为自然循环。对于流体已经运动的情况,传导到流体中的热量将主要通过流体对流而被带走,这些情况称为强迫对流,需要压力梯度来驱动流体运动,而重力梯度则需要通过浮力来引起运动。

辐射:所有材料辐射热能的数量均取决于其温度,能量由电磁光谱中的红外和可见光部分的光子携带。当温度均匀时,物体之间的辐射通量处于平衡状态,没有净热能交换。当温度不均匀时,平衡失调,热能从温度较高的表面传输到温度较低的表面。

一般而言,通常有两类热管,即可变热导热管和常规热管,常规热管也称为恒定热导热管或固定热导热管。典型的常规热管如图 6.9 所示,可变热导热管如图 6.10所示。可变热导热管与常规热管的不同之

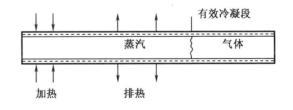

图 6.9　热管的平衡状态[6]

处在于,不管热源和冷源的条件如何变化,可变热导热管都能够沿着管道的某些部分在特定

的温度范围内工作。当根据热管的应用需要变化的热源和冷源条件时,能动或非能动地控制热管以维持所需的温度范围。

图 6.10 是可变热导热管结构的简单形式,在热管的冷凝段带有气体缓冲部分。然后,在冷凝段的后部有一个附加的容器结构设计(图 6.10),使热管冷凝段具有足够的有效长度,以最大限度发挥其精确控制蒸汽温度的作用[15]。

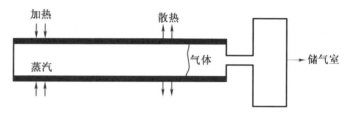

图 6.10　冷源可变热导热管[6]

在设计冷源可变热导热管的早期,存在蒸汽扩散到附加容器中然后在其内部冷凝的问题。Zohuri[1]在书中对可变热导热管进行了更详细的讨论,以及这些热管的设计者为改善其结构和工业应用而采取的一些方法。开发的计算机程序对这种类型的热管有更好的适应性,其中最著名的计算机程序"GASPIPE"是由 Marcus[16]及其 TRW 的同事共同开发的,他们在 20 世纪 70 年代早期为 NASA 研究并设计了可变热导管。

已经研制了一种新型的可变热导热管,即液控热管。气控热管能够稳定加热区的温度,而液控热管将冷却区的温度限制在一定的可调值内。其物理原理是通过调节热管内部的液体量来控制传热能力。液体部分存储在具有可变体积的容器中,例如波纹管。冷却区的温度,对应于热管内部的蒸汽压力,可以通过外部压力(气体或弹簧)进行调节,如图 6.11 所示。液控热管适用于需要在恒定温度下加热或必须限制热管内部蒸汽压力的场合。

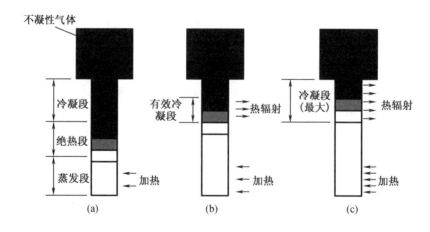

图 6.11　液控热管运行期间的热传递

在图 6.11(a)中,随着工作流体的饱和蒸汽压力迅速增大,工作温度逐渐升高。相反,不凝性气体的温度仅略有升高,并且由于压力和立方容积之间的关系是恒定的,汽液边界表面被工作流体推出,因此"冷凝段中混合工作流体的有效热辐射部分"向储气罐移动。

在图 6.11(b)中,工作流体占据的区域减小,内部传热率仍然很小。如果温度进一步升高,则冷凝段的有效热辐射部分变大,并且热辐射率增加。在最大的热辐射点上,不可凝性气体完全进入储气罐中。

在图 6.11(c)中,如果热辐射率大于通过热源输入到蒸发段的最大热量,则可以获得足够的热辐射量,蒸发段的温度不会进一步升高[14]。

如前所述,恒定热导热管也称为固定热导热管,这类热管以很小的温差将热量从热源输送到冷源。之所以使用轴向沟槽毛细吸液芯结构,是因为其相对易于制造(铝型材),并且在航天器和仪器热控制应用中具有悠久的历史。恒定热导热管可以沿任一方向传递热量,通常用于将特定热负荷的热量传递到散热器面板,或作为集成式热管散热器面板的一部分。常见的工作流体包括氨、丙烯、乙烷和水。

在低温或中温下充满工作流体的固定热导热管在高温下工作时会产生大量多余的液体。多余的液体在冷凝段的最冷端形成水坑或塞状,并在蒸发段和冷凝段之间产生温差。设计者提出了一种简单的代数表达式以预测由液体密度和温度的依赖性与毛细结构负压的综合影响而形成液弹时固定热导热管运行的热工性能。

开发的差分模型和两节点模型,是为了考虑将冷凝模型作为一个具有恒定内部薄膜系数的等温蒸气的恒定通量处理器。其中包含了一些数值示例,以说明在一定热负荷范围内运行的两个分别装有实际和理想流体的轴向凹槽热管的运行特性。蒸发段温度和液塞长度的预测对模型和冷凝方式选择的依赖性较弱,对实际流体效应的依赖性较强。

图 6.12 给出了常规热管和可变热导热管的结构比较。在常规热管中,少量工作流体被密封到抽真空的金属管中。由于蒸发段和冷凝段之间的温差(或温度梯度)比较小,工作流体反复汽化和冷凝,热量通过工作流体的潜热传递。热管包括蒸发段、绝热段和冷凝段部分,并且在管中安置了吸液芯或丝网结构以促进工作流体的循环。

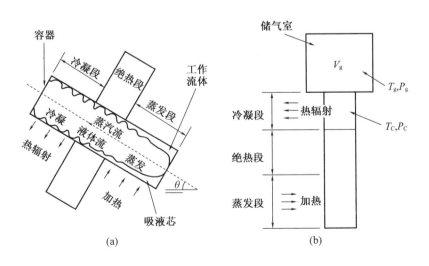

图 6.12　常规热管和可变热导热管的结构比较[10]

最大传热率是热管性能的度量,由吸液芯结构、工作流体体积等确定,而工作温度由外部热源、散热器(冷凝段)的温度等被动决定,依此类推[14]。

图 6.13 比较了常规热管和可变热导热管的热辐射特性。与热辐射率相对于温度具有恒定梯度的常规热管不同，可变热导热管的热辐射率在给定温度（热辐射起始温度）迅速增加，直到达到热辐射极限为止。当超过热辐射极限时，可变热导热管会形成一个类似于常规热管的恒定梯度。术语"可变热导"即起源于此特性，并且辐射起始点和辐射极限点之间的曲线斜率（以下称为辐射梯度）是可变热导热管的重要特征[14]。

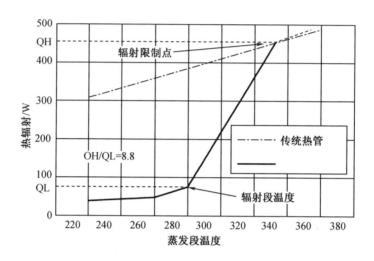

图 6.13　常规热管和可变热导热管的热辐射特性[10]

6.4　热管的运行原理

热管的三个基本组成部分是：管道容器、工作流体、吸液芯或毛细结构。

以下三个小节将分别进行介绍。

6.4.1　管道容器

容器的作用是将工作流体与外部环境隔离。因此，容器必须是密封的以保持其壁面内外两侧的压差，并能够使热量传入或传出工作流体。

容器材料的选择取决于以下因素：

- 相容性（工作流体和外部环境）；
- 强度 – 质量比；
- 热导率；
- 易于制造，包括焊接、可加工性和延展性；
- 孔隙率；
- 润湿性。

以上大多数都是显而易见的。高强度 – 质量比在航天器应用中更加重要。容器材料应该是无孔的以防止蒸汽向环境扩散。高热导率可确保热源和吸液芯之间的温度梯度达到最低。

6.4.2　工作流体

在确定合适的工作流体时,首先要考虑的是工作蒸汽的温度范围。在近似的温度范围内,可能存在多种可行的工作流体,为了确定最合适的工作流体,必须对流体的各种特性进行筛选[1]。

主要要求是:

- 与吸液芯和管壁材料相容;
- 良好的热稳定性;
- 对吸液芯和管壁材料的润湿性;
- 在整个工作温度范围内,蒸汽压不要太高或太低;
- 高汽化潜热;
- 高热导率;
- 低液体和蒸汽粘度;
- 高表面张力;
- 可接受的凝固点。

工作流体的选择还必须基于热力学考虑,与发生在热管内的各种极限有关,如黏性、声速、毛细力、夹带和沸腾极限。

在热管设计时,为了使热管能够在重力作用下工作并产生较大的毛细驱动力,需要工作液体具有比较大的表面张力值。除了要求表面张力大之外,工作液体还必须能够润湿吸液芯和容器材料,即接触角应为 0 或很小。在工作温度范围内的蒸汽压必须足够大,以避免产生较大的蒸汽速度,蒸汽速度过大往往会形成较大的温度梯度并引起流动不稳定[1]。

为了以最小的流体流量传递大量的热量,并保持热管内的低压降,需要工作流体具有很大的汽化潜热。工作流体的热导率最好比较高,以使径向温度梯度最小,并减小在吸液芯或壁面发生核态沸腾的可能性。通过选择蒸汽和液体粘度值较小的流体,可以最大限度地减小流体流动阻力。下面给出了热管运行示意图(图 6.14)[1]。

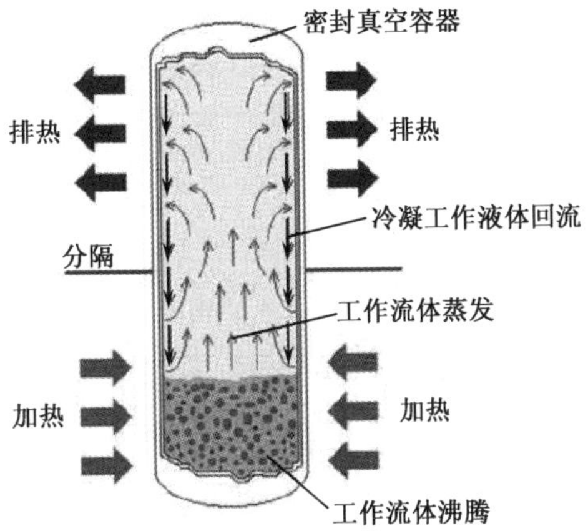

图 6.14　热管示意图

6.4.3　吸液芯或毛细结构

吸液芯是一种多孔结构,由不同孔径的钢、铝、镍或铜等材料制成。吸液芯是使用金属泡沫和更特别的毛毡制做的,毛毡吸液芯更常用。在组装过程中,通过改变毛毡上的压力,可以产生不同孔径的吸液芯。通过结合可移动的金属芯棒,也可以将干道结构塑造在毛毡上。

纤维材料(如陶瓷)也已被广泛使用。纤维材料的空隙通常更小。陶瓷纤维的主要缺点是刚度小,通常需要金属网来支撑。因此,尽管纤维本身可以与工作流体化学相容,但是支撑材料可能会存在问题。最近,人们开始关注碳纤维作为吸液芯材料。碳纤维丝表面有许多细的纵向凹槽,毛细压力高,化学稳定性好。许多使用碳纤维吸液芯制造的热管显示出更高的热传输能力。

吸液芯的主要作用是产生毛细力,将工作流体从冷凝段输送到蒸发段。吸液芯还必须能够将蒸发段周围的液体分配到热管可能吸收热量的任何区域。通常,这两个功能需要不同形式的吸液芯。热管吸液芯的选择取决于多种因素,其中一些因素与工作流体的特性密切相关。

吸液芯产生的最大毛细压头随孔径减小而增大。而吸液芯的渗透率随孔径增大而增大。吸液芯的另一个必须优化的特性是其厚度。通过增加吸液芯厚度,可以提高热管的传热能力。蒸发段的总热阻还取决于吸液芯中工作流体的热导率。吸液芯的其他必要特性是与工作流体的相容性和润湿性。

最常见的吸液芯类型如下。

6.4.3.1　烧结金属粉末

该工艺将为热管的反重力应用提供高功率处理能力、低温度梯度和高毛细作用力。图6.15给出了一个复杂的烧结金属吸液芯,具有多个蒸汽通道和小动脉以增加液体流速。通过这种类型的结构,可以实现非常紧密的热管弯曲。

6.4.3.2　沟槽管

当在水平或重力辅助下运行时,轴向沟槽产生的较小的毛细驱动力足以满足低功率热管的需求。这样的热管更容易弯曲。当与丝网配合使用时,性能可大大提高。

6.4.3.3　金属丝网

大多数产品都使用这种类型的吸液芯,根据所使用的丝网层数和网格数,可以很容易地在功率传输和方向敏感性方面提供可变特性(见图6.16)。

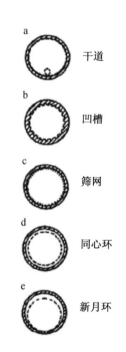

图6.15　各种吸液芯结构的横截面[15]

图6.17给出了目前使用的几种常见的吸液芯结构以及正在开发的更高级的概念图[18]。

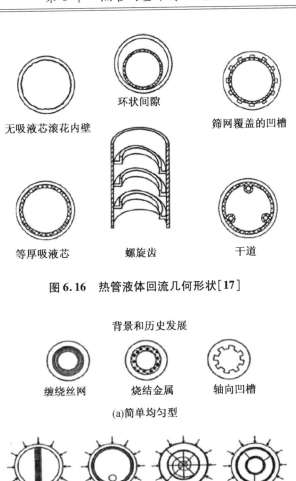

图 6.16　热管液体回流几何形状[17]

背景和历史发展

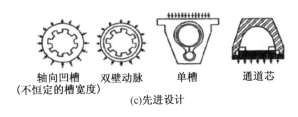

图 6.17　典型的热管吸液芯配置和结构[12]

6.5　热管的工作方式

热管容器内部是处于工作压力下的液体,液体进入毛细管材料的孔隙,润湿所有内部表面。沿热管表面的任意位置加热都会使该位置处的液体沸腾并变为蒸汽状态。在这种情况下,液体吸收汽化潜热。然后,具有较高压力的气体在密封容器内移动到温度较低的位置,并在该位置处冷凝为液体。此过程中,气体释放汽化潜热,并将热量从热管的输入端传递到输出端(图 6.18)[1]。

　　热管的有效导热系数是铜的数千倍。热管的轴向功率额定值(APR)规定了热管的传热或输送能力。APR 是沿管道轴向运动的能量。热管直径越大,APR 越大;热管越长,APR 越小。热管几乎可以制成任何尺寸和形状。

　　在许多热管制造商那里都可以找到简单的热管组件设计指南。图 6.19 是作者找到的最佳结果。

　　Aavid Engineering 的网站建立于 1964 年,是 Aavid Thermal Technologies,Inc. 的子公司,其推荐了一些简单的标准作为任何热管的经验准则。

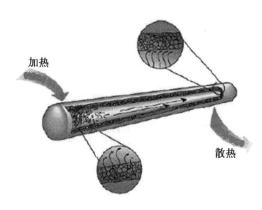

图 6.18　热管的能量守恒和传热原理

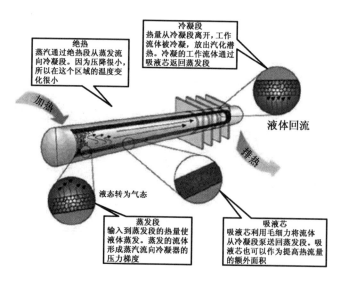

图 6.19　热管的运行[13]

6.6　热管组件的设计指南

以下方法是一种快速但粗略的分析方式,可以在对热管进行模拟之前开展设计选择,以使设计的最佳点落在热管的工作范围和限制(如声速、夹带、毛细和沸腾极限)之内。

6.6.1　关于重力的方向

为了获得最佳性能,应该利用重力配合热管系统运行;也就是说,相对于重力方向,蒸发段(加热部分)应比冷凝段(冷却部分)低。在重力不能帮助冷凝液回流的其他方向上,热管的整体性能会下降。

性能下降取决于多种因素,包括吸液芯结构、长度、工作流体以及热通量。精细的设计可以最大限度地降低热管的性能损失,并提供准确的性能预测。

6.6.2　温度极限

大多数热管使用水和甲醇/酒精作为工作流体。根据吸液芯结构,热管可在 −40 ℃ 的环境中运行。温度上限取决于工作流体,但平均温度极限为 60 ~ 80 ℃。

6.6.3　热排放

利用空气冷却,结合挤压、粘合翅片散热器或板翅换热器,可以从冷凝段中排出热量。将冷凝段密封在冷却水套管中可以实现液体冷却。

6.6.4　可靠性

热管没有活动部件,使用寿命超过 20 年。对热管可靠性的最大影响来自对制造过程的控制。热管的密封性、吸液芯结构所用材料的纯度和内部腔室的清洁度对热管的长期性能有很大的影响。任何形式的泄漏最终都会使热管无法使用。

内部腔室和吸液芯结构的污染会导致形成不凝性气体,随着时间的推移会降低热管性能。完善的工艺和严格的测试是确保热管可靠性的必要条件。

6.6.5　成型

热管很容易弯曲或压平,以适应散热器设计的需要。热管的成型可能会影响散热处理能力,因为弯曲和压平会引起管内流体运动的变化。因此,考虑热管配置和对热性能影响的设计原则确保了所期望的解决方案的性能。

6.6.6　长度和管径的影响

冷凝段与蒸发段之间的蒸汽压差控制着蒸汽从一端流向另一端的速率。热管的直径和长度也会影响蒸汽的移动速度,因此在设计热管时必须加以考虑。直径越大,可用于允许蒸汽从蒸发段移动到冷凝段的横截面积越大。

大直径允许热管有更大的功率承载能力。相反,长度对传热有负面影响,因为工作流体从冷凝段返回蒸发段的速率受吸液芯毛细极限的限制,这是长度的逆函数。因此,在没有重力辅助的情况中,较短的热管比较长的热管输送的功率更大。

6.6.7 吸液芯结构

热管内壁可以内衬各种吸液芯结构。四种最常见的吸液芯是:沟槽管、金属丝网、烧结金属、纤维/弹簧。

在上述常见的结构中,工业上用于制造热管的最常见的是沟槽管和金属丝网,在4.4.3.2和4.4.3.3或(a)至(c)节中进行了介绍。

吸液芯结构为液体提供了一条通过毛细作用从冷凝段流向蒸发段的通道。根据散热器设计的所需特性,吸液芯结构在性能上有优点也有缺点。

有些吸液芯结构的毛细极限很低,因此不适合在没有重力辅助的情况下使用。图6.20(a)(b)所示为简单热管的标准工作范围示意图。

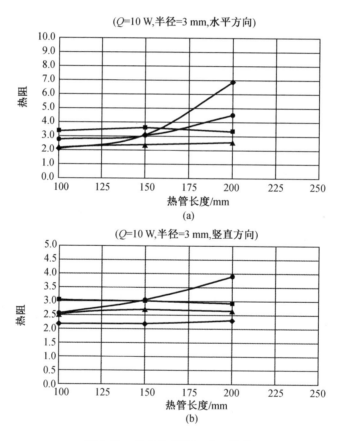

图 6.20　简单热管的标准工作范围

6.7 热管的运行极限

无论考虑将热管用于哪种类型的应用,保证热管正常运行,并能够在特定的环境下实现对热管的应用要求,都有一定的局限性。

热管的运行极限简要说明如下:

(1)黏性极限:在长管道和低温条件下,蒸汽压力较低,黏性摩擦对蒸汽流动的影响可能超过惯性力。工作流体的循环受到限制,因此限制了通过管道的热传递。

(2)声速极限:在低蒸汽压下,蒸发段出口处的蒸汽速度可能达到声速。蒸发段无法响应冷凝段压力的进一步降低,也就是说,蒸汽流被堵塞,从而限制了蒸汽流速。

(3)毛细极限:毛细管结构能够使给定的流体在一定范围内循环。这个极限取决于吸液芯结构的渗透率和工作流体的性质。

(4)夹带极限:蒸汽流对吸液芯内与蒸汽流动方向相反的液体施加剪切力。如果剪切力超过液体的表面张力,小液滴就会进入蒸汽流中形成夹带(Kelvin – Helmholtz 不稳定性)。液体的夹带增加了流体的循环质量,但没有增加通过管道的传热。如果毛细作用力不能适应流量的增加,蒸发段内的吸液芯可能会蒸干。

(5)沸腾极限:在高温下,可能会发生泡核沸腾,从而在液体层内产生蒸汽泡。气泡可能会阻塞毛细孔并降低蒸汽流量。此外,气泡的存在减少了通过液体层的热传导,这限制了仅通过导热从热管壳体到液体的热传递(见图6.21)。

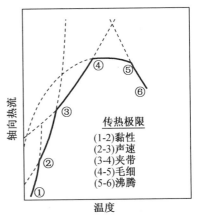

图 6.21　热管运行极限的典型范围

纵轴:轴向热流　横轴:温度

传热极限
(1-2)黏性
(2-3)声速
(3-4)夹带
(4-5)毛细
(5-6)沸腾

Zohuri[1]的书中给出了计算这些极限的数学模型。通过这些分析,设计者可以绘制出热管运行极限曲线,而热管的最佳设计和制造区间就在这些曲线的包络范围内,也就是图6.21中所有曲线以下的面积,这一区域称为热管的最佳优化设计。

6.8 约束条件

影响热管性能的参数有材料的相容性、工作温度范围、传热极限、热阻、工作方向、尺寸和几何约束等。比如,微型热管的最大传热能力主要由毛细力决定[18]。

所有热管都有三个共同的物理组件,包括外部容器、少量工作流体和毛细吸液芯结构。除了这些基本组件外,热管还可能包括储气罐(可变热导/二极管热管)和液体或气体捕集器(二极管热管)。从功能上讲,热管由三个部分组成:蒸发段、冷凝段和绝热段。蒸发段安装在发热部位,而冷凝段则与散热器或热辐射器热耦合。绝热部分允许热量以很小的热量损失和温度下降从蒸发段传递到冷凝段。

图 6.22 描述了基本的热管。

热管可以在固定热导、可变热导或二极管模式下工作。固定热导热管可以向任意方向传递热量,并且可以在较宽的温度范围内工作,但没有温度控制能力。固定热导热管使得支架、散热器和结构等温,从高散热部件散发热量,并将热量从嵌在仪器和卫星内部的发热设备中传导出去。

在可变热导热管中装入少量的不凝性气体,使可变热导热管可用于将设备的温度控制在非常狭窄的范围内。通过使用精细设计技术,控制的温度范围可能小于 1 K。这是通过控制不弟性气体/蒸汽界面在热管冷凝段内部的位置来实现的,通过改变冷凝段的有效长度引起冷凝段散热能力的变化。附加储气设备的温度控制是通过主动反馈系统实现的,该主动反馈系统由热源处的温度传感器和不凝性气体储罐处的加热控制器组成。加热器使储罐中的气体膨胀,从而移动气体/蒸汽界面。二极管热管允许热量向一个方向流动,阻止热量向相反的方向流动。

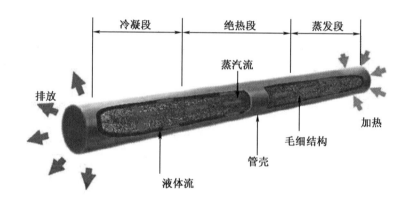

图 6.22 基本的热管描述

热管的特殊优势如下:

(1)按质量和尺寸计算,热管比其他方式具有更大的传热能力。

(2)热管可以在热源和散热器的接触区域中灵活配置。

(3)可以在温度降很小的情况下远距离传输热量。

(4)吸液芯中的毛细力是由传热过程产生的,不需要其他动力或运动部件来泵送液体。

(5)热管在失重环境下运行良好。

工作流体的选择取决于多种因素,包括工作温度、汽化潜热、液体黏度、毒性、与容器材料的化学相容性、吸液芯系统设计和性能要求。

图 6.23、图 6.24 和表 6.1 给出了几种流体的上述某些特性。

热管的最高性能是利用具有高表面张力(s)、高潜热(l)和低液体黏度(n_1)的工作流体获得的。这些流体特性包含在液相传输因数 N_l 中。图 6.25 是五种典型热管工作流体的 N_l 比较图。这些数据被用作热管工作流体的选择标准。

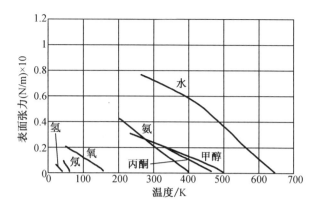

图 6.23 典型热管工作流体的表面张力

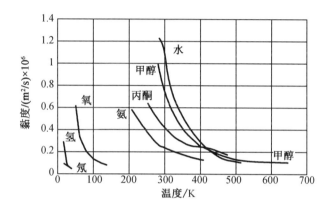

图 6.24 典型热管工作流体的黏度

表 6.1 典型热管工作流体的潜热与比热容的比较

流体	流体特性			
	沸点 K	潜热 $h_{fg}/(kJ/kg)$	比热容 $c_p/(kJ/kg \cdot K)$	比值 $h_{fg}/c_p/K$
氦气	4	23	4.60	5
氢气	20	446	9.79	46
氖气	27	87	1.84	47
氧气	90	213	1.90	112
氮气	77	198	2.04	97
氩气	87	162	1.14	142
丙烷	231	425	2.20	193
乙烷	184	488	2.51	194
甲烷	111	509	3.45	147
甲苯	384	363	1.72	211
丙酮	329	518	2.15	241
庚烷	372	318	2.24	142

表 6.1（续）

流体	流体特性			
	沸点 K	潜热 h_{fg}/(kJ/kg)	比热容 c_p/(kJ/kg·K)	比值 h_{fg}/c_p/K
氨气	240	1 180	4.80	246
汞	630	195	0.14	2107
水	373	2 260	4.18	541
苯	353	390	1.73	225
铯	943	49	0.24	204
钾	1 032	1 920	0.81	2 370
钠	1 152	3 600	1.38	2 608
锂	1 615	19 330	4.27	4 526
银	2 450	2 350	0.28	8 393

一旦给定了应用条件，热管设计者就需要根据需求选择最佳的工作流体。在低于水的凝点且高于约200 K的温度范围内，氨是一种极好的工作流体。无论选择哪种流体，流体的最低纯度都必须至少为99.999%。在使用之前，应该单独对氨的纯度进行仔细分析。

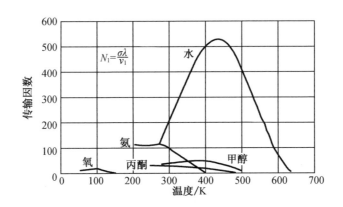

图 6.25　典型热管工作流体的 N_l 比较

热管的外部容器通常使用金属管，以提供机械支撑和压力密封。容器的设计和加工对金属的选择非常重要，因为它们会影响热管的使用寿命。另外，管道材料和工作流体之间必须存在相容性。对于热管，工作流体与容器的相容性问题，包括流体与壁面、吸液芯材料之间发生的任何化学反应或扩散过程，可能会生成气体或造成腐蚀。

表6.2列出了几种金属与工作流体的相容性。除了金属与流体的相容性之外，在选择金属时还要考虑材料的易用性、材料的挤压能力和焊接性。正确的容器清洁和热管处理步骤至关重要，因为热管内的残留污染也可能导致气体产生。还必须采取措施以确保充注流体的纯度；氨中的微量水会与铝制容器发生反应并产生氢气。Chi[6] 和 B&K Engineering[13]列出了用于各种工作流体－管壁材料组合的标准清洁和充注方法。必须特别注意使用温度

在 250 K 以下的热管,当温度下降时,液体的蒸汽压会减小,使得污染产生的不冷凝气体膨胀,从而造成更大的问题。

表 6.2　热管热管材料与工作流体的相容性

	铝	不锈钢	铜	镍	钛
水	I	C*	C	C	
氨	C	C		C	
甲醇	I	C	C	C	
丙醇	C	C	C		
钠		C		C	I
钾				C	I

注:C—相容;I—不相容,∗—清洁敏感性。

热管吸液芯结构提供了用于形成液体弯液面(引起毛细泵送作用)的多孔结构,并为工作流体从冷凝段返回到蒸发段提供了载体。为了有效地实现这些吸液芯的功能,设计者必须提供适当尺寸、形状、数量和位置的孔、腔或通道。吸液芯设计中使用了一种优化技术,以找到理想的极限传热能力、泵送能力和温度降的组合。设计者还必须考虑吸液芯制造的简易性、与工作流体的相容性、润湿角和所选吸液芯材料的渗透性。

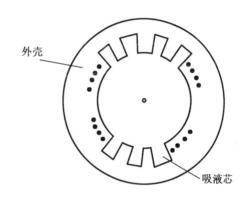

图 6.26　轴向槽吸液芯

图 6.26 给出了轴向槽吸液芯的横截面图。这种设计是空间应用中最常用的。

此外,要求对端盖和充注管的所有焊缝进行 X 射线探测,以确保良好的焊透深度并且没有空隙。在充注之前,必须使用至少为其最大预期工作压力两倍的压力对热管容器进行压力测试[19]。其他测试程序包括在不利的倾斜角度下进行性能测试以证明吸液芯功能正常,以及在回流模式下对热管进行气穴测试。应小心处理热管,特别是那些含有氨或其他高蒸汽压流体的热管,必须采取适当的安全措施,像对任何其他压力容器一样对待热管。暴露在氨蒸气中会对眼睛和其他黏膜造成严重刺激,接触氨水会导致皮肤严重烧伤。热管应尽可能存放在阴凉干燥的环境中。

这些测试操作将抑制任何产生不凝性气体的内部化学反应。

6.9　经验教训

通过热管以外的方式传热存在以下问题:

(1)与传热设备的质量和尺寸相关的价格;

（2）在长距离传输过程中损失大量的热量；

（3）传递热量需要电动设备，例如液体泵；

（4）在零重力条件下运行可能带来问题。

不遵守上述实施方法可能会产生以下影响：铝制容器的不正确清洁和处理可能导致污染物与氨发生反应形成不凝性气体，污染物会干扰蒸汽的流动并降低传热效率[20]。

与氨反应通常产生氢气，气体会聚集在冷凝段区域。随着越来越多的冷凝段被堵塞，可用于排热的表面积减小，从而降低了传热效率，最终导致热管停止工作。如果不检查端盖和充注管的焊接，可能导致焊接不当或存在缺陷，从而使压力容器泄漏或发生灾难性故障。对于长期太空任务，在适当温度范围内的工作流体（例如甲醇和水）与铝不兼容，因此不应使用铝材料。

6.10 热管的应用

热管的许多应用已充分证明热管现在已经可以作为常规应用。在常规使用中，热管被集成到一个总热控子系统中，将热量从热源输送到较远的位置。热管充当主要导热路径的能力使工程师能够解决存在空间限制或其他限制的热问题。可以使用热管将热量从热敏元件转移到散热片阵列或位于允许更多散热空间的区域的散热器中，从而为电子设备布局的灵活性留出空间。

在没有足够的空间直接在热源上安装翅片散热器的情况下，大功率电子冷却器就是解决散热方案的一个例子。

除了充当导热路径并帮助远程传热外，热管还可以提高热解决方案的效率。可以通过将热管集成到散热器基座或使热管穿过散热片来达到此目的。在大多数情况下，将热管嵌入传统的散热解决方案可以减小尺寸或减轻质量。

将热管集成到散热器基座中最合适的应用是当基座比热源大的时候。在这种应用中，最高温度出现在热源位置，热源越小，在散热器基座上的扩散距离就越大，从而导致基座中心的温升幅度更大。将热管集成到散热器的基座上，降低了整个基座的温度梯度，从而形成更有效的解决方案。

还可以通过热管集成来提高散热片的效率。翅片效率与翅片的散热速率有关。翅片耗散能量的最大速率是翅片处于基座温度时所存在的速率。因此，可以通过使热管穿过散热片来提高散热片的效率。与传统的翅片式散热器相比，采用热管结构，将翅片用作冷凝段的一部分，可以减小散热器的占用面积，并提高散热能力。

虽然外部因素（例如冲击、振动、冲力、热冲击和腐蚀环境）可能影响热管寿命，但将其集成到热解决方案中也会带来很多好处。如果制造和设计得当，热管是十分可靠的，并且没有活动部件。另外，热管成本很低，对总成本几乎没有影响[21]。

热管本身不是加热或冷却设备。热管组件用于将热量从输入区域移出（最常见的应用是冷却）或将热量转移到输出区域（加热）。热管组件通常包括三个部分：热输入组件、传热组件（热管）、热输出组件。

热管组件提供各种介质的热管理解决方案：液体、固体和气体。与热管相比，传统的冷却方法(挤压金属散热器、风扇、水、空调等)在尺寸、质量和效率上都有固有的局限性。在各种系统中,越来越多的限制因素是无法散热。想要在更小的体积和更轻的质量中获得更大的功率,往往因为热量过多而无法实现。

在大功率(>150 W)冷却应用中,热管的使用仅限于需要低热阻或封闭面积严格受限的应用场合。由于制造商和手工组装时间的限制,这些较大直径热管的成本很高。

在本书中讨论了一种新的有价值的传热装置,即回路热管。随着回路热管在传热应用中变得越来越普遍,这方面的研究更加重要。回路热管在美国的商业用途将开始于休斯航天(Hughes Space)和通信公司正在研制的下一代通信卫星。这些卫星利用了回路热管的非能动特性,不需要外部泵送装置,并且能够在很长的距离上传输大量热量。这种设备在理想的时间进入传热领域,因为航空航天工业要求越来越高的有效载荷功率,而这种不断增加的功率必须以最有效的方式来处理。回路热管还被研究用于地面应用,例如太阳能收集器和计算机冷却。

回路热管的研究工作以空间卫星应用为重点,但其成果也可用于实现其他应用。回路热管是传统热管的新一代产物。回路热管利用了传统热管的优点,同时克服了传统热管固有的一些缺点。本文是对回路热管的背景、发展和历史的文献综述,以及对重要的地面和空间应用计算机模拟和实验工作的一个完整体系论述。本文全面叙述了回路热管的工作原理,并研究回路热管的新应用,比如用加热功率的一小部分来控制整个航天器有效载荷系统的温度。回路热管给传热界带来了重要的新机遇,这里的研究进一步加深了对这一突破性装置的认识和理解。

热管的应用可以根据其结构和形状的不同而不同。这种独特的传热设备被用于许多行业领域,从简单的电子换热器、空间应用、核反应堆、输油管道,甚至在沼泽中制造浮冰和钻井塔的地基,以及冻土地区的道路,热管都发挥了非常重要的作用。参考文献[22]给出了多种多样的热管应用实例,以及参与这种独特设备设计和应用的公司和制造商。

例如,在美国正在进行一种钻机的应用和开发,该钻机利用热管冷却的小型快中子反应堆进行超深钻孔。

在离心热管形状中可以看到热管的其他应用,用于冷却带有短路铸造转子的异步电动机。这种电动机主要用于机械工程,通过在转子中使用离心式热管,使电动机速度的电气控制成为可能,从而无须复杂的传动装置和齿轮系统[19]。目前在俄罗斯正在进行调研,以探索是否可能使用热管来冷却变压器,包括空气填充或油填充、小型和大型功率变压器,以及冷却电力母线。

德国的 Brown Boveri 公司开发出带有热管的电子设备系统。

(1)功率大于 1 kW 的晶闸管系统;热管的热阻 R 为 0.035 K/W,冷却风速为 $V = 6$ m/s。

(2)一种用于便携式电流整流器系统的设备(700 W,热阻:0.055K/W,冷却风速,$V = 6$ m/s)。

事实证明,热管适合与电子设备组合使用,从而将冷却效果提高 10 倍。

英国 SRDE 实验室(信号研究与开发机构)的产品包括:平面电绝缘体形式的热管、极小直径热管、各种组合热管和保温模块。

基于热管、二极管、真空腔等,以及可改变其聚集状态的材料(熔融盐、金属、硫与卤素等)生产的静态电池和热能转换器,使得令人感兴趣的应用领域得到。其工作温度为 500 ~ 800 ℃,热管材料为不锈钢,工作流体为钠,储热功率最高可达 10 ~ 100 kW/h。碱金属高温热管可以成功地用作热离子发生器的电极。

在能源行业,建造利用太阳能和温泉的发电站是一种趋势。目前,美国南部正在建设一座至少 100 kW 的发电站,以高温热管电池的形式存在,由太阳加热,在水蒸气发生器或热电转换器中工作。这种与储热单元相连的热管电池将使全天候发电成为可能。有计划使用热管作为电缆和配电线路。

1974 年 10 月 4 日,一枚探空火箭(Black Brant 探空火箭)发射升空,携带了由 NASA/Goddard 太空飞行中心、ESRO、GFW、Hughes 制造的热管。

航空公司和 NASA/Ames 制作的热管:

(1)ESRO 斯图加特的 IKE 研究所制造了两个长度为 885 mm,直径为 5 mm 的铝热管。吸液芯是单层不锈钢丝网,动脉直径为 0.5 mm。一个热管充满氨,另一个热管充满丙酮。丙酮热管的功率为 8.4 W,氨热管的功率为 21 W。散热器为铝块。

(2)德国技术部的 GFW(Geselfsehaft fiir Weltraumforschung)制作了一个直径为 150 mm 的圆盘形状的扁平铝热管和一个长度为 600 mm 的钛热管。钛热管里面充有甲醇且其端面通过一根铝管与圆盘连接。扁平热管装满丙酮,另一端连接到一个温度为 35 ℃的"二十烷"蓄热装置(装有熔融物质的罐子)。该系统传输了 26 W 的功率。

(3)Hughes 航空公司制造了两根不锈钢柔性热管(直径 6.4 mm,长度 270 mm)。工作流体是甲醇,吸液芯是金属丝网。

(4)NASA/Ames 制造了两根长度为 910 mm,直径为 12.7 mm 的不锈钢热管。工作流体是甲醇,惰性气体是氮气。吸液芯的主体是螺纹结构,动脉是金属毡。这种动脉对不凝性气体的存在不敏感。

(5)NASA 制造了一根铝低温热管,其纵向通道长 910 mm,直径 16 mm,装有甲醇。

因此,在 1974 年 10 月 4 日的国际实验中,NASA/GSFC(Grumman 和 TRW),NASA/Ames(Hughes),Hughes(Hughes),ESRO 和 GFW(Dornier)组织参与空间热管的测试。其中,Grumman 建造了五组不同的热管,TRW 建造了三组。

除了探空火箭外,NASA 还使用了许多卫星来测试热管,以评估长期失重条件对热管参数的影响(Skylab 航天器、OAO – III、ATS – 6、CTS 等)。

法国国家太空研究中心(CNS)独立于美国和欧洲太空中心,开展了由 Aerospatiale 和 SABCA 公司制造的热管的太空实验。1974 年 11 月,法国探空火箭 ERIDAN 214 发射,携带有热管散热器。该实验的目的是验证热管在失重条件下的运行能力,验证热管在火箭飞行开始时是否准备好运行,并为航天器设备选择各种热管结构。

研究了三种类型的热管:

(1)由 SABCA 制作的弯曲热管,长 560 mm,直径 3.2 mm,钢制管道,吸液芯为不锈钢网,载热剂是氨,传输功率为 4 W,管道是柔性的。

(2)由 CENG(Grenoble 的原子中心)组织制造的热管,长 270 mm,直径 5 mm,由铜制成,吸液芯由烧结青铜粉制成,载热剂是水,传输功率为 20 W。

(3)SABCA 热管,类似于(1)号,但是直的,传输功率为 5 W。

散热器是装有可相变易熔物质的盒子：$T_f = 28.5$ ℃（正十八烷）。能源是 $U = 27$ V 的电池。实验设备的总质量为 2.3 kg。

这些研究非常清楚地表明了目前的积极成果，我们可以有把握地断言，热管将在不久的将来在太空中得到广泛的应用。例如，美国计划将热管用于可重复使用航天飞机和 Spacelab 太空实验室的热控制和热保护。

对于这些设备，热敏性设备将被放置在盒子或罐子里，其中的温度将通过位于外壳壁上的热管保持恒定。参考文献[22]提供了热管在当前行业中的广泛应用和未来的发展趋势

6.11　小　　结

1. 概述

热管是一种非能动能量回收换热器，它的外观类似于普通的板翅式盘管，只是管道之间没有连接。此外，热管被密封的隔板分为两部分。热空气通过一侧（蒸发段）并被冷却，而较冷的空气通过另一侧（冷凝段）。热管是显热换热器，但如果空气条件使散热片上形成冷凝水，则可能会有一些潜热传递并提高效率（图 6.27）。

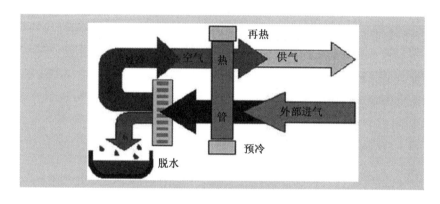

图 6.27　热管应用概念

热管是指在其整个长度上都有毛细结构吸液芯的管子，先将其抽空，然后再充入制冷剂作为工作流体，最后永久密封。根据所需的温度条件选择工作流体，这些工作流体通常是 I 类制冷剂。翅片类似于常规线圈 - 波纹板、平板和螺旋设计。在设计蒸汽速度下，选择管子和翅片的间距以获得适当的压降。HVAC 系统通常使用带有铝翅片的铜热管，其他材料也可以。

2. 优点

- 无运动部件的非能动热交换。
- 相对节省空间。
- 在某些情况下，可以减小冷却或加热设备的尺寸。
- 可以提高现有冷却设备的除湿能力。
- 气流之间无交叉污染。

3.缺点

- 增加了初成本,也增加了风扇功率以克服阻力。
- 要求两条气流彼此相邻。
- 要求气流必须相对清洁并且可能需要过滤。

4.应用领域

强化热管换热器可以提高系统的潜在散热能力。例如,进入冷却盘管的干空气温度下降 1 ℉,可使潜在散热能力增加约 3%。热管将进入空气中的热量直接传递到离开冷却盘管的低温空气中,从而节省了冷却和再加热的能量。热管也可以用来预冷或预热进入的室外空气和从空调排出的空气。

5.最佳应用

- 在出于适用度或工艺原因,考虑相对较低湿度的情况下,可以使用热管。在进入冷却盘管的热空气与离开盘管的冷空气之间使用的热管将显热传递给离开的冷空气,从而减少甚至消除再热的需求。同样,热管在空气到达冷却盘管之前对其进行预冷,增加了潜在散热能力,并可能降低系统的冷却能耗。
- 需要大量室外空气且排气管紧邻进气口的项目,可通过将排气中的热量传递给进风口,进行预冷或预热来提高系统效率。

6.可能的应用

- 在气候潮湿的地区热管和热泵联合使用。
- 在超市应用中与单路径或双路径系统一起使用强化热管换热器。
- 法规要求或存在"病态建筑"综合症且必须增加室外进气量的现有建筑。
- 新建筑物所需的通风量导致负载过多,或者所需设备的潜在散热能力不足。

7.应避免的应用

- 必须大范围重新布置进气或排气管道的情况,其效益可能无法抵消更高的风扇功率和初投资成本。
- 使用热管时没有经过仔细的处理,需要小心解决湿润状态可能发生的热管腐蚀、结垢和污垢。

8.技术类型(资源)

热空气是热源,流经蒸发段,被冷却并使工作流体蒸发。较冷的空气流过冷凝段,被加热并使工作流体冷凝。蒸汽压差将蒸汽驱动到冷凝段,冷凝液体通过毛细作用力回到蒸发段。热管性能受水平方向的影响,在热端(蒸发段)低于水平面的斜面上运行热管,可改善液体流回蒸发段的能力。热管可以并联或串联使用。

9.效率

热管的典型应用是风速在 450~550 ft/min 的范围内,深度为 4~8 排,每英寸 14 片散热片,效率为 45%~65%。例如,如果通过热管蒸发段将温度为 77 ℉的空气冷却到 70 ℉,在冷凝段将冷却盘管中的空气从 55 ℉再加热到 65 ℉,则效率为 45% [= (65 - 55)/(77 - 55) = 45%]。随着行数的增加,效率会增加,但是风速会下降。例如,将效率为 48% 的热管行数加倍可使效率提高到 65%。

倾斜控制可用于:

- 季节性转换改变运行；
- 调节容量，以防止送风过热或过冷；
- 室外空气温度较低时降低效率以防止结霜。

倾斜控制（最大极限为 6°）可以在一端通过温度驱动的倾斜控制器使交换器绕其底座在中心旋转；也可以使用阻尼器和旁路阀。

10. 制造商

（1）American Heat Pipes, Inc.

6914 E. Fowler Ave.

Suite E

Tampa, FL 33617

1 - 800 - 727 - 6511

（2）Dectron Inc

4300 Blvd. Poirier

Montreal, PQ H4R 2C5

Canada

（514）336 - 9609

mail@ dectron. com

（3）Des Champs Laboratories Inc

P. O. Box 220

Douglas Way

Natural Bridges Station, VA 24579

（703）291 - 1111

（4）EcoTech Consultants, Inc.

3466 Holcombe Bridge Road

Suite 1000

Norcross, GA 30092

（404）723 - 6564

（5）Heat Pipe Technology Inc

P. O. Box 999

Alachua, FL 32615 - 0999

1 - 800 - 393 - 2041

（6）Munters Dry Cool

16900 Jordan Rd.

Selma, TX 78154 - 1272

1 - 800 - 229 - 8557

moreinfo - dc@ americas. munters. com

（7）Nautica Dehumidifiers, Inc.

9 East Carver St.

Huntington, NY 11743

(516) 351 – 8249

dehumidify@ aol. com

(8) Octagon Air Systems

1724 Koppers Road

Conley, GA 30288

(404) 609 – 8881

(9) Power – Save International

P. O. Box 880

Cottage Grove, OR 97424

1 – 800 – 432 – 5560

(10) Seasons 4 Inc.

4500 Industrial Access Road

Douglasville, GA 30134

(770) 489 – 0716

(11) Temprite Industries

1555 Hawthorne Lane

West Chicago, IL 60185

1 – 800 – 552 – 9300

(12) Venmar CES

2525 Wentz Ave.

Saskatoon, SK S7K 2K9

Canada

1 – 800 – 667 – 3717

customerservice@ venmarvent. com

参 考 文 献

[1]　Zohuri, B. (2016). Heat pipe design and technology: Modern applications for practical thermal management (2nd ed.). New York: Springer.

[2]　Gaugler, R. S. (1944, June 6). Heat transfer device. U. S. Patent 2, 350, 348.

[3]　Trefethen, L. (1962, February). On the surface tension pumping of liquids or a possible role of the candlewick in space exploration (G. E. Tech. Info. , Ser. No. 615 D114).

[4]　Wyatt, T. Wyatt (Johns Hopkins/Applied Physics Lab.). Satellite Temperature Stabilization System. Early development of spacecraft heat pipes for temperature stabilization. U. S. Patent No. 3,152,774 (October 13, 1964), application was files June 11, 1963.

[5]　Grove, G. M. , Cotter, T. P. , & Erikson, G. F. (1964). Structures of very high thermal conductivity. Journal of Applied Physics, 35, 1990.

[6]　Chi, S. W. (1976). Heat pipe theory and practice. New York: McGraw − Hill.

[7]　Dunn, P. D., & Reay, D. A. (1982). Heat pipes (3rd ed.). New York: Pergamon.

[8]　Marcus, B. D. (1971, July). Theory and design of variable conductance heat pipes: Control techniques (Research Report No. 2). NASA 13111 − 6027 − R0 − 00.

[9]　Bennett, G. A. (1977, September 1). Conceptual design of a heat pipe radiator. LA − 6939 − MS Technical Report. Los Alamos Scientific Lab. , NM, USA.

[10]　Gerasimov, Y. F. , Maidanik, Y. F. , & Schegolev, G. T. (1975). Low − temperature heat pipes with separated channels for vapor and liquid. Engineering Physics Journal, 28 (6), 957 − 960. (in Russian).

[11]　Watanabe, K. , Kimura, A. , Kawabata, K. , Yanagida, T. , & Yamauchi, M. (2001). Development of a variable − conductance heat − pipe for a sodium − sulfur (NAS) battery. Furukawa Review, No. 20.

[12]　Peterson, G. P. (1994). An introduction to heat pipes: Modeling, testing, and applications (pp. 175 − 210). New York: Wiley.

[13]　Garner, S. D. , P. E. , Thermacore Inc.

[14]　Brennan, P. J. , & Kroliczek, E. J. (1979). Heat pipe design handbook. Towson, MD: B & K Engineering.

[15]　Kemme, J. E. (1969, August 1). Heat pipe design considerations. Los Alamos Scientific Laboratory report LA − 4221 − MS.

[16]　MIL − STD − 1522A (USAF). (1984, May). Military standard general requirements for safe design and operation of pressurized missile and space systems.

[17]　Woloshun, K. A. , Merrigan, M. A. , & Best, E. D. HTPIPE: A steady − state heat pipe analysis program: A user's manual.

[18]　Faghri, A. Temperature regulation system for the human body using heat pipes. US patent 5269369.

[19]　Grover, G. M. , Cotter, T. P. , & Erickson, G. F. (1964). Structures of very high thermal conductance. Journal of Applied Physics, 35(6), 1990 − 1991.

[20]　Ranken, W. A. , & Kemme, J. E. (1965). Survey of Los Alamos and EURATOM heat pipe investigations. In Proceedings of the IEEE Thermionic conversion Specialist conference, San Diego, california, October 1965. Los Alamos Scientific Laboratory, report LA − DC − 7555.

[21]　Kernme, J. E. (1966). Heat pipe capability experiments. In Proceedings of Joint AEC Sandia Laboratories report SC − M − 66 − 623, 1, October 1966. Expanded version of this paper, Los Alamos Scientific Laboratory report LA − 3585 − MS (August 1966), also as LA − DC − 7938. Revised version of LA − 3583 − MS, Proc. EEE Thermionic Conversion Specialist Conference, Houston, Texas, (November 1966).

[22]　Grover, G. M. , Bohdansky, J. , & Busse, C. A. (1965). The use of a new heat removal system in space thermionic power supplies. European Atomic Energy Community— EURATOM report EUR 2229. e.

第7章　直接反应堆辅助冷却系统

从历史上看,出于安全目的在核电厂中采用直接反应堆辅助冷却系统(DRACS)作为非能动热排出系统的想法并不是什么新鲜事。DRAC 最初是从实验型增殖反应堆 II(EBR-II)衍生而来的,接着在快中子反应堆设计中得到了改进,例如 Westinghouse 在 20 世纪 70 年代前后的克林奇河增殖反应堆项目对液态金属增殖快堆进行改进,以及后来法国制造的 Phoenix-II 反应堆,该反应堆于 1978 年在法国投入运行。

7.1　引　　言

DRACS 已被建议用于超高温反应堆(AHTR)作为非能动衰变热排出系统。DRACS 具有三个耦合的自然循环/对流回路,完全依靠浮力作为驱动力。在 DRACS 中(参见图 7.1),使用了两个热交换器,即 DRACS 热交换器和自然通风热交换器(NDHX),来耦合这些自然循环/对流回路。此外,使用流体二极管来限制反应堆正常运行期间的寄生热流,并在发生事故时激活 DRACS。

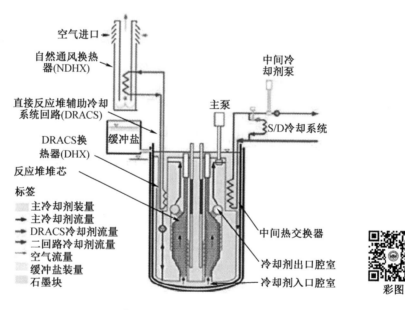

图 7.1　典型的直接反应堆辅助冷却系统(DRACS)

尽管已经提出了 DRACS 的概念,但文献中并没有针对超高温反应堆建造和测试的实际 DRACS 原型系统。在此报告中,首先开发了用于热功率 20 MWt 氟化物盐冷却高温反应堆(FHR)的 DRACS 的详细模块化设计。作为设计出发点,DRACS 的设计目的是去除额定功率的 1%,即衰变功率为 200 kW。

DRACS 原型的设计过程涉及盐类的选择、反应堆堆芯的识别、DRACS 热交换器和自然通风热交换器的设计、流体二极管的设计、空气烟囱的设计、环路的选择,以及最后基于压降分析确定高度。富含 Li -7 的 FLiBe 和 FLiNaK 分别被选作一次和二次盐。设计中采用了加州大学伯克利分校提出的热功率为 16 MW 的球床堆芯。和壳管式换热器是根据特拉华方法设计的。

在设计中采用了已在文献中用水进行过测试的涡流二极管。最后,在 DRACS 的主回路和二级回路都选择了内径为 15 cm 的管道。DRACS 最终设计的总高度不到 13 m。此处介绍的设计有可能用于计划中的小型 FHR 测试反应堆,并且还将有益于商业超高温反应堆的 DRACS 设计并为其提供指导。

在原型 DRACS 设计的基础上,进行了详细的尺度分析,将为缩减的 DRACS 测试设施的设计提供指导。基于浮力驱动流(也称为自然对流)领域的一维公式中的 Boussinesq 近似,通过引入适当的无量纲参数对控制方程(即连续性、积分动量和能量方程)进行无量纲化,包括无量纲的长度、温度、速度等。关键的无量纲数,即表征 DRACS 系统的理查森数、摩擦、斯坦顿数、时间比、Biot 和热源数,都是从无量纲控制方程求得的。基于无量纲数和无量纲控制方程,提出了相似定律。此外,还开发了一种由堆芯缩放和回路缩放组成的缩放方法[1]。

7.2　各种反应堆设计中的衰变热排出系统

西屋电气在 20 世纪 70 年代设计的液态金属快中子增殖反应堆设计,克林奇河增殖反应堆项目(见图 7.2),有三个备用系统,用于在正常散热器不可用的情况下消除衰变热。

(1)第一个是直接冷却汽包的保护气冷式冷凝系统。

(2)通过打开蒸汽管路上的安全释放阀将蒸汽排放到大气中,形成第二个冷却系统。

(3)第三个系统是一个完全独立的溢流排热系统,用于直接从容器主回路提取热量。该系统的热阱由风冷换热器提供。然而,在 1978 年出现三里岛事故后,本书第一作者(Zohuri)在位于 Waltz Mill 的西屋先进反应堆部门工作,建议安装水银热管作为换热器的替代品,并且设计了一系列这种可变热导热管(如图 7.3)[2]。

以上的第三个系统在没有使用蒸汽发生器(SG)的情况下提供了一个余热排出(DHR)系统。如日本钠冷快堆之类的回路类型的 DHR 系统由一个 DRACS 的回路和两个主要反应堆冷却系统(PRACS)的回路组成,如图 7.4 所示。

DRACS 的热交换器位于反应堆容器的上部腔室中。PRACS 的每个热交换器都位于中间热交换器的上部腔室中。这些系统完全通过自然对流运行,并通过打开直流电力驱动的阀门来激活,冷池与热交换器、流控二极管和连接管组成的 PRACS 进行热耦合,如图 7.5 所示。流控二极管减少了在主回路强迫循环时的泄漏流。

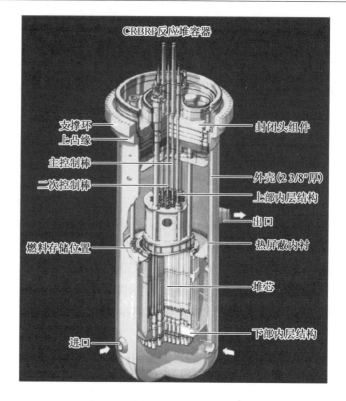

图 7.2　克林奇河增殖反应堆项目

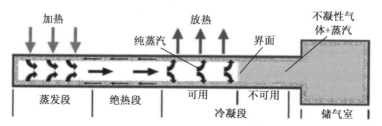

图 7.3　可变热导热管基础结构示意图

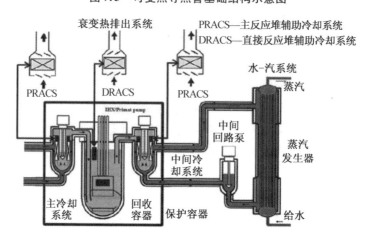

图 7.4　主反应堆辅助冷却系统

作为第四代（GEN – IV）反应堆的一部分，先进液态金属反应堆设计的两个主要特征是大热容量钠池和利用自然对流运行的衰变热排出系统。当自然灾害和事故发生时，如果不需要反应堆循环中的能动系统采取措施关闭反应堆时，将高度可靠的非能动衰变热排出系统（例如 DRACS）与固定或可变热导率型热管结合使用，可以显著降低先进液态金属反应堆完全固有停堆系统的风险状况。

为了准确地预测在这类反应堆系统运行过程中反应堆钠池的

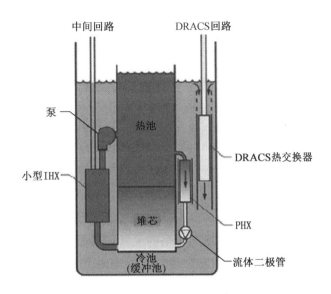

图 7.5　DHR 系统创新设计

行为，并预测反应堆的性能，需要使用三维热工水力商业程序（例如 COMMIX）[3]。

更具体地说，三维热工水力程序对于预测流经堆芯的流量、冷池和热池中的热分层的可能性以及在早期阶段（20 小时）当衰变热超过热损失时，钠池中较大的热质量在缓解衰变功率驱动的热瞬变中的有效性方面是有必要的。另外，需要详细的热分析来评估系统结构部件上的应力[3]。

这种方法的目的是分析 DRACS 测试，以支持对内部编写的或商用版本的任何计算代码（例如 COMMIX）和先进液态金属反应堆设计进行验证。这是一系列测试之一，可以产生一系列热工水力数据，以验证这些代码，并测试反应堆容器辅助冷却系统（RVACS）、先进液态金属反应堆设计（例如，先进钠冷快中子反应堆）的 DRACS 以及和作为此类生产电厂的安全和商业许可的一部分动力堆固有安全模块（PRISM）的性能。参见图 7.6。

图 7.6　PRISM 反应堆示意图

注意：PRISM（创新小型模块化动力堆，有时根据 Super PRISM 称为 S – PRISM）是 GE 日立核能公司（GEH）设计的核电站

7.3 FHR 非能动衰变热排出技术的实验验证

与其他反应堆类似,氟化盐冷却高温反应堆(FHR)需要衰变热排出系统,可以使用直DRACS 将热量从反应堆冷却剂传递到大气中。在钠冷反应堆中,通常是一次钠回路通过热交换器将衰变热传递给自然循环的 DRACS 钠回路,而 DRACS 钠回路将热量排放到钠–空气热交换器中。

在 FHR 中还存在更多挑战。首先,反应堆的峰值温度通常接近 700 ℃。第二,FHR 的主冷却剂是凝固点约为 460 ℃ 的熔融盐。重要的是不能使主冷却剂凝固,因为这可能使通过反应堆堆芯的循环停止,从而导致反应堆堆芯温度升高并造成燃料破损。第三,中子与熔融盐冷却剂的相互作用产生的氚可以通过金属热交换器扩散,并通过 DRACS 逃逸到环境中。最后,可能发生热交换器泄漏,无论 DRACS 中的流体是什么都必须考虑与熔融盐的化学相容性。

作为本书的作者,我们可以提出的一个解决方案是利用多根热管,无论是固定的还是可变热导类型的热管,取决于这些热管需要排散的热负荷。

DRACS 的主要热管工质选择是钠和钾,但也将对氟化盐进行考虑(初步分析尚未找到可能的候选者,但将进行更深入的研究)。垂直热管中有沸腾的流体,蒸汽向上流动,然后被冷凝,液体沿管壁回流。热管的特点是可以设计成在较小的温度范围内将传热量增加一个数量级以上,这是氟化盐冷却高温反应堆的直接反应堆辅助冷却系统所需要的,并且在低温下的热损失很低,而在预设温度以上有很高的排热效率。NASA 已经为计划中的太空反应堆开发了钠、钾和铯热管,其目标之一是在预设温度以上启动。该系统需要许多平行热管以排出所需的热量并提供冗余。冗余布置也是该应用的一个主要优点。任何热管中的冷却剂存量都很小,因此,如果热管泄漏可能进入主系统的钠或钾的潜在数量也很小。而热管中的金属钠或钾进入主冷却剂中会改变冷却剂的化学氧化还原特性(主要考虑因素),同时还会产生一些中子效应。

为防止氚通过金属管道扩散到环境中,需要将其与 DRACS 换热器隔离。基本形式的氚屏蔽是一个双层套管热交换器,套管夹层内是含有少量氧气的惰性气体。氧气会将氚转化为不能通过金属壁扩散的 ^3H_2O,从而对氚进行净化。在低氧水平有助于保护氚屏障的情况下可以使用氧化氚屏障。备用方案是在壁面间使用氚吸气剂——这是一种已经在一些系统中研究过的方法。在选择何种组合方案进行氚控制之前,还需要进行权衡研究。

值得一提的是,核反应堆动力系统可能彻底改变太空探索并支持月球和火星上的人类前哨基地。本文回顾了目前用于空间反应堆电力系统的静态和动态能量转换技术,并对系统的净效率、比功率和散热器比面积进行了估算。还讨论了能量转换技术和根据冷却剂类型和冷却方法分类的核反应堆的适当组合,以实现最佳系统性能和最高比功率。此外,还提出了采用静态和动态能量转换的四个空间反应堆动力系统概念。这些系统概念的额定电功率高达 110 kW,并且在反应堆冷却、能量转换和散热方面没有单点故障。两种电力系统采用液态金属热管冷却反应堆,热电和碱金属热电转换单元用于将反应堆的功率转换为电,采用钾热管散热器。第三种电源系统采用 SiGe 热电转换器和液态金属冷却反应堆,堆芯被分成六个相同的扇区。每个扇区都有一个单独的能量转换回路、一个散热回路和一个铷热管散热器板。第四种电力系统是具有扇形堆芯的气冷堆。堆芯的三个扇区分别与一个单独的闭式布雷顿循环回路耦合，布雷顿循环回路使用 He - Xe(40 g/mol)工质，还有一个 NaK - 78 二级回路以及两个独立的水热管散热器[4]。

7.4　主要的热管冷却剂选择

正如在本书第 4 章中所述，热管的原理非常简单，涉及的现象是表面张力和工作流体的潜热，没有活动部件。热管的有效导热系数是传统固体导热体的数百倍。直到 20 世纪 60 年代，人们才开始对该领域进行大量研究。人们已经在不同的领域使用热管。政府机构(如海军)可以从热管的有用特性中获益。本书讨论了几种潜在的海军应用。

随着时间的推移，热管的使用机会越来越多。热管技术可能在改善整体经济性以及公众对反应堆加热海水淡化的认识方面起决定性作用。当与低温多效蒸馏过程结合使用时，热管可以有效利用各种类型核动力反应堆中产生的大部分废热。实际上，热管可为反应堆海水淡化的可行选择。在反应堆海水淡化中，热管不仅可以提高利用余热的效率以生产大量饮用水，而且可以减少反应堆淡化过程对环境的影响。此外，在脱盐电厂中使用基于热管的热回收系统可以改善脱盐过程的整体热力学特性，并有助于确保生产的水不受正常运行过程中发生的任何污染的影响，因为使用热管将增加一个额外的回路，防止辐射与生产水之间的直接接触。文献[2]介绍了一种基于热管技术的反应堆海水淡化系统的新概念，并分析了利用热管技术降低海水中氚含量的预期效果。

总之，热管是一种具有非常高的有效导热系数的两相传热装置。热管是一种真空密封装置，由外壳、工作流体和吸液芯结构组成。如图 7.7 所示，输入的热量使蒸发段吸液芯内的液态工作流体汽化。带有汽化潜热的饱和蒸汽流向较冷的冷凝段。在冷凝段中，蒸汽冷凝并释放汽化潜热，冷凝的液体通过吸液芯结构毛细作用返回蒸发段。只要蒸发段和冷凝段之间的温度梯度保持不变，相变过程和两相流循环就会持续进行。

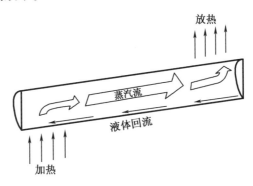

图 7.7　热管的简单物理结构

热管功能的实现是通过工作流体在蒸发段吸收热量蒸发(汽化)转化为蒸汽来实现的。蒸汽扩散到冷凝段，排出热量，然后冷凝为液体，冷凝的液体在重力作用下流回蒸发段。只要在热管的蒸发段有热量(即温暖的外部空气)，该相变循环就会持续。该过程是非能动运行的，不需要外部能量。

在热管的热界面上，液体与导热固体表面接触，通过吸收表面的热量而变成蒸汽。然后蒸汽沿着热管到达冷界面，再凝结成液体——释放潜热。然后液体通过毛细作用、离心力或重力返回到热界面,循环往复。由于沸腾和冷凝的传热系数很高,因此热管是非常有效的导热体。有效热导率随热管长度而变化,长热管的有效热导率可接近 100 kW/(m K),而铜的热导率约为 0.4 kW/(m K)。

热管采用蒸发冷却,通过工作流体或冷却剂的蒸发和冷凝,将热能从一个点传递到另一点。热管依靠管道两端的温度差,不能将任何一端的温度降低到环境温度以下(因此,倾向于使管内温度相等)(图 7.8)。

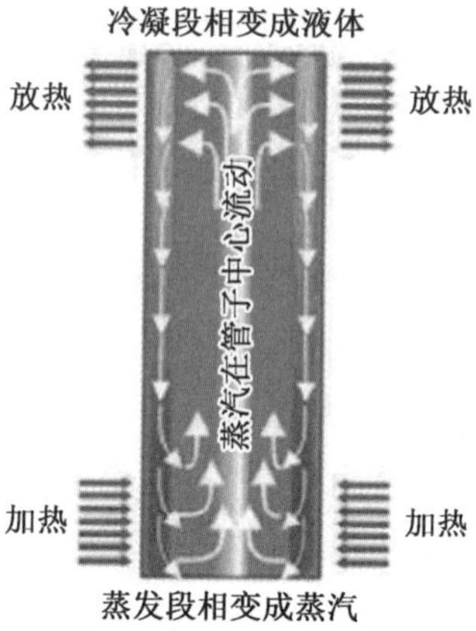

热管是为长期运行而设计的,无须维护,因此热管壁和吸液芯必须与工作流体兼容。一些壁面材料和工作流体的组合看起来是兼容的,但实际上并不是。例如,铝制外壳中的水将在数小时或数天之内产生大量不可冷凝的气体,从而妨碍热管的正常运行。

7.4.1　热管材料和工作流体

自从 1963 年 George Grover 重新发现热管以来,人们进行了大量的热管寿命测试,以确定管壳/流体组合的兼容性,有些测试已经进行了几十年。在热管寿命测试中,热管要长时间运行,并监测不凝性气体的产生、材料输运和腐蚀等问题。

图 7.8　热管内部结构示意图

7.4.2　不同类型的热管

除了标准的恒定热导热管,还有许多其他类型的热管:

- 真空腔(平面热管),用于热通量转移和实现表面等温。
- 可变热导热管,使用不凝性气体在功率或散热条件变化时改变热管的有效热导率
- 压力控制热管,这是一种可变热导热管,可以改变储液罐的体积或不凝性气体的质量以提供更精确的温度控制。
- 二极管热管,其正向导热系数高,反向导热系数低。
- 热虹吸管,液体通过重力或加速度作用返回蒸发段。
- 螺旋热管,液体在离心力作用下返回蒸发段。

7.4.3　核能转换

Grover 和他的同事们当时正在研究航天器核动力电池的冷却系统,因为航天器会遇到极端的高温条件。这些碱金属热管将热量从热源传递到热离子或热电转换器来发电。

自 20 世纪 90 年代初以来,研究者们已经提出了多种使用热管在反应堆堆芯与能量转换系统之间传输热量的核反应堆电力系统。第一个利用热管发电的核反应堆测试系统于 2012 年 9 月 13 日首次开展。

在核电站应用中,热管可用作非能动排热系统,如安装在熔盐堆或液态金属快堆的堆芯顶部,在固有停堆、排热系统中作为整体热工水力和自然循环的子系统。从安全的角度来看,作为第二个完全固有停堆系统回路,其作用类似于热交换器,保证反应堆在发生意外事

故时永远不会达到其熔点。

7.4.4　热管的优点

以下是热管的优点：

- 高热导率(10 000 ~ 100 000 W/(m K))。
- 等温。
- 非能动。
- 低成本。
- 耐冲击/振动。
- 耐冻/融。

7.4.5　热管的缺点

以下是热管的缺点：

- 必须将热管调整到特定的工作条件。管道材料、尺寸和冷却剂的选择都会影响热管工作的最佳温度。
- 在超出其设计热量排放范围时,热管的热导率会快速地下降到仅与其固体金属外壳的导热性能相当的水平——如果是铜外壳,则约为原始通量的1/80。这是因为在低于预期温度范围时,工作流体不会发生相变;在高于预期工作温度范围时,热管中所有的工作流体都会蒸发,凝结过程停止。
- 由于材料限制,大多数制造商无法制造直径小于 3 mm 的常规热管。

7.4.6　结论

总体而言,热管是一种结合了热传导和相变原理的传热设备,可以在两个固体界面之间有效地传递热量(图7.9)。

只要蒸发段和冷凝段之间的温差足够大,相变过程和热管中的两相流循环就会持续。如果整体温度均匀,则流体停止移动,而一旦存在温差,流体就会再次开始流动,除热以外不需要任何动力源。

在某些情况下,当加热段低于冷却段时,可以利用重力使液体流回蒸发段。但是,当蒸发段在冷凝段上方时,则需要一根吸液芯。如果没有重力,例如在 NASA 的微重力应用中,也可以使用吸液芯来实现液体回流。

作为空间核动力系统应用的一部分,对采用热管形式的布雷顿循环真空腔散热器进行考虑和研究是非常有意义的。人们认识到,未来相对较大的空间核电站应用所需的排热系统将占航天器总质量和面积的很大一部分。因此,散热器的热效率和结构效率以及性能改变会影响整个航天器的配置、质量、有效载荷和电功率。

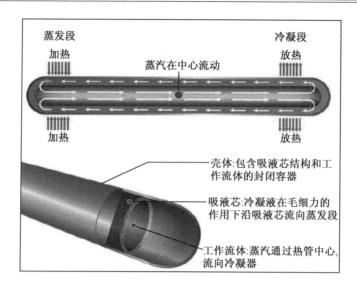

图 7.9　热管俯视图

图 7.10 所示的系统是通用电气公司基于 NASA 的合同编号为 NAS9 – 744 的真空腔散热器研究的要求为 NASA/MSC 设计的。

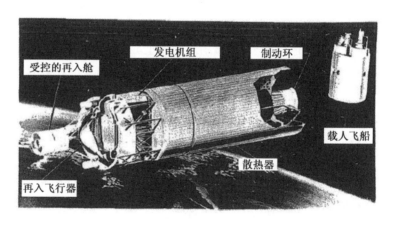

图 7.10　电源模块配置

真空腔散热器研究说明了散热器在作为系统组件的结构和外壳时所起的作用。在低加速空间运输系统研究中,图 7.11 更加生动地说明了未来散热器的相对尺寸。

在这项研究中,真空腔(热管)散热器被定义和评估为放射性同位素布雷顿循环空间动力系统废热排放的潜在候选者。本研究中与等效导热翅片散热器进行了比较,两个散热器均在主管道内采用 DC – 200 传热流体,铝为基本结构材料。本研究对热管流体的散热性能和散热器内的密闭性进行了评估和选择,并针对多种候选流体进行了热管兼容性和性能测试,针对导热翅片和真空腔散热器的概念进行了初步设计。比较表明,在可靠性和流星体标准规定的 5 年的生效概率为 0.99 ~ 0.999 的情况下,布雷顿循环热管散热器没有明显的优势。

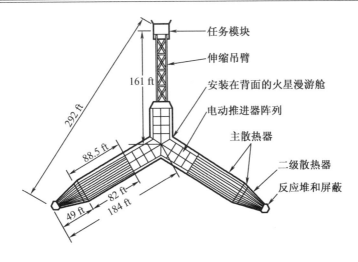

图 7.11　8MW 星际航行器概念配置

在研究结束时,NASA CR - 1677 提供了一份报告,其中描述了一种很有前景的布雷顿循环热管翅片(热管)散热器的鉴定工作和结果。NASA 提供了散热器设计所依据的规范和要求,表 7.1 汇总了参考规格。

表 7.1　基本要求摘要

布雷顿循环真空腔散热器的参考条件和规格	
散热	主设备 12.39 kWt,辅助设备 2.19 kWt
散热器流体入口温度	主设备 288 ℉[①],辅助设备 118 ℉
散热器流体出口温度	主设备、辅助设备都是 64 ℉
有效的散热器热阱温度	−10 ℉
散热器表面热发射率	0.85
散热器流体	Dow Corning 200 , 77 ℉的 2 Centistokes at
首次流体压降	最大 25 psi[②]
可靠性	在真空腔和一次流体回路上使用 5 年的概率为 0.99 或 0.999
支持负载	6000 磅[③],包括热排放系统

注:①1 ℉ = 5/9 K　②psi = 6.895 kPa　③1 磅 = 0.45 kg

参考的布雷顿循环空间发电站使用一个单独的散热器回路,其散热量约为 15 kWt。一个紧凑型热交换器将废热从功率转换回路转移到液体冷却剂。然后,该冷却剂通过散热器循环,将废热排放到太空中,该散热器称为主散热器。此外,还通过一个辅助电路和散热器散发热量以冷却发电站的电气和其他组件,该散热器称为辅助散热器。

这些散热器的总体结构是一排管道,冷却剂通过这些管道流动,并附着固体导热翅片。使用真空腔散热片可以显著减少散热器的质量和面积。

综上所述,热管是一种导热系数非常高的简单设备,没有活动部件,可以在很长的距离内有效地传输大量热量,从根本上说,固定热导率热管本质上是一种稳定的细长管,其内表面衬有吸液芯结构,内部含有饱和状态下的少量液体(例如水)。热管由三个部分组成:一端为蒸发段,吸收热量并使流体蒸发;另一端为冷凝段,蒸汽被冷凝并散发热量;中间为绝热段,流体的汽相和液相分别以相反的方向流过管道中心和吸液芯,从而完成循环,流体与周围介质之间没有明显的热传递。热管内部的工作压力和流体类型在很大程度上取决于热管的工作温度。

参 考 文 献

[1] Zohuri, B. (2015). Dimensional analysis and self – similarity methods for engineers and scientists (1st ed.). New York: Springer.

[2] Zohuri, B. (2016). Heat pipe design and technology: Modern applications for practical thermal management (2nd ed.). New York: Springer.

[3] Zohuri, B. (2017). Thermal – hydraulic analysis of nuclear reactors (2nd ed.). New York: Springer.

[4] El – Genk, M. (2008). Space nuclear reactor power system concepts with static and dynamic energy conversion. Energy Conversion and Management, 49(3), 402 – 411.

第8章 热管在裂变反应堆中的应用

由于其优异的传热性能,热管通常用作小型裂变反应堆的冷却系统组件。热管冷却反应堆中的传热过程非常复杂且高度系统化。但总的来说,其基本工作原理是热量从燃料元件通过热管传递到热交换器,最后传递至能量转换系统和散热器。热管在反应堆部件的辐射冷却测试中已有所应用,但目前尚未建造或测试完全使用热管作为主冷却系统的反应堆。而对于热管冷却反应堆与采用强迫循环方式进行冷却的反应堆之间的性能差异,可能还需要开发一个试验堆进行研究论证。

8.1 引　　言

如本书第6章所述,热管是一种高效传热元件,在运行时会发生气液相变,并利用吸液芯或多孔材料对工作流体产生的毛细作用力将热量从热源转移到冷源。其主要结构为保护壳体(管道)、吸液芯材料和管内的两相流体。最常见的热管几何形状如图8.1所示。

热管的封闭外壳由一个长细管构成,吸液芯则是紧贴在管内的多孔材料,气体和液体分别在吸液芯和管腔中流动。

热管的工作原理如下:热量经由蒸发段管壁传递到吸液芯中,使得吸液芯内液体汽化,并在蒸发段和冷凝段之间形成一个气相压降,随后蒸汽流入冷凝段,在冷凝段吸液芯上凝结。蒸发段液体的蒸发过程会使吸液芯内液体表面产生微小的弯液面,用以维持蒸发段气相和液相的压差。最终,吸液芯内液体在毛细力驱动下从冷凝段回流到蒸发段,完成循环[1]。

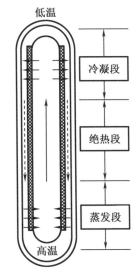

图8.1　带有绝热段的立式恒温热管示意图

热管由一个内壁面衬有吸液芯的管子构成,其吸液芯内充满接近饱和温度的液体。(热管在运行过程中产生的)气液界面通常位于吸液芯的内边缘附近,将吸液芯内的液体与管腔内的蒸汽分隔开。(热源施加在热管)蒸发段的热量通过管壁传递至充满液体的芯吸材料,使液体蒸发为气体,并流向管中心位置。蒸发产生的毛细作用力增加了蒸汽和液体之间的压力差,致使热管中心的蒸汽从蒸发段流出,经由绝热段进入冷凝段,然后凝结。凝结产生的毛细作用力与蒸发产生的毛细作用力的原理相似,但是在力的大小上要小得多。在热管冷凝段释放的热量通过湿润的吸液芯和管壁传递到冷源中,然后在蒸发段和冷凝段之间的静毛细作用力的驱动下,液体重新从冷凝段流回蒸发段。为了让热管成功运行,在设计时,需要选择正确的管子、工作流体和吸液芯结构,而热管的工作特性则由传热极限、吸液芯有效导热系数和轴向温差决定。

图8.2给出了与垂直方向(重力方向)成角度ψ的热管示意图。

由于具有两相特性,热管非常适合于热量的远传输,且(运行过程中)温降很小,管壁几乎等温。当工作流体在热力学饱和状态下运行时,热量的传递是通过汽化潜热完成的,而不是显热或导热,所以热管运行时几乎等温。这种运行条件具有以下优势:高效传递大量热量,减小总传热面积以及减轻系统质量[2]。

在几何上等效的系统中,通过潜热传输的热量通常比通过显热传输的热量大几个数量级。另外,热管内的工作流体利用

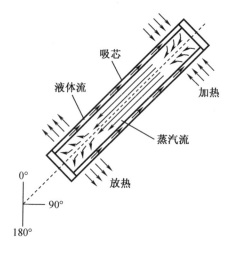

图8.2 吸液芯热管示意图

毛细作用力驱动,不需要机械泵送系统。由于热管具有工作流体运行温度范围广、效率高、相对质量低以及不需要外接泵等优势,其在大量的传热应用中都被视为有吸引力的选择[3]。

吸液芯为液体从热管的冷凝段流向蒸发段提供了一种手段,它还提供了液-气界面所需的表面孔隙以形成所需的毛细压力。此外,吸液芯结构还对热管蒸发段内表面和液-气界面之间的径向温降产生影响。因此,有效的吸液芯在垂直于热流路径的方向上需要较大的孔径,从而使液体的流动阻力最小。另外,为了产生高的毛细压力和高传导性的热流通途,需要较小的孔径,以使径向表面至液-气表面的温降最小。为了满足这些要求,已经开发了两种类型的吸液芯结构(见本书的第6章)。

从热工水力的角度来看,我们可以很容易得出毛细力驱动的两相系统比传统的单相系统具有明显优势的结论。在给定温度范围内,由于工作流体的相变通常会增加热容,因此输送等量热功率所需的质量流量要比单相液体或气体系统小得多。此外,两相系统的传热系数比单相流大得多,从而增强了传热。

更小的质量流量和更强的换热性能使得系统的尺寸(和质量)更小,性能更佳。单相系统的热容量取决于工作流体的温度变化,因此需要较大的温度梯度或较高的质量流量来传递大量热量。然而,无论热负荷如何变化,两相系统基本上都可以实现等温运行。另外,单相系统需要使用机械泵或风扇来驱动工作流体循环,而毛细作用驱动的两相系统则没有外部电源需求,这使得此类系统更可靠且振动更小[3]。

最著名的毛细作用驱动的两相系统是热管,常规热管的示意图如图8.3所示。热管的概念最初是由Gaugler[4]和Trefethen[5]提出的,但直到Grover等人[6]在洛斯阿拉莫斯科学实验室独立开发后才被广泛应用。热管是一种非能动装置,通过工作流体的汽化潜热在相对长的距离上将热量从热源(蒸发段)传输到散热器(冷凝段)。如图8.3所示,热管通常具有三个部分:蒸发段、绝热(或输运)段和冷凝段。热管的主要组件是密闭容器、吸液芯结构和工作流体。吸液芯结构布置在热管壁的内表面,并被液相工作流体浸透,从而提供了一种可

发挥毛细管作用的结构,使液体从冷凝段流回蒸发段。

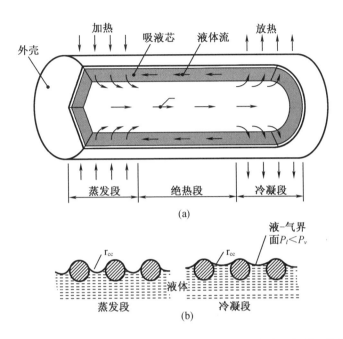

图 8.3　(a) 典型热管的结构和运行;(b) 蒸发段和冷凝段中液 – 气界面的曲率半径

通过在蒸发段加热,工作流体在吸收了相当于汽化潜热的热量后蒸发为气体,并在冷凝段凝结。蒸发段中心区的质量增加以及冷凝段的质量减少形成沿着蒸汽通道的压力梯度,从而驱动相应的蒸汽流动。吸液芯结构为液体从冷凝段返回蒸发段提供了通道。

如图 8.3 所示,当蒸发段中发生汽化时,液体弯月面会相应地退回到吸液芯结构内部。类似地,当蒸汽在冷凝段中冷凝时,质量增加导致弯月面突出。吸液芯结构在蒸发段和冷凝段的毛细管半径之间的差异导致液体在饱和吸液芯中存在净压差。该压差驱动液体从冷凝段通过吸液芯结构到达蒸发段,从而使整个过程连续[3]。

作为热管设计和管内传热介质选择的考虑因素的一部分,在热管设计中应针对每个具体的应用领域(例如乏燃料(SMF))适当选择工作流体和吸液芯结构的几何形状[7]。

对于乏燃料冷却,建议使用混合型热管。混合热管是韩国蔚山国家科学技术研究所(UNIST)热工水力和反应堆安全实验室提出的一种包含中子吸收材料的热管,用于核设备中的非能动冷却[8]。混合热管具有热管的传热特性,既能去除衰变热,又能利用中子吸收材料控制反应性。

混合热管可用于核设备中,例如在先进核电厂中用非能动堆芯冷却系统代替控制棒,用于乏燃料湿式存储池和干式存储桶。图 8.4 给出了配备有混合热管的用于乏燃料干式存储的双重用途金属桶。

对于干式存储桶,混合热管可垂直安装在导向管或中心仪表管上,只需简单改变上部结构即可确保金属罐密封。

热管蒸发段和冷凝段的长度分别为 3.8 m 和 2.0 m,分别与乏燃料组件的有效加热长度以及暴露于外部以进行充分冷却的区域相对应。

为了评估用于干式存储桶的热管式冷却装置的热性能和散热能力,需要进行两类计算流体动力学分析,包括燃料组件模型和全范围干式存储桶模型。这两个模型都应该从稳态开始计算。在单燃料组件模拟中,研究了混合热管的传热能力,并获得了单燃料组件中详细的温度场和速度场。

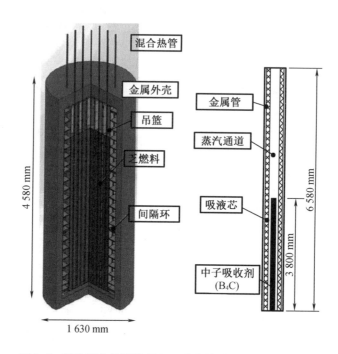

图8.4 装有混合热管的用于干式存储的金属桶和混合热管

基于单燃料组件分析的结果,可以进行全范围的干式储罐模拟,以研究混合热管的整体冷却性能对干式存储罐的影响。韩国开发的双重用途金属罐有 21 个压水堆乏燃料组件[7],其中 16×16 的 CE 型组件已经在乏燃料水池中冷却了 10 年。混合热管可以安装在乏燃料组件的导向管和仪表管处。在本章末尾提供的"参考文献"[7]中,分析了两种混合热管应用情况:一种是在每个乏燃料组件的中央仪表导管上安装单个混合热管;另一种是在每个乏燃料组件中安装五个混合热管,分别位于四个导向管和一个仪表管上。在这种情况下,从嵌入混合热管的干式储罐中传递出来的热量积聚在一个储罐中,并可以根据需要将热量应用于其他领域。图8.5 给出了热电模块、斯特林发动机和 PCM 储罐形式的混合热管冷却装置示意图。

总之,如第 6 章以及本章的开头所述,根据热管的功能和工作温度,可以选择各种各样的工作流体。

选择工作流体时,应确保其正常沸腾温度略低于工作温度。该温度可以从低温范围变化到保护壳可以承受的任何上限范围。

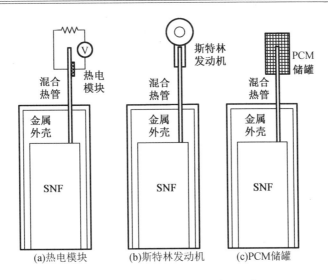

图 8.5 装有混合热管的冷却装置示意图

如图 8.2 所示,吸液芯结构在设计上也根据用途不同有很大差异。吸液芯可以由任何多孔材料制成,也可以由壁面上加工的沟槽制成。这些通道可以打开或被筛网覆盖。吸液芯结构也可以仅仅是一个带有细筛网的环形空间,细筛网将液体和气体分离,而液体沿着环形空间向下流动。

热管已用于需要高热量传递、恒定温度或热通量的许多应用中,包括诸如电子元件冷却装置、热交换器和温度控制装置。虽然在放射性同位素[9]电源中有了一定程度的应用,但用于冷却反应堆的方案还处于初步设计阶段[10-12]。

8.2 热管的运行极限

与任何其他系统一样,热管的性能和运行受到各种参数的限制。限制热管内热传输的物理量包括毛细作用力、阻塞流、界面剪切和初始沸腾。传热极限取决于管道的尺寸和形状、工作流体、吸液芯参数和工作温度。这些约束中的最低极限给出了在给定温度下热管的最大传热极限[1]。

如图 8.6 所示,按照功率和温度的增加顺序,热管的工作极限依次为黏性极限、声速极限、毛细极限、携带极限、沸腾极限和冷凝极限。散热极限由用于空间核反应堆动力系统的散热器的冷凝段长度、表面发射率以及可用散热面积决定。

在热管的设计中,不仅需要考虑热管的内部结构和流体动力学特性,还必须考虑热管所受的外部条件。为了充分发挥热管的稳定运行特性,我们可以假定一个以恒定速率

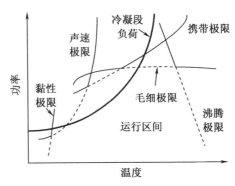

图 8.6 热管的运行极限

向热管添加或排出热量的稳态热管。也就是说,在这种情况下的热管是相对等温的,并且热量在冷凝段的整个长度上向外释放。如果热管的热量输入和输出速率相等,热管将在稳态条件下工作。如果热量的输入和输出速率间存在不平衡,热管的温度将随时间变化而持续变化,直到恢复热量输入和输出速率之间的平衡状态[1]。

在接近工质熔点的低温下,黏性极限起主导地位。由于存在高粘度和低渗透性,吸液芯中较高的液体压力损失限制了从冷凝段到蒸发段的液体流动。为避免这种限制,热管需要在相对较低的输入功率下启动,直到热管温度升高到足以降低液体粘度的程度,从而降低吸液芯中的压力损失。

声速极限同样在低温下占主导地位,热管运行时应该避免发生声速极限。工作流体的蒸汽压是判断是否达到声速极限的良好指标[1]。热管液体在环境温度下的蒸汽压和物理状态,以及冷凝段和相邻散热器之间的热阻,对热管的启动特性有重要影响。

在启动之前,热管的温度等于环境温度,其内部压力等于环境温度下热管液体的蒸汽压。另外,根据其凝固点,热管内工作流体可能呈液态或固态。Cotter[13]和Deverall[14]等人研究了热管启动的瞬态行为和相关问题。后者报告的测试结果表明,热管的瞬态行为受上述情况显著影响。

当液体和蒸汽沿相反方向移动时,蒸汽在液-气界面处对液体施加剪切力。如图8.7所示,如果该剪切力超过液体的表面张力,则液滴会夹带进入蒸汽流中,并被带向冷凝段。该剪切力的大小取决于蒸汽的热物理性质及其速度,如果剪切力变得足够大,则会导致蒸发段蒸干[1]。在高蒸汽速度下发生的携带极限,使吸液芯中的液滴从吸液芯中扯出并进入蒸汽中,导致吸液芯蒸干。携带开始时,吸液芯会突然变干,流体循环量会突然大幅度增加,以至于液体回流系统无法适应这种流量的增加[14]。Kemme[14]通过热管内介质液体的液滴撞击热管冷凝段产生的声音,以及蒸发段的突然过热,确定了这一极限[1]。携带极限也可以用轴向热通量来解释,即每单位蒸汽空间横截面积的传热速率。在这种条件下,随着通过热管的传热速率的增大,流体速度增加,阻力增大。热管内液体所受的阻力与吸液芯孔隙中的液体表面积成正比,而抗表面张力与垂直于阻力的孔径成正比。因此,阻力与表面张力之比与孔径成正比,并随着孔径的减小而减小[1]。

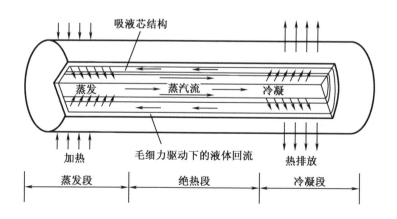

图8.7　热管示意图

在热管启动过程中,当蒸发段出口的蒸汽流发生堵塞时(速度接近音速),通常会出现携带极限。逆流蒸汽在饱和吸液芯表面引起的界面剪切应力不仅会减慢液体流向蒸发段的速度,而且还会使液流破碎成蒸汽并携带细小液滴回到冷凝段,蒸发段吸液芯补充的液体减少可能会导致局部蒸干。可以通过使用小孔径的吸液芯,或增大热管中蒸汽的流通面积以降低在蒸发段出口处的速度来提高携带极限。

最好理解的是毛细极限。当施加的热通量导致吸液芯结构中的液体蒸发的比吸液芯的毛细泵送作用所能提供的更快时,就会发生这种极限。一旦发生这种情况,液-气界面处的弯液面将继续下降并移回吸液芯中,直到耗尽所有液体,该现象将导致吸液芯变干,并且在达到"烧干"状态之前,热管蒸发段的管壁温度可能会持续升高[15]。液-气界面的毛细压力差决定了热管的运行,这是影响热管性能和运行的最重要参数之一。毛细极限通常是低温或超低温热管工作的主要限制因素[1]。

当毛细压力不足以将液体泵送回蒸发段,导致蒸发段末端的吸液芯干涸时,就会发生毛细极限。吸液芯的物理结构是造成此限制的最重要原因之一,工作流体的类型也会影响毛细极限。一旦达到毛细极限,无论以何种幅度提高加热功率都可能会严重损坏热管[11]。

给定热管、热虹吸管的性能和运行特性与平均绝热(或运行温度)以及各项运行极限的关系,已在本书的各个章节中进行了讨论。

任何在其传热极限范围(图 8.6 虚线)内的热管设计,基本上都被认为是一种可行的设计,并且可以在设计所定义的特定工作温度范围内运行[1]。

因此,当净毛细压头小于吸液芯内液体流量和热管内逆流蒸汽流动的压力损失之和时,就会遇到毛细(芯吸)极限。如图 8.8 中的 R_C 所示,用于使热管工作流体循环的毛细压头随着液体表面张力的增加和吸液芯表面孔中液体蒸汽弯月面的曲率半径的减小而增大。

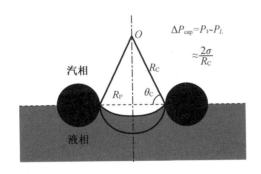

图 8.8　热管中工作流体的毛细管泵送

当局部液体过热越过初始泡核沸腾状态时,可能会在蒸发段的热管壁内表面沸腾。随后的气泡成核和增长阻碍了液体返回蒸发段的流动。在碱金属热管中,通常在壁温很高,超过了额定运行温度时,发生沸腾极限。

通常会忽略的另一个运行极限是冷凝段的冷凝极限。在空间反应堆动力系统中,热管散热器的冷凝段通过空间辐射冷却。因此,散热率与冷凝段的有效表面发射率和面积以及平均表面温度的四次方成正比。金属表面通常具有低发射率,可用黑色涂层或油漆处理以改善散热。由于冷凝段末端中子活化产生的不凝性气体的积累,在寿期末可能会遇到该传热极限。

8.3　热管作为核反应堆控制冷却装置

本节将探讨一种将热管用作核反应堆控制冷却装置的新概念。这一概念的特点是,热管将使用一种易裂变材料作为工作流体。热管的主要作用是改变反应堆内的燃料装量,而不是通常的传热目的。

这种燃料装量的变化是由热管内传递的热量与蒸发段的液体量之间的关系造成的。第8.3.1 节给出了本研究的系统描述,该系统基于 Nerva 火箭中使用的核火箭发动机的模型。确定这种关系的方程式已被推导出来,更多细节可以参考 Zohuri[1] 的书以及 Monte Bryce Parker[16] 的博士学位论文。

如在本书前面的各个章节中所述,从历史上看,将热管用作非能动传热技术和机理的历史可追溯到 1964 年,洛斯阿拉莫斯国家实验室的 Grove 等人[6] 发表了他们使用热管作为非能动传热装置的实验工作的第一批结果。从那时起,人们对热管作为非能动传热设备的兴趣大大提高,相继开展了越来越多的实验和理论工作,其中大部分是由美国桑迪亚国家实验室和洛斯阿拉莫斯国家实验室的科学家对热管的性能及其相关技术进行的研究[17-19]。

在这些科学家的努力下,1965 年,Cotter 发表了关于热管的稳态传热运行综合理论综述,并在 1967 年发表了热管动态启动的理论综述[13, 20]。

Kemme[21-23] 和他在洛斯阿拉莫斯的同事已经使用高性能热管完成了许多实验工作。其研究结果对高温和液态金属热管的设计及制造有重要参考价值。

Hampel 和 Koopman[16] 对一些液态金属系统的工作热管中发生的质量变化进行了理论研究。尽管其结果未考虑某些重要参数,但对于研究使用液态金属流体热管冷却的固体燃料的反应性变化很有价值。

Cheung[24] 发表了 1968 年中期之前关于热管理论和应用的全面综述,而 Peldman 和 Whiting[25-26] 也对许多新颖的应用进行了综述。

Smith[27],Smith 和 Stenning[28],Jansen 和 Buckner[29] 以及 Mohler 和 Perry[30] 开展了火箭反应堆控制的理论研究。

8.3.1　核反应堆热管研究

使用包含液态可裂变材料热管的天基核火箭反应堆[如火箭飞行器用核引擎(NER-VA)]的示意图如图 8.9 和 8.10 所示。该项目是美国原子能委员会(AEC)和 NASA 共同开展的,由航天核推进局(SNPO)领导,整个项目于 1972 年终止,SNPO 也于同年解散。

NERVA 论证了核热力火箭发动机是进行太空探索的可行且可靠的工具,并且在 1968 年底,SNPO 在测试了最新的 NERVA 引擎 NRX/XE 后,认为 NERVA 可以满足人类执行火星任务的要求。尽管 NERVA 引擎是尽可能多地使用经过飞行认证的组件进行制造和测试的,并且该发动机被认为已准备好整合到航天器中,但是美国大部分航天计划在载人任务之前就被国会取消了。

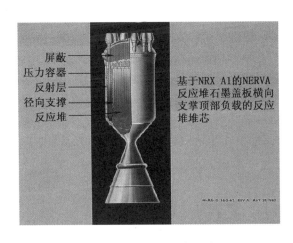

图 8.9　NERVA 核引擎示意图

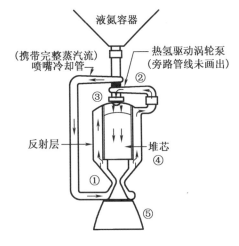

图 8.10　NERVA 引擎流程图

NERVA 被 AEC、SNPO 和 NASA 视为一项非常成功的项目,该项目达到甚至超过了预期目标。其主要目标是"建立核引擎系统的技术基础,以用来设计和开发用于太空任务的推进系统"[31]。实际上,几乎所有使用核热力火箭的太空任务计划都使用了 NERVA NRX 或 Pewee 的衍生设计。

洛斯阿拉莫斯实验室于 1952 年开始研发核动力火箭。1955 年,劳伦斯–利弗莫国家实验室的副主任赫伯特·约克(Herbert York)找到了一种可以大幅度减轻反应堆质量的方法,使得项目提速。1961 年,由于"漫游者计划"的飞速进度,NASA 的马歇尔太空飞行中心开始考虑在他们的太空任务中使用核动力火箭。马歇尔太空飞行中心计划最早在 1964 年使用来自洛斯阿拉莫斯实验室研发的核动力火箭,将核动力空间试验机(RIFT)发射升空。基于此类太空任务的计划与需求,成立了 SNPO。SNPO 的建立使得 AEC 和 NASA 可以协同工作。由 H. B. Harry Finger 担任 SNPO 的第一届主任。Finger 上任后做出了推迟发射 RIFT 的决定,并给核动力火箭引擎制定了十分严格精确的目标,完成目标后 RIFT 才会被允许发射。

NERVA 的研发、设计和建造几乎全部是在洛斯阿拉莫斯实验室完成的。测试则是在位于内华达测试基地里一座由 SNPO 特别建造的大型设施内进行的。尽管洛斯阿拉莫斯在 20 世纪 60 年代测试了一系列的 KIWI 和 Phoebus 引擎,但直到 1966 年 2 月才开始对 NASA 的 NERVA NPX/EST(Engine System Test:引擎系统测试)进行测试。

整个测试的目标是:

(1)论证在没有外部能源的情况下启动和重启引擎的可行性;

(2)在各种初始条件下,评估启动、关机、冷却以及重启情况下控制系统的特性(稳定和控制模式);

(3)研究系统在过载运行下的稳定性;

(4)研究引擎部件,尤其是反应堆在多次稳定和瞬间重启下的耐用性。

所有的测试都成功完成了,而且第一台 NERVA NRX 连续运行了将近 2 个小时,包括 28 分钟的全推力运行。这几乎是之前的 KIWI 反应堆运行时间的两倍。

尽管恶劣的太空环境给太空先驱者带来了许多严峻的挑战,但太空探索是人类长期生存的现实且有利可图的目标。克服恶劣的太空环境的可行且有前途的选择之一是核推进。尤其是由于其相对较高的推力和效率,核热力火箭是人类近期在火星及其他地区执行任务的主要选择。传统的核热力火箭设计通常使用快中子或超热中子能谱的大功率反应堆来简化堆芯设计并最大限度地提高推力。同时,还有一系列具有低推力高效率的新核热力火箭设计,旨在通过使用冗余发动机(在集群发动机装置中使用时)来增强任务多功能性和安全性,以实现未来的商业化。本节提出了第二种设计理念的新核热力火箭设计,用于未来的空间应用,如图8.11所示。

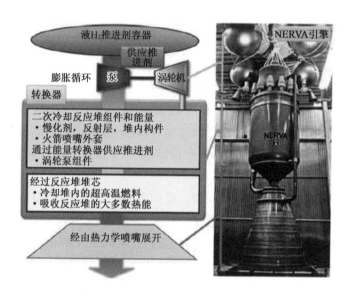

图8.11 核热力火箭的典型工作原理

核热力火箭反应堆可以被称为超高温气冷堆,反应堆被加热到燃料不会因裂变能量而熔化的最高温度,并使用 H_2 推进剂进行冷却。推进剂在超高温气冷堆中吸收熔,并在非常高的温度和排气速度 V_e 的作用下通过收缩 – 发散喷嘴膨胀,如图8.11所示。核热力火箭发动机的主要组件是装有涡轮泵组件、超高温气冷堆和热力喷嘴的推进剂供给系统。

液体 H_2 储存在绝缘的推进剂罐中,并通过涡轮泵组件的泵抽出。然后,泵将加压的 H_2 流输送到次级反应堆组件(喷嘴、减速器、反射器等)中的冷却剂通道,吸收热量以用来推进剂输送功率。冷却次级部件后,辅助加热的 H_2 向上流到涡轮泵组件,驱动涡轮机。然后,H_2 流入反应堆堆芯的主燃料区,在 2 500 ~ 3 000 K 的温度下通过热力喷嘴排出,产生火箭推力。

如图8.12所示,参考 NERVA 系统,将热管插入反应堆中,热管的蒸发段伸入反应堆的末端,在此处 H_2 离开反应堆并进入火箭室。汞用于冷却反应堆并推进火箭。热管的冷凝段位于可被排出的 H_2 气体冷却的腔室中。

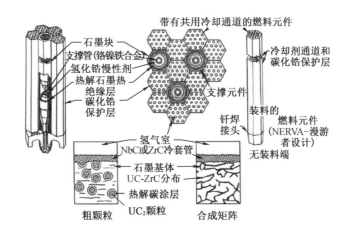

图 8.12　带热管的 NERVA 反应堆堆芯

热管的工作液体是 UF_4，该流体将在蒸发段裂变，从而使热管以通常的热管方式将 UF_4 蒸汽从蒸发段循环到冷凝段，并将液态 UF_4 从冷凝段循环到蒸发段。

热管会影响反应性，因为蒸发段中 UF_4 的量随热通量和运行温度而变化。液体流动使用的是图 8.13 所示的带细网筛两相分离的环形通道，而不是多孔材料吸液芯。这是基于该热管的功能而选择的液体回流通道。热量将在液体通道内产生，因此不需要在流体和容器壁之间具有良好的导热性。此外，还需要一个筛网，因为热管蒸发段流体流量的变化是由每个筛网开口内弯液面深度的变化造成的。

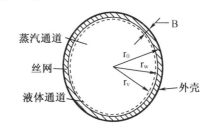

图 8.13　热管横截面

该弯液面如图 8.14 所示，其中 r_s 是近似为圆的筛孔半径。Kemme[21] 对这种类型的吸液芯进行了实验测试，结果表明其具有良好的性能。与使用多孔材料相比，该结构使液体更容易流动。

该反应堆的额定功率为 1 000 MW。堆芯的主要材料为石墨和 UC。通过改变燃料的浓度，可以在径向上获得恒定的通量。堆芯的径向侧有一个铍反射层，密度大且温度很低的 H_2 也会在反应堆顶部起到一定反射作用。

由于气体的密度比较低，假设在存在气体的堆芯底部没有反射，轴向通量无法展平，可将从中心到出口端的轴向通量假定为余切的一半，如 Cooper[32] 所示。额定功率下的最大通量为 $2 \times 10^5 / n/(cm^2 \cdot s)$。

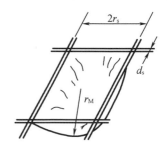

图 8.14　筛网上的弯液面

在这种情况下，由于圆柱形冷却剂通道反应堆尺寸约为 3.0 m^3，空隙率为 33%。反应堆中热管的布置如图 8.11 所示，而热管总数将作为一个变量。

使用这种类型的系统有很多原因。选择 UF_4 是因为它是铀的少数稳定的化合物之一，在足够低的温度下是液态的，并且有足够多的数据来了解它的性质。UF_4 在高温下稳定，并且与石墨的反应极小[33]。另一种可能会起作用的化合物是正常沸点为 792 ℃ 的 UCl₄。但是,关于该化合物性质的资料非常有限。

使用基于火箭反应堆的反应堆模型设计的原因是该热管必须处于非常高的温度下。UF₄ 的正常沸点为 1 723 K,并且热管的有效运行要求使用高温反应堆。H₂ 的标称出口温度选择为 2 200 K。

8.4　核能和核火箭推进在空间探索中的作用

在火箭推进中使用核能似乎对广阔的深空探索至关重要,固体堆芯反应堆经过数十年的发展已经可以作为火箭发动机的原型示范。本部分综述的目的是介绍固体堆芯核火箭发动机的主要特征,指出其发展现状和可能的应用形式,并讨论各种先进的大推力推进系统概念(图 8.15)。

在大多数化学系统中,推进能量来自反应热,产生的高温气体通过喷嘴膨胀和喷射,将热能转化为定向能。假设所有的热能都可以转化为动能,根据能量守恒可以推导出排气速度 V_s,这是衡量发动机性能的一个重要指标。

行星科学家的一个目标是通过结合飞越、轨道飞行和大气层进入探测任务对外行星进行系统地探测。为了实现这一宏伟的科学目标,探测器组件必须在长时间暴露在深空环境中时保持其功能。

核能可用于火箭推进系统。反应堆用于加热通过火箭喷嘴的推进剂,以提供相反方向的运动。图 8.16 给出了一个典型的核火箭推进模块。

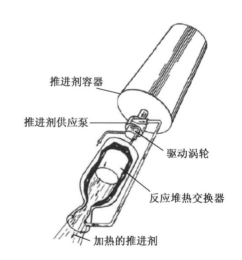

图 8.15　深空探索艺术图像示意图　　**图 8.16　典型的核火箭推进模块(来源:NASA/美国能源部)**

衡量火箭推进效率的两个参数是理论比冲、起飞质量与最终轨道质量之比。如图 8.17 所示,使用氢、氧或氟进行的化学反应可实现 4 300 s 的比冲和 15 的地球逃逸质量比。但是,使用固体堆芯通过裂变反应而不是通过化学反应加热的氢,可以得到比化学反应大两倍的比冲,其质量比为 3∶2。使用不同的堆芯,比冲可以增加多达 7 倍,而质量比仅为 1∶2。

与液体火箭发动机相比,核热推进(NTP)装置的根本优点在于能够使用分子量最小的单组分工作流体,在其他条件相同的情况下提供最大的比冲。因此,当使用氢气时,核热推进产生的比冲可能是化学发动机的两倍以上。

由于具有更高的比冲,核热推进可以用比化学发动机质量更小的推进剂执行同样的太空任务。从理论上讲,通过直接裂变或热核聚变,甚至可以做得更好,理论上的比冲上升到 3.6×10^7 s,质量比几乎不大于 1。

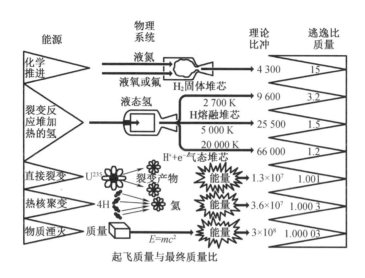

图 8.17　推进性能

8.4.1　由核计划推动的美国深空探索方向

在美国,科学家很早就认识到核裂变推进系统在质量比方面的优势。从 1955 年到 1973 年期间使用多种设计进行了名为"漫游者"的测试计划。图 8.18 是安装在内华达州核火箭研发基地 1 号工程测试台上的地面试验引擎(XE – Prime)。表 8.1 中列出了 XE – Prime 引擎(见图 8.18)取得的一系列成果,XE – Prime 引擎是第一个运行功率为 1 100 MW 的向下点火的原型系统。1972 年,一台 44 MW 的核反应堆在最高燃料功率密度 4 500 MW/m³、最高温度达到 2 500 K 的情况下工作

图 8.18　地面实验引擎(XE – Prime)

(来源:**NASA**)

了 109 min。

耗资 17 亿美元(相当于现在的 70 亿美元)的核火箭计划在技术上是成功的,但是被终止了。自此,美国的航天项目开始使用化学推进剂。

然而,根据最近的会议公告,载人火星任务可能会选择核动力推进。事实上,1990 年已对该计划的评估得出结论,可以用核动力火箭引擎(NERVA)技术执行火星任务[34]。

表 8.1 "漫游者"测试计划

1955 年	经过数年的核动力火箭研究,"漫游者"核动力火箭计划在洛斯阿拉莫斯国家实验室启动。所推行的概念是固体堆芯,氢气冷却,反应堆膨胀气体通过火箭喷嘴喷出
1959 年 7 月	第一台反应堆试验系统 Kiwi – A 在 70 MW 功率下运行了 5 min
1960 年 10 月	原理验证测试(三个反应堆的 Kiwi – A 系列完成)
1961 年 7 月	供应商(火箭发动机的供应商是 Aerojet General,反应堆的供应商是 Westinghouse Electric Corporation)进行火箭开发反应堆飞行测试计划启动
1963 年	反应堆飞行测试计划取消
1961—1964 年	Kiwi – B 系列 1 000 MW 反应堆测试,包括 5 个反应堆和几个冷流无燃料反应堆,用以解决振动问题并演示设计功率
1964 年 5—9 月	第一次全功率测试,Kiwi – B4D,在设计功率下堆芯没有振动现象。还示范了重启功能
1964 年 9 月	NRX – A2 是对 NERVA(火箭运载工具的核引擎)反应堆的首次测试,在 1 100 MW 的满功率下运行了 5 min
1965 年 1 月	Kiwi – B 型反应堆被故意设置为快速瞬变状态进行自我消毁,这是安全计划的一部分
1965 年 6 月	一种新型反应堆的原型,Phoebus – 1A,在满功率下运行了 10.5 min
1966 年 3 月	NRX/EST 是第一个火箭发动机"面包板"电力装置,在满功率(1 100 MW)下运行了 13.5 min
1967 年 12 月	制定 NERVA 系列中的第五个装料的 NRX 反应堆在超过 1 100 MW 的功率下持续运行 60 min 的设计目标
1968 年 1 月	史上最强大的核火箭反应堆 Phoebus – 2A 在超过 4 000 MW 的功率下运行了 12 min
1968 年 12 月	在功率密度和温度方面均创下新记录,在温度达到 2 550 K 的条件下,以 503 MW 的功率以及 2 340 MW/m^3 的堆芯功率密度运行了 40 min
1969 年 3 月	第一个向下发射的原型核火箭发动机——XE – Prime,在 1 100 MW 功率下成功运行
1969 年	土星 5 号的生产暂停(NERVA 的主要运载火箭)
1972 年 6 月	在功率为 44 MW 的核熔炉(NF – 1)中,燃料的峰值功率密度约为 4 500 MW/m^3,温度最高可达 2 500 K,运行时间为 109 min
1973 年 1 月	核火箭计划终止。普遍认为在技术上是成功的,但国家优先事项的变化导致计划取消

图 8.19 给出了在漫游者计划中测试的反应堆的比较。

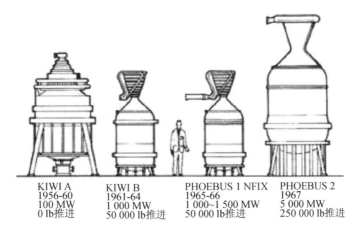

KIWI A
1956-60
100 MW
0 lb推进

KIWI B
1961-64
1 000 MW
50 000 lb推进

PHOEBUS 1 NFIX
1965-66
1 000~1 500 MW
50 000 lb推进

PHOEBUS 2
1967
5 000 MW
250 000 lb推进

图 8.19　反应堆尺寸比较(来源:NASA)

8.4.2　安全经济裂变发动机

另一个安全而经济的裂变发动机(SAFE)的概念是推进热管动力系统,洛斯阿拉莫斯国家实验室和马歇尔太空飞行中心正在进行相关研究工作。SAFE – 400(图 8.20)旨在为两个独立的布雷顿电力系统提供 10 年以上的 400 kW 热能,反应堆的热量通过两个独立的热管流向气体热交换器,并加热由 72% 的 He和 28% 的 Xe 组成的气体混合物。该系统可提供 100 kW 的电力,效率可达 25%。

SAFE – 400 反应堆包含 127 个

SAFE-100轴向

燃料长度=56 cm
BeO轴向反射层长度=4 cm
裂变气体腔长度=5 cm
总燃料棒长度=70 cm
径向反射层长度=62 cm
控制鼓长度=56 cm

换热器

腔室长度=5 cm(4x)
换热器加热段长度=25 cm(2x)
换热器间距=2.5 cm(3x)
热管长度=145 cm

图 8.20　SAFE – 400 反应堆(来源:核新闻)

由铌锆(1 wt%)合金制成的相同模块。每个模块中心有一根 Nb1Zr – Na 热管,热管周围环绕着三根用铼做包壳的氮化铀燃料套管。热管吸液芯由 Nb1Zr 丝网制作,在运行过程中,60% 的空隙被液态钠充满。热管伸出堆芯外部 75 cm。反应堆的裂变功率传递到蒸汽温度为 1 200 K 的热管中,然后再传递到布雷顿循环热交换器[35 – 36]。

该系统基于现有技术设计,并且可以在现有设施中进行电加热测试,因此开发时间很短。该系统也很灵活,可以与斯特林或布雷顿循环系统联合使用。同时,在所有的发射或掉落事故场景中,该系统都被设计成非能动安全的。例如,即使完全浸没在水中并被湿沙子包围,反应堆也始终处于次临界状态。此外,该系统在发射后不需要为反应堆的启动做任何准备操作。在运行中,反应堆由 Nb1Zr 包覆的铍控制鼓控制,该控制鼓上有一层碳化硼吸收层。

反应堆的质量为 512 kg。如果改变设计参数和运行方式,可以将质量减少到 80 kg。但是,在使用所有可以减小尺寸的措施以及其他不同的控制方式时,其可靠性、安全裕度、制造和集成的便利性都会降低。因此,质量是保证更高安全性和可靠性的手段。

该技术已在带有 12 个模块的 SAFE – 30 热管堆示范装置中进行了测试。SAFE – 400 也已经通过带有 19 个模块的 SAFE – 100 项目进行了测试。SAFE – 100 采用相同的设计,但为经济起见,Nb1Zr 被不锈钢所替代,该项目还测试了制造技术。一体化堆芯和热交换器于 2003 年在马歇尔太空飞行中心的新设施中进行了测试。

8.4.3　热管式火星探测反应堆

热管驱动是火星探测反应堆(HOMER)要实现的一个主要目标,它推动着火星登陆任务,因为如果人类要在火星地表生存就需要电能。火星登陆任务需要 3 ~ 20 kW 的电功率,因此需要大量的钚,这超出了放射性同位素驱动 TEG(或 RTG)的能力。由于火星与太阳的距离太远以及季节性和地理上的阳光问题,使用太阳能是不切实际的。因此,核裂变能是唯一选择。HOMER 电源如图 8.21 所示。

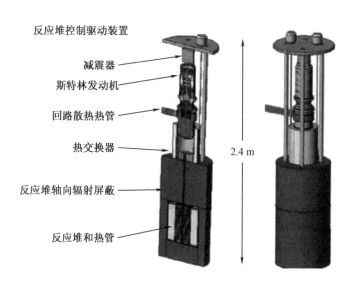

图 8.21　HOMER 电源(来源:核新闻)

值得注意的是,空间应用的毫瓦功率的放射性同位素驱动 TEG(或 RTG),如 Angel RTG 及其改进型,结构紧凑、运行可靠、质量和体积小,非常适用于探测应用。RTG 的余热足以维持在深空环境中工作设备的设计温度。

HOMER 满足了对小型电源的需求,是专门为在行星表面上发电而设计的。其功率要求很低,意味着反应堆在常见的功率密度、燃耗和裂变气体释放等条件下运行。辐射通量很低,对堆芯材料没有明显的辐射损伤。

HOMER – 15 是一款热功率为 15 kW 的反应堆,通过热管与 3 kW 斯特林发动机耦合。系统的功率很低,如果需要更多功率,可以组合成一个更大的阵列模块。

该反应堆使用 102 根氮化铀燃料棒,每根燃料棒长 44 cm,包壳使用 316 不锈钢,由 19 根不锈钢 – 钠热管冷却,钠热管借助 0.38g 的火星重力运行。热管超出堆芯轴向屏蔽层

40 cm延伸至热交换器,通过热交换器将热量传递给斯特林发动机[37]。

尽管确实存在水银腐蚀和杂质等未解决的问题,并且定子绕组、轴承和泵的保护使SNAP－2 及 SNAP－8 的可靠性存在潜在不足,但正是由于这个原因,SNAP－10A 在飞行中使用了热电能量转换系统。SNAP－10A 能量转换系统如图 8.22 所示。

对于用于太空探索的 SNAP－10A 反应堆,要求其必须小巧、固定,并且不依赖于在地球上普遍使用的重力进行控制。因此,该设计使用具有碳化硼吸收段的旋转铍控制鼓。

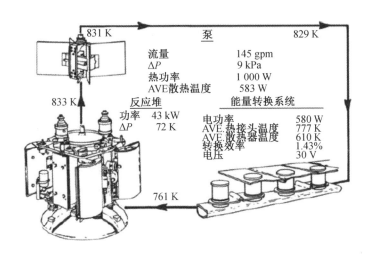

图 8.22　SNAP－10A 电源转换系统(来源:国际原子能机构)

8.4.4　用于太空探索的核反应堆研究

太空中使用的核反应堆有许多可能的设计。高功率(25 500 kWe)、小体积、长寿命等先进航天任务要求,倾向于使用高浓缩燃料的快堆。图 8.23 给出了一种液态金属冷却空间反应堆设计,它仍然是未来的主要竞争者。

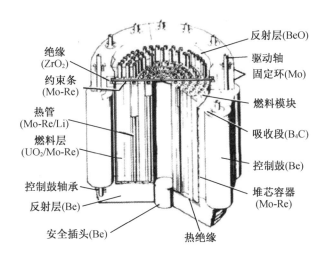

图 8.23　分布式冷却的液态金属空间反应堆(来源:洛斯阿拉莫斯国家实验室)

图 8.23 所示的设计在很大程度上取决于地面液态金属冷却快堆的设计,且适用的任务是航天器的发电而不是增殖或减少废物。

非空间液态金属快中子增殖反应堆的材料技术和验证工作已经完成。该分布式液态金属冷却反应堆的示例只是众多候选系统之一,还包括几种不同的固体反应堆(表 8.2)。

表 8.2　固体核反应堆系统示例

固体堆芯	形式 1	形式 2	形式 3
整体式传热反应堆	基体燃料,气体(He)冷却剂	燃料组件,Na – Li 冷却剂	堆芯内的圆柱热离子,Na – K 冷却
分布式传热反应堆	热管薄层或热管冷却的涂覆颗粒燃料	带电磁泵的液态金属薄层燃料	使用电磁泵或热管的堆芯内热离子薄层或涂覆颗粒燃料

对于质量密度为 30 kg/kWe 的小型反应堆,堆芯出口温度必须在 1 200 ~ 1 500 K 的范围内。这个温度目标同时限定了燃料和冷却剂的形式。对于电功率范围在 0.5 ~ 5.0 MWe 的更高的功率要求,也已经开展了气体冷却的流化床和球床反应堆的研究。

除核反应堆外,核动力装置还包括屏蔽层和能量转换系统,能量转换系统主要涉及转换器和废热排放系统。

1983 年,NASA、美国能源部和其他几个机构联合资助了一项名为 SP – 100 的反应堆系统技术开发项目(图 8.24)。

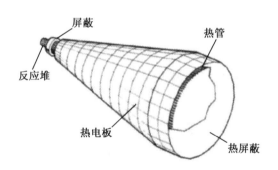

图 8.24　SP – 100 核动力系统(放射性耦合系统设计)(来源:洛斯阿拉莫斯国家实验室)

该项目开发了一个锂冷反应堆动力系统,反应堆通过热管与热电转换器相耦合。通过这种方式,反应堆可以在载人飞船上远程使用。

从 20 世纪 50 年代初期到中期,美国开始发展直接将核裂变能转化为电能的空间核电源系统。苏联的第一个将核裂变热直接(热电)转化为电能的核电源系统是地面 Romashka 空间核电源系统。该系统于 1964 年 8 月首次启动,运行了 15 000 h,产生了大约 6 100 kW · h 的电能。

BUK 空间热电核电源系统研制于 20 世纪 60 年代,输出功率约为 3 kW。在 20 世纪 70 年代初期试验结束后,该核电源系统在近地轨道投入运行。从 1970 年到 1988 年,作为 Cosmos 系列航天器的组成部分,这些动力系统(反应堆)总共发射了 32 次。参见表 8.3。

表 8.3　Cosmos 苏联核动力系统

序号	空间飞船（NPS）	发射日期	运行时间（天）
1	Cosmos – 367（BUK）	1970.10.3	一个轨道的时间
2	Cosmos – 402（BUK）	1971.4.1	两个轨道的时间
3	Cosmos – 469（BUK）	1971.12.25	9
4	Cosmos – 516（BUK）	1972.8.21	32
5	Cosmos – 626（BUK）	1973.12.27	45
6	Cosmos – 651（BUK）	1974.5.15	71
7	Cosmos – 654（BUK）	1974.5.17	74
8	Cosmos – 723（BUK）	1975.4.2	43
9	Cosmos – 724（BUK）	1975.4.7	65
10	Cosmos – 785（BUK）	1975.12.12	三个轨道的时间
11	Cosmos – 860（BUK）	1976.10.17	24
12	Cosmos – 861（BUK）	1976.10.21	60
13	Cosmos – 952（BUK）	1977.9.16	21
14	Cosmos – 954（BUK）	1977.9.18	43
15	Cosmos – 1176（BUK）	1980.4.29	134
16	Cosmos – 1249（BUK）	1981.5.5	105
17	Cosmos – 1266（BUK）	1981.4.21	8
18	Cosmos – 1299（BUK）	1981.8.24	12
19	Cosmos – 1365（BUK）	1982.5.14	135
20	Cosmos – 1372（BUK）	1982.6.1	70
21	Cosmos – 1402（BUK）	1982.8.30	120
22	Cosmos – 1412（BUK）	1982.10.2	39
23	Cosmos – 1579（BUK）	1984.6.29	90
24	Cosmos – 1607（BUK）	1984.10.31	93
25	Cosmos – 1670（BUK）	1985.8.1	83
26	Cosmos – 1677（BUK）	1985.8.23	60
27	Cosmos – 1736（BUK）	1986.5.21	92
28	Cosmos – 1771（BUK）	1986.8.20	56
29	Cosmos – 1818（BUK）	1987.2.2	142
30	Cosmos – 1860（BUK）	1987.6.18	40

图 8.25 所示为 Romashka 核电源系统。Romashka 核电源系统是一种基于快中子反应堆的转换器，其中反应堆堆芯产生的热量被传导到沿轴向分布的放射性同位素电源系统，称为热电转换器（TEG）或放射性同位素热电转换器（RTG），布置在径向反射层的外表面。反应堆堆芯由 11 个燃料元件组成；分段燃料元件由富集度 90% ^{235}U 的碳化铀圆盘组成。燃料元

件封装在石墨层内,因此堆芯的大部分热量都通过封装体,从而减小了氮化铀的热损耗。

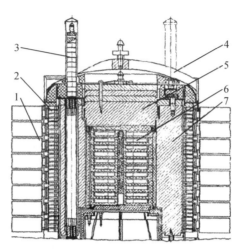

1—散热片;2—热电转换元件;3—控制棒;4—反应堆容器;5—上部反射层;6—反应堆堆芯;7—径向反射层。

图 8.25   Romashka 核电源系统反应堆转换器布置图(来源:库尔恰托夫研究所)

径向铍反射层包围着反应堆。石墨层位于堆芯和反射层之间,以防止反射层在高温下变形。石墨套管涂有碳化硅和氧化铍,以防止与铍发生化学反应。

反应堆的端部反射层也是由铍制成的。安装在反应堆端壁上的高温隔热材料由石墨泡沫和多层石墨化织物制成。隔热材料主要用来减少反应堆向外界的热损耗,使反应堆的运行温度高达 2 173 K,反射层外表面的温度达到 1 273 ~ 1 373 K。

反应堆控制系统由位于径向反射层和底部反射层中的四根控制棒组成。其中的两根棒用于自动和手动控制,而另外两根控制棒与可移动底部反射层一起用于紧急情况下的反应堆停堆操作。

图 8.26 是 NASA 火星科学实验室的漫游者号。通过 RTG 系统,利用热电偶热电转换将^{238}Pu 燃料衰变产生的热量转化为电力,为航天器提供电能。由于没有可能会导致故障或磨损的活动部件,RTG 一直以来被视为一种高度可靠的电源选择。热电偶热电转换器已经在 RTG 中使用了超过 300 年的时间,从未有任何一个热电偶停止发电。

图 8.26   火星科学实验室漫游者号(来源:NASA)

TEG 中使用了现有最高温度的半导体合金,硅锗合金(Si 的质量占比为 85%;Ge 的质量占比为 15%)。将它们分成四组安装在气密的钢制反应堆压力容器内侧,每组有一个独立的电源插座。电池包括两个热电堆,n - 和 p - 电导率在热侧通过钼键连接在一起。在冷侧,单独的对通过铜桥串联在发电机的共同电偶臂上。

为防止热电转换器短路,在热侧和冷侧均使用氧化铍绝缘板。为减少热量损失,在热电电池和 TEG 结构空穴之间的所有间隙都充满了棉状石英和氦气。辐射系数至少为 0.9 的总共 192 个辐射式散热片可排出多余的热量。表 8.4 中列出了 Romashka NPS 反应堆转换器的特性。

表 8.4 Romashka NPS 反应堆转换器的特性

特性	值
反应堆堆芯直径/高度/mm	241/351
径向反射层外径/高度/mm	483/553
反应堆装载^{235}U 的质量/kg	49
TEG(带外壳和散热器)和反应堆(不包括驱动机构和控制棒)的总质量/kg	635
反应堆转换器的有效热功率(不考虑端部传热)/kW	28.2
反应堆转换器的输出电功率(寿期初)/W	460~475
15 000 h 后电功率减少到	80%
反应堆转换器终端工作电压(四组串联的热电转换器)/V	21
在 TEG 中热电转换器的数量	3 072

在使用初期,反应堆转换器在恒定的最佳外负载下产生 460~475 W 的电功率。到测试结束时(大约 15 000 h 后),反应堆转换器的电功率已降至初始功率的 80%。这种功率损耗主要是由于在石墨盘/硅锗合金界面上进行的扩散过程导致热电转换器内部电阻增加而形成的高电阻碳化硅层,以及部分热侧触点故障造成的。

BUK 核电源系统包括反应堆、屏蔽体和沿轴向串联的锥形/圆柱形散热器。散热器包括由输入和输出收集器联合的用于冷却剂流动的肋管系统。该散热器连接到航天器的承重框架结构上。

BUK 核电源系统采用了小型快堆,装有 37 根燃料棒。燃料棒材料是高浓铀钼合金。^{235}U 的装载量约为 30 kg。沿纵向移动的控制棒放置在铍的侧反射层内。两环路液态金属排热系统使用钠钾合金作为冷却剂。一回路冷却剂被加热到大约 973 K,与热电发生器相连。热电发生器装在屏蔽层后的辐射散热器下面,热电发生器的内腔是密封的,并充有惰性气体。二回路冷却剂将多余的热量排放到辐射散热器,散热器入口处的冷却剂最高温度约为 623 K。热电发生器有两个独立的部分:一部分向航天器的有效载荷供电;另一个辅助部分向两个环路的传导型电磁泵供电(附录 B 中提供了有关电磁泵的更多信息)。BUK 核电源系统的布置如图 8.27 所示。

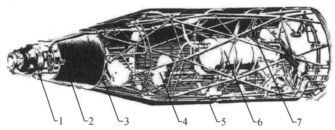

1—核反应堆;2—液态金属回路管道;3—反应堆屏蔽层;4—液态金属回路膨胀罐;

5—散热器;6—热电发生器(TEG);7—承重框架结构。

图 8.27　BUK 核电源系统布局(来源:库尔恰托夫研究所)

热电偶在必须监测或调节其温度的日常用品中很常见,例如空调、冰箱和医用温度计。热电偶主要由两块电导率不同的金属板制成。将这两个金属板连接形成闭合电路,同时保持这两个接点的温度不同,就会在闭合电路内产生电流。每一对接点都构成一个单独的热电偶。在 RTG 中,放射性同位素燃料加热其中一个接点,而另一个接点不加热,被空间环境或行星大气层冷却。当前的 RTG 模型是多任务放射性同位素热电转换器(MMRTG),是基于先前在两架 Viking 号着陆器和 Pioneer 10 和 11 航天器(SNAP – 19 RTG)上使用过的 RTG类型改进的,可以在宇宙真空环境或行星大气层中使用。在寒冷的环境中,多任务放射性同位素热电转换器产生的余热可以作为一种方便且稳定的热源来维持航天器及其仪器的正常工作温度。

图 8.28 是带标记的分离视图示意图,显示了多任务放射性同位素热电转换器的主要组件。

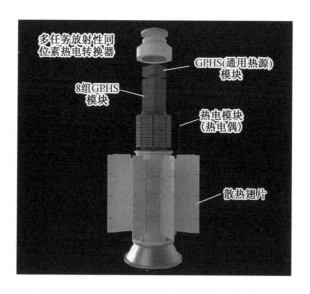

图 8.28　多任务放射性同位素热电转换器的图片(来源:NASA)

多任务放射性同位素热电转换器是为美国宇航局的太空任务[如火星科学实验室(MSL)]开发的一种放射性同位素热电转换器,由美国能源部的空间和国防电力系统办公室内的核能办公室负责管理。多任务放射性同位素热电转换器是由 Aerojet Rocketdyne 和

Teledyne 能源系统的一个行业团队开发的。图 8.29 显示了多任务放射性同位素热电转换器的布局,并详细描述了该卫星的配套设施。

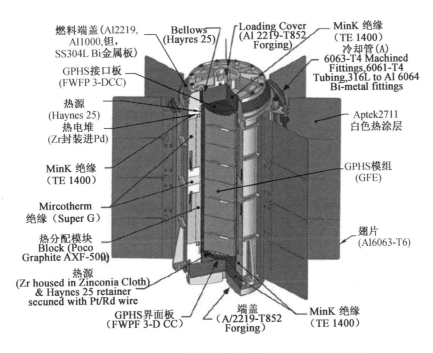

图 8.29　多任务放射性同位素热电转换器的正面细节图

　　考虑在近地轨道中使用核反应堆是反应堆及其累积的驱动裂变产物重返地球大气层的最后阶段。BUK 核电源系统被设计成在高空与航天器分离。

　　此外,这种放置在近地轨道的反应堆需要花费数百年的时间才能回到大气中,届时裂变产物的放射性将衰变到可接受的水平。然而,COSMOS - 954 卫星的反应堆处理系统出现了故障,于 1978 年在加拿大上空脱离轨道,其放射性碎片散落在加拿大西北部的大片区域。随后,加入 BUK 核电源系统中一个备用安全系统。这一次级系统可以在近地轨道(LEO)上或在重返大气层之前将燃料组件从核反应堆中弹射出来,从而使燃料在重返大气层时因空气动力学加热而在高层大气中分散成微小颗粒。这种方式可以防止地球表面任何地方产生的剂量超过国际辐射防护委员会推荐的允许水平。

　　在 COSMOS - 954 事故发生后,联合国发布的一份报告指出,"只要满足所有必要的安全要求,核反应堆就可以在太空中安全使用[38]。"

　　太空探索任务需要安全、可靠、长寿命的电力系统,才能为航天器及其科学仪器提供电能和热量。RTG 是唯一有能力的能量来源,它本质上是一种能可靠地将热量转换为电能的核电池。放射性同位素电池已用于 8 次地球轨道飞行任务、8 次外行星飞行任务、每一次的阿波罗任务、11 次地月飞行任务,以及先锋号、旅行者号、尤利西斯号、伽利略号、卡西尼号和新视野号的外太阳系任务。旅行者 1 号和旅行者 2 号上的 RTG 自 1977 年以来一直在运行。同样的,放射性同位素加热装置为阿波罗 11 号和前两代火星探测器的关键部件提供热量。在过去的 40 年中,美国总共发起了 26 次任务和 45 次 RTG。

核反应堆的安全由两种不同的系统来保证：

（1）主要安全系统（航天器部分）依赖于将航天器抛入长期放置轨道的能力。这个轨道是一个高度大于 850 km 的接近圆形的轨道。系统在该轨道上的滞留时间足以将核反应堆裂变产物安全地衰减到天然放射性水平。轨道处置系统位于航天器模块内，与核动力装置机械连接，并在低运行轨道中与航天器服务舱分离。该轨道处置系统包括一个独立的具有各种控制系统和自备电源的推进系统。

（2）备用系统可将燃料、裂变产物和其他带有诱发活性的物质分散到地球大气上层。该系统在运行轨道上或在含有核反应堆的物体进入较稠密的大气层时，将燃料元件组件弹射出去。在重返地球的过程中所发生的空气动力学加热、热破坏、熔融、蒸发、氧化等过程将使燃料分散成尺寸很小的颗粒，不会对人员或环境造成过度的辐射危害。这个备用系统由若干控制设备和一种驱动器组成，它们通过钢瓶气体的压力使特殊的柔性元件变形和破坏。

图 8.30 给出了 BUK 核电源系统燃料元件喷射系统示意图。

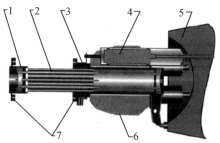

1—管板；2—燃料元件组件；3—反应堆容器；4—控制棒；5—反应堆屏蔽；6—侧面反射层；7—驱动机构。

图 8.30　BUK 核电源系统的燃料元件弹射系统示意图

（来源：Kurchatov 研究所）

当 Cosmos－954 航天器的轨道系统发生故障后，后备安全系统被引入到 BUK 核电源系统中。

1978 年，航天器的坠毁导致加拿大北部的一条直线上散布着许多放射性残骸碎片。表 8.5 给出了 BUK 核电源系统的特征。

表 8.5　BUK 核电源系统的特征

特征	值
功率/kWe	<3
设计寿命/a	1
反应堆功率/kW	<100
反应堆出口温度/K	973
燃料和中子能谱	富集度为 90% 的 U－Mo，快中子谱
冷却剂	Na－K 合金
能量转换	两级热电转换器（Si－Ge）
热接点温度/K	623
无屏蔽质量/kg	900

20 世纪 70 年代初期开始使用的一种先进核动力系统,称为 TOPAZ。TOPAZ 核电源系统(图 8.31)包括带有铯蒸汽供应系统和控制鼓驱动单元的热离子反应堆转换器、反应堆屏蔽、热辐射器和连接装备的框架,系统通过该框架结构连接到航天器服务模块。

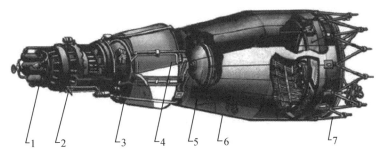

1—铯蒸汽供应系统和控制鼓驱动装置;2—热离子反应堆转换器;3—液态金属回路管道;4—反应堆屏蔽;

5—液态金属回路膨胀罐;6—辐射散热器;7—框架结构。

图 8.31　TOPAZ 核电源系统(来源:库尔恰托夫研究所)

自动控制系统放置在密封的服务模块中,并通过电气服务线连接到相关的核动力装置系统。

堆芯由 79 根热离子燃料元件和 4 个氢化锆慢化剂圆盘组成。热离子燃料元件和冷却通道位于慢化剂圆盘的孔道中,并形成一个由 5 组同心燃料元件排列构成的系统。采用 5 节热离子燃料元件,接收级为 3 层的套管,裂变气体从不致密的发射极组件排放到电极间隙中去。热离子燃料元件按供电要求连接形成 62 根热离子燃料元件的工作段和 17 根热离子燃料元件的泵区。泵区的热离子燃料元件是并联的,用于给反应堆电源装置热排放系统的传导式电磁泵供电。这个区内的热离子燃料元件两端都在铯蒸气中连接起来。工作区连线柱处的电功率为 6 kW,电压为 32 V。泵区电流为 1 200 A,电压 1.1 V。在转换器 – 反应堆达到额定功率水平之前,电磁泵由带有大电流蓄电池的启动设备供电,该设备位于辐射屏蔽后面。

热功率调节、反应性补偿及紧急停堆功能由 12 个可转动的带有碳化硼扇形薄板的铍圆柱体来完成。这些圆柱体装在侧反向层内,并且分成了 4 组,每 3 个一组。每组都由它自己的驱动设备来控制。

铯蒸气供应系统以大约 10 克/天的流量率将蒸气泵入热离子燃料元件电极间隙。铯穿过电极间隙被热解石墨收集器收集,不凝结的杂质被排放到宇宙空间。

该核电源系统使用氢化锂辐射屏蔽层,位于具有承重元件的密闭钢制容器中。以钠钾合金作为冷却剂的单回路排热系统中包括一个具有一定负荷能力的辐射散热器,这是核反应堆电源装置的一个重要构件。

辐射散热器被设计为并联放置的 D 形管系统。这些管子被焊接到散热器的 O 形环收集器中,并由承重元件支撑。管的平面被焊接到具有高发射率涂层的钢制散热器上。散热器的面积约为 7 m²,可确保在 880 K 的冷却剂入口温度下,至少把 170 kW 的热功率有效地散出去。

自动控制系统保障核电源系统达到额定的热功率和电功率水平,把工作区电流或冷却剂温度维持在额定水平,保证机载设备电力供应线的电压在 28 V 左右,并且根据宇宙飞船的控制信号关闭热离子转换器反应堆。

一个高速控制器将热离子转换器反应堆转换的直流电重新分配,以控制电压。在额定运行模式下,通过修正热功率来维持工作区的额定电流及其相应的电功率。随着效率的降低,冷却剂温度上升到 880 K。之后,自动控制系统不再维持电流,而是限制冷却剂温度。然后,热功率基本保持恒定,而工作区电流将下降至电网电压超过允许极限的值,从而需要核电源系统关闭。在特定的紧急情况下,来自地面的无线电命令也可以关闭核电源系统。

TOPAZ 核反应堆电源系统在使用初期的发电效率约为 5.5% ,发电功率约为 6 kW。其质量(包括核电源装置、自动控制系统和电缆)约为 1 200 kg,设计寿命为 4 400 h。核反应堆电源装置长 4.7 m,最大直径为 1.3 m。

TOPAZ 核电源系统使用了热离子能量转换,并且这些热离子元件也是每个燃料棒的组成部分。79 个含有 90% 浓缩铀氧化物的热离子燃料元件构成了 TOPAZ 反应堆的堆芯,堆芯由 Na – K 合金冷却,废热被辐射散热器模块排放到宇宙空间中。为了提高热离子转换的效率,采用了直流铯蒸气供应系统,该反应堆的热功率为 150 kW,产生了 5 ~ 6 kW 的电功率。对几个 TOPAZ 系统进行了地面测试和改进,在 1987 至 1988 年对两个 TOPAZ 核电源系统进行了飞行测试。COMOS – 11818 的测试持续了 142 天,而 COSMOS – 1867 的测试持续了 342 天。在这两种情况下,正如所设计的那样,一旦铯蒸气发生器中的铯耗尽时,核反应堆电源系统就终止了运行。但是,这些测试证实了如图 8.32 中所示的 TOPAZ 热离子转换在空间核电源系统中的可靠运行。

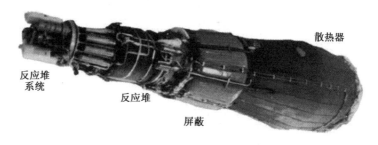

图 8.32　TOPAZ 核反应堆电源系统[39](来源:Ponomarev – Stepnoi 等人,2000)

图 8.32 所示的 TOPAZ 反应堆的输出热功率为 150 kW,发电功率为 5 kW。系统的质量高达 980 kg。

如图 8.33 所示,俄罗斯还开发了一种更先进的核电源系统,称为 ENISEY 或 TOPAZ – 2。

该核电源系统最初设计用于为电视转播卫星供电,也使用热离子转换技术,并利用约 135 kWt 的反应堆功率产生 5.5 kW 的电功率。尽管这个装置尚未在太空中飞行,但它代表了尚待开发的最先进的空间反应堆电源系统。1991 年,美国和俄罗斯开始合作测试先进的 TOPAZ – 2 系统,以作为民用、商业和科学应用中的太阳能发电系统的替代品。6 个 TOPAZ – 2 装置

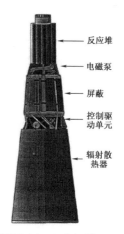

图 8.33　TOPAZ – 2 空间核反应堆[39]

(来源:Ponomarev – Stepnoi 等人,2000)

已交付到美国,并在此合作计划下进行测试。

8.5　核动力评估研究:终章

这项研究的目的是"讨论可持续的战略,提出能够满足 NASA 科学任务理事会的任务,并可以扩展到人类探索和行动任务理事会未来 20 年需求的安全、可靠和经济的核电系统的研究结果。"UOP 概念航天器如图 8.34 所示。

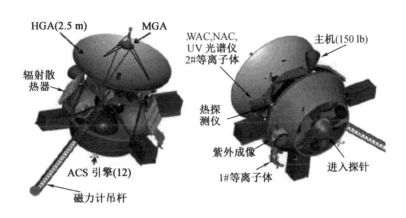

图 8.34　十年调查 UOP 概念航天器

这项研究的背景是由持续的需求和持续的预算压力共同决定的。NASA 已采用不同的方法来供应核能系统。在最近的历史中,放射性同位素动力系统已被用于支持科学任务理事会的机器人探索。裂变动力系统一直在开发中,以支持人类探索与行动任务理事会的目标。

尽管如此,裂变和放射性同位素动力系统是沿着平行的道路发展的,需要不同的资源。科学任务理事会正在考虑在未来的任务中同时使用放射性同位素动力系统和裂变动力系统的可能性。这种潜在的方法以及当前的预算方案为探索共同的电力系统技术发展提供了机会,作为备用供应策略,同时提供裂变动力系统和放射性同位素动力系统。这种策略可能会为多个任务理事会提供进一步探索目标的可能性,同时降低与新系统开发相关的技术风险。

NASA 对放射性同位素动力系统放射性同位素动力系统的需求使行星探索的机器人科学任务成为可能,这一需求在过去 40 多年里一直是"既定"的目标。从 2009 年的 NRC 报告到 2011 年的行星十年调查报告"愿景与航行",再到过去十年中,对行星任务的持续需求已经清楚地表达出来。

科学任务理事会的其他部门以及其他理事会的要求尚未明确。实施这些系统从来都不是一件容易的事。放射性同位素动力系统的开发周期与从任务批准到发射的时间较短之间的内在差异是一个持续存在的难题。

结合这两组不同的要求以及它们相关的不同的"经商方式",对于美国能源部和 NASA 这两个合作伙伴来说,开发和使用这些动力系统仍然是一个挑战。

8.6　小　　结

NASA 的格伦研究中心一直积极参与核热推进技术开发、任务、引擎和飞行器设计，最早可追溯到漫游者项目和火箭运载工具应用核引擎项目。这项技术是在 20 多次的火箭/反应堆测试中成功开发的，这些测试证明了大范围推力水平、高温燃料、发动机持续运行、满功率累积时间和重启动能力，都是人类执行火星任务所需要的。此外，核热推进不需要大规模的技术扩展，当使用集群引擎时，在漫游者项目中测试的最小发动机(Pewee 发动机)就足以满足要求。自 20 世纪 80 年代末以来，格伦研究中心主导了与核热推进有关的每一项重大研究，并帮助量化了包括双模式和液氧增强型核热推进概念在内的核热火箭的演化和增强潜力。使用核热推进还可以增强人类执行月球和近地小行星的飞行任务的能力。2011 年，NASA 重新启动了核热推进技术示范工作，该工作在 2012 年开始的"核低温推进阶段"项目下继续进行。

对于人类执行的火星任务，一项又一项的研究表明核热推进是首选的推进方式，因为它具有技术成熟、性能高、发射质量低、组装简单及发展潜力大等优点。

我们得出的结论是，核能是地球上的一种重要能源，在太空中也需要核能为各种类型的推进系统和所有执行其他任务的电子设备供电。我们发现，最初为空间应用开发的想法也激发了大大小小的对地面电力系统的新设想。这些系统包括新的等离子体推进系统和新的高效气冷反应堆。这一新愿景还包括重新审查可能涉及除蒸汽以外的其他流体的高效发电循环，以及将热管用于非常专门化和局部化使用的小型反应堆。

核反应堆空间动力系统采用堆外热离子二极管、热管和双核心吸收棒式反应性控制，已经研究了几十年，重点放在中子动力学方面和概念的一般可行性上。对 ^{233}U 和 ^{235}U 氮化物燃料和 ^{239}Pu 氮化物燃料进行了比较。从中子动力学的角度来看，^{239}Pu 氮化物燃料是比 ^{233}U 氮化物燃料稍好的快中子(谱)反应堆燃料。在这个概念中，热量通过与燃料板交替堆叠的径向热管从反应堆堆芯传递到热离子二极管。对于可提供 130 kW 电功率的这种堆外热离子概念，其反应堆可以比带堆内二极管的等效反应堆小得多，特别适合于阴影屏蔽类型的应用。

核热火箭的使用使 IMLEO 的总质量减少 400 多吨，相当于国际空间站的质量。经过验证的实际应用包括太阳系探索、运输和为国际空间站和近地轨道任务提供动力支持。第一种包括对火星及其他更远地区的载人探索任务，因为核热火箭在远程太空任务中更可靠、更灵活，而且比商业再补给服务成本更低。根据发射成本，执行两次核热火箭任务的费用与执行一次商业再补给任务的费用相同。其次，双模式核热火箭不仅可以为运输提供动力，还可以为国际空间站提供电力。通过使用双模式核热火箭，国际空间站可以放置在月球轨道，并为月球开发提供电力[40]。此外，核热火箭适合执行威胁调查或拦截近地天体无论是小行星还是彗星的任务，核热火箭能够在使用相同推进剂的情况下实现两倍于商业再补给服务所能达到的飞行速度，从而使其可以在更短的时间内或更长的距离内与潜在的近地天体发生相互作用[41]。

值得注意的是，商业再补给服务是 NASA 在 2008 年到 2016 年授予的一系列合同，用于使用商用航天器向国际空间站运送货物和物资。第一份商业再补给服务合同于 2008 年签订,SpaceX 公司获得 16 亿美元用于 12 次货物运输任务,Orbital Sciences 公司获得 19 亿美元用于 8 次任务,交付时间截止到 2016 年。2015 年,NASA 延长了第一阶段合同,并额外向 SpaceX 公司订购了 3 次再补给飞行服务,向 Orbital Sciences 公司订购了 1 次[42]。在 2015 年末的额外延长之后,SpaceX 目前计划执行总共 20 次任务和 10 次轨道任务[15]。

在评估核动力在和平探索太空中的地位并审查其作用时,还就空间核电技术对地面创新型核能系统的研究和发展的潜在好处进行了讨论。

积极的太空探索始于 20 世纪初,当时从事火箭科学的业余爱好者和半专业人士进行了反复试验以离开地面(如果不是地球的话)。他们取得了稳定但不引人注目的进展。

但是,正如第一次世界大战期间飞机得到政府的支持一样,第二次世界大战期间火箭的发展也得到了同样的支持,冷战期间航天器的发展也得到了政府的支持。每种情况下的进步都是惊人的。幸运的是,冷战结束以后,太空探索在一个更加健康的环境中逐渐发展成熟。国际合作是当今的主流,包括建造和管理地球第一个空间站。

作为本章的最后部分,我们对热管驱动裂变反应堆作为非能动冷却系统的未来研究内容提出以下建议:

热管在核反应堆中应用的很多方面,都有许多应用,可以进行进一步研究。在设施允许的情况下,特别需要进行实验研究。

这里列出了一些关于实验和分析工作的建议:

(1)需要开展实验工作的一个领域是裂变材料化合物的高温特性。需要更多有关铀、钍以及钚的氯化物、溴化物和氟化物的数据。

(2)对于这种应用,这些化合物似乎具有最好的稳定性和高温性能。

(3)将热管用于其他类型的反应堆,如液态金属快中子增殖反应堆。应该可以在反应堆中使用天然铀化合物,并将热管放置在反应堆的不同区域,比如反射层中。

(4)在快堆中使用热管,所有的燃料都在热管中。可以用作太空旅行的辅助电源。

(5)热管可用作热电或热离子能量转换器的热源。

(6)最后,可以推测双组分热管是可用的。在热管中会有两种不同的工作流体。其中一种液体的沸点比另一种稍高,它会留在蒸发段中,而另一种液体则留在冷凝段中。这些流体的界面将根据热管中的热通量在短距离内来回移动。如果蒸发段中的流体是可裂变燃料,而冷凝段中的液体有中子毒物,那么可以想象,随着热通量的变化会有非常高的反应性变化。

综上所述,如果使用的热管工作流体具有与反应堆的工作温度相匹配的最佳运行温度,则整体概念是一种增加反应性反馈的好方法,且更适合于较大的反应堆。

参 考 文 献

[1]　Zohuri, B. (2016). Heat pipe design and technology: Modern applications for practical thermal management (2nd ed.). New York: Springer.

[2]　Nemec, P., Caja, A., & Malcho, M. (2013). Mathematical model for heat transfer limi-

tations of heat pipe. Mathematical and Computer Modelling, 57, 126 – 136.

［3］ Ochterbeck, J. M. (2003). Heat pipes. In Heat transfer handbook (1st ed.). Hoboken: Wiley.

［4］ Gaugler, R. S. (1944). Heat transfer devices. U. S. patent 2,350,348.

［5］ Trefethen, L. (1962). On the surface tension pumping of liquids or a possible role of the candlewick in space exploration. GE Tech. Int. Ser. No. G15 – D114. Schenectady, NY: General Electric Co.

［6］ Grover, G. M. , Cotter, T. P. , & Erikson, G. F. (1964). Structures of very high thermal conductivity. Journal of Applied Physics, 218, 1190 – 1191.

［7］ Jeong, Y. S. (2016). Hybrid heat pipe based passive cooling device for spent nuclear fuel dry storage cask. Applied Thermal Engineering, 96, 277 – 285.

［8］ Jeong, Y. S. , Kim, K. M. , Kim, I. G. , & Bang, I. C. (2015). Hybrid heat pipe with control rod as passive in – core cooling system for advanced nuclear power plant. Applied Thermal Engineering, 90, 609 – 618.

［9］ Deverall, J. E. , & Kemme, J. E. (1965). Satellite heat pipe. U. S. Atomic Energy Commission Report LA – 3278 – MC. Los Alamos, NM: Los Alamos Scientific Laboratory.

［10］ Anderson, J. L. , & Lantz, E. (1968). A nuclear thermionic space power concept using rod control and heat pipes. Nuclear Applications, 5(6), 424 – 436.

［11］ Croke, E. J. , & Roberts, J. J. (1968). Compact power concept features a fast reactor, heat pipes, and direct converters. Reactor and Fuel – Processing Technology, 11(4), 187 – 200.

［12］ Lubarsky, B. , & Shure, L. I. (1966). Applications of power systems to specific missions. In Space Power Systems Advanced Technology Conference NASA – SP – 131 (pp. 269 – 277). National Aeronautics and Space Administration.

［13］ Cotter, T. P. (1967). Heat pipe startup dynamic. In Proceedings of SAE Thermionic Conversion Specialist Conference, Palo Alto, CA.

［14］ Deverall, J. E. , Kemme, J. E. , & Florschuetz, L. W. (1970, September). Sonic limitations and startup problems of heat pipes. Los Alamos Scientific Laboratory Report No. LA – 4578.

［15］ de Selding, P. B. (2016, July 17). SpaceX wins 5 new space station cargo missions in NASA contract estimated at MYM700 million. Space News.

［16］ Parker, M. B. (1970). Application of heat pipes to nuclear reactor engineering. Ames: Iowa State University.

［17］ Anand, D. K. (1966). On the performance of a heat pipe. Journal of Spacecraft and Rockets, 3 (5), 763 – 765.

［18］ Carnesale, A. , Cosgrove, J. H. , & Ferrill, J. K. (1966). Operating limits of the heat pipe. U. S. Atomic Energy Report SC – M – 66 – 623. Albuquerque, NM: Sandia Laboratories.

[19] Cotter, T. P. , Deverall, J. , Erlckson, Q. F. , Qrover, Q. M, Keddy, E. S. , Kemme, J. E. , & Salmi, E. W. (1965). Status report on theory and experiments on heat pipes at Los Alamos. U. S, Atomic Energy Commission Report LA – DC – 7206. Los Alamos, NM: Los Alamos Scientific The Laboratory.

[20] Cotter, T. P. (1965). Theory of heat pipes. U. S. Atomic Energy Commission Report LA – 324o – MC. Los Alamos, NM: Los Alamos Scientific Laboratory.

[21] Kemme, J. E. (1966). Heat pipe capability experiments. U. S. Atomic Energy Report LA – 3585 – MS. Los Alamos, NM: Los Alamos Scientific Laboratory.

[22] Kemme, J. E. (1969). Heat pipe design considerations. Unpublished mimeographed paper presented at National Heat Transfer Conference, Minneapolis, Minnesota. Los Alamos, NM: Los Alamos Scientific Laboratory.

[23] Kemme, J. E. (1967). High performance heat pipes. U. S. Atomic Energy Commission Report LA – DC – 9027. Los Alamos, NM: Los Alamos Scientific Laboratory.

[24] Cheung, H. (1968). A critical review of heat pipe theory and applications. U. S. Atomic Energy Commission Report UCRL – 50453. Livermore, CA: Lawrence Radiation Laboratory, University of California.

[25] Peldman, K. T. , & Whiting, G. H. (1968). Applications of the heat pipe. Mechanical Engineering, 90(11), 48 – 53.

[26] Peldman, K. T. , & Whiting, G. H. (1967). The heat pipe. Mechanical Engineering, 89(2), 30 – 33.

[27] Smith, H. P. (1962). Closed loop dynamics of nuclear rocket engines with bleed turbine drive. Nuclear Science and Engineering, 14(4), 371 – 379.

[28] Smith, H. P. , & Stenning, A. H. (1961). Open loop stability and response of nuclear rocket engines. Nuclear Science and Engineering, 11(1), 76 – 84.

[29] Jansen, W. , & Buckner, J. K. (1963). Starting and control characteristics of nuclear rocket engines. AIAA Journal, 1(3), 563 – 573.

[30] Mohler, R. R. , & Perry, J. E. (1961). Nuclear rocket engine control. Nucleonics, 19(4), 80 – 84.

[31] Robbins, W. H. , & Finger, H. B. (1991, July). An historical perspective of the NERVA nuclear rocket engine technology program. NASA Contractor Report 187154/AIAA – 91 – 3451. NASA Lewis Research Center, NASA.

[32] Cooper, R. S. (1968). Nuclear propulsion for space vehicles. Annual Review of Nuclear Science, 18, 203 – 228.

[33] Valfells, A. (1962). Preliminary design of a power generating system using a fissile gas. Unpublished PhD thesis, Library, Iowa State University of Science and Technology, Ames.

[34] Robbins, W. H. (1991). An historical perspective of the NERVA nuclear rocket engine technology program. NASA Contractor Report 187154 AIAA – 91 – 3451.

[35] Zohuri, B., & McDaniel, P. (2017). Combined cycle driven efficiency for next generation nuclear power plants: An innovative design approach (2nd ed.). New York: Springer.

[36] Zohuri, B. (2016). Compact heat exchangers: Selection, application, design and evaluation. New York: Springer.

[37] Zohuri, B., & McDaniel, P. (2019). Thermodynamics in nuclear power plant systems (2nd ed.). Springer.

[38] UN, United Nations Committee on the Peaceful Users of Outer Space. (1981, February). Report of the Working Group of the Uses of Nuclear Power Sources in Outer Space, Annex II to the report designated as Report of the Scientific and Technical Subcommittee on the Work of the Eighteenth Session. UN Document A/AC, 105/287.

[39] Ponomarev – Stepnoi, N. N., Talyzin, V. M., & Usov, V. A. (2000). Russian space nuclear power and nuclear thermal propulsion system. Nuclear News.

[40] Paniagua, J., Maise, G., & Powell, J. (2008). Converting the ISS to an Earth – Moon transport system using nuclear thermal propulsion. In: Space Technology and Applications International Forum (STAIF 2008) (pp. 492 – 502). Albuquerque, NM: AIP.

[41] Powell, J., Maise, G., Ludewig, H., & Todosow, M. (1997). Highperformance ultra – light nuclear rockets for near – earth objects interaction missions. Annals of the New York Academy of Sciences, 822, 447 – 467.

[42] Bergin, C. (2015). NASA lines up four additional CRS missions for Dragon and Cygnus. Retrieved April 19, 2015, from nasaspaceflight.com.

第9章　设计指南和热管选择

热管及闭式两相热虹吸管是一种高效的传热设备,在封闭系统中利用合适的工作流体的连续蒸发/冷凝来进行两相传热。由于具有多项优点,热管广泛应用于太空、地面、核电站和电子技术等领域。本书介绍了不同类型热管的工作原理和性能特点。在第2章中,针对应用最广泛的热管设计(毛细吸液芯热管、无吸液芯热管或闭式两相热虹吸管),给出了计算其性能和传热极限的数学方法。在本章中,将根据其应用讨论热管的设计标准和步骤,同时收集了一些来自该领域不同作者和研究人员的热管设计实例,以便为读者提供更好的指导和介绍。热管经常被用于传统冷却方式不适用的特定应用中,一旦需要使用热管,就应该选择最合适的热管。

9.1　引　　言

在对热管的早期研究中[1]发现,可以通过一些技术手段来控制热管的有效热导率。最初的设想是利用不凝性气体阻塞热管的一部分冷凝段,近期研发了几种其他类型的控制方式,包括液体阻塞以及液体和蒸汽调节。可变热导技术使热管能够在固定的温度下运行,而不受热源和冷却条件的影响[1]。

实现热管优化设计的方法是非常复杂的,不仅涉及数学分析,更重要的是必须考虑和引入众多定性判断。图9.1是一个由 Chi[3] 提供的流程图,示意性地给出了一种热管设计的高级方法和设计程序。在附录 B 和 C 中给出了 Zohuri[1] 提供的几种金属和流体的物理性质。

图9.2给出了几种流体从熔点到临界温度的变化范围。由于不同流体的温度范围是重叠的,因此对于给定的工作温度,通常可以选择多种流体。本章中的热管设计指南将提供有关热管工作流体、吸液芯结构和容器材料选择的信息,以及从本领域的各种参考文献和研究报告中收集的一些数据。

文献[2]提出了一种简单圆柱形热管在零重力场中运行的简单近似理论,所做的简化假设如下:

(1)管道受毛细力限制。

(2)蒸汽压损失可忽略不计。

(3)吸液芯厚度 t_w 比汽化核心半径小得多。

(4)在蒸发段或冷凝段表面的热流密度是均匀的。

(5)饱和液体吸液芯的导热系数与液体的导热系数成正比。

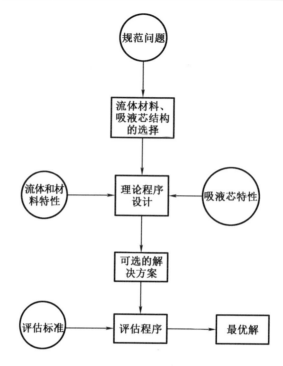

图 9.1　热管设计程序示意图[2]

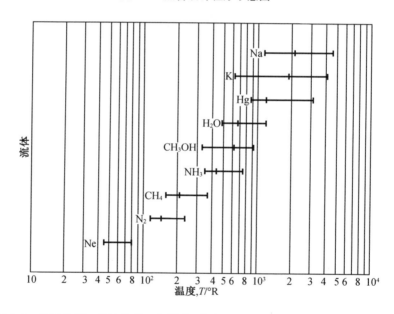

图 9.2　几种热管工作流体的正常熔点、沸点和临界点温度(1 °R = 0.5556 K)[2]

在上述假设下,导热系数 $(QL)_{\text{capillary}_{\max}}$ 可以根据 Zohuri 著作第 2 章的 2.77 节表示如下:

$$(QL)_{\text{capillary}_{\max}} = 2\left(\frac{\sigma\rho_1\lambda}{\mu_1}\right)\left(\frac{K}{r_c}\right)(2\pi r_v t_w) \tag{9.1}$$

式中　Q——热通量;

　　　L——热管长度;

　　　σ——表面张力系数;

ρ_1——液体密度；

λ——汽化潜热；

μ_1——液体动态黏度；

K——吸液芯渗透率；

r_c——有效毛细半径；

r_v——蒸汽芯半径；

t_w——吸液芯厚度。

第一个括号内的式子表示液体性质，第二个括号内的式子表示吸液芯性质，第三个括号内的式子表示吸液芯截面积（图 9.2）。

由式（9.1）可知，对于固定吸液芯结构和尺寸的管道，其传热系数 $(QL)_{\text{capillary}_{\text{max}}}$ 与液体传输系数 N_l 成正比，其定义为 $\dfrac{\sigma \rho_1 \lambda}{\mu_1}$。图 9.3 给出了几种流体的液体传输系数 N_l 的值。为了使热管达到最大温度梯度，饱和液体吸液芯上的温度降必须最小。如果我们进一步简化以上的假设 3 和 4，则吸液芯的温度降与 Qt_w/k_1 成正比，可以写成如下形式[2]：

$$\Delta T \propto \frac{Qt_w}{k_1} \tag{9.2}$$

其中 k_1 是液体的热导率（图 9.3）。

同样，从式（9.1）可以推导出，对于相同的传热条件，所需的吸液芯厚度 t_w 与液相传输因子 N_1 成反比，因此式 9.2 可写为

$$\Delta T \propto \frac{Q}{k_1 N_1} \tag{9.3}$$

从该方程可以得出，吸液芯的温度降与液体特性（$k_1 N_1$）成反比，该特性被称为液相传输系数。几种工作流体的液相传输系数值（$k_1 N_1$）如图 9.4 所示。

根据 Dunn 和 Kew[2] 的研究，用于完成特定任务的热管或热虹吸管的设计涉及四个主要步骤：

（1）选择合适的型式和几何形状；

（2）选择材料；

（3）评估性能极限；

（4）评估实际性能。

以上每一个过程在 Zohuri[1] 著作的第 2 章中都有详细介绍。本章中将根据实例开展理论和实践两方面的讨论。

根据 Reay 和 Kew[2] 的研究，热管的设计过程如图 9.5 所示。与其他设计过程类似，必须采取的许多决策都是相互关联的，并且这个过程是迭代的。例如，由于相容性的限制，吸液芯和壳体材料的选择淘汰了许多工作流体（通常包括水）。如果设计证明没有可用的工作流体，则必须考虑重新选择吸液芯和壳体的材料。

在实际设计中还必须考虑两个方面，即液体装量和热管的启动。

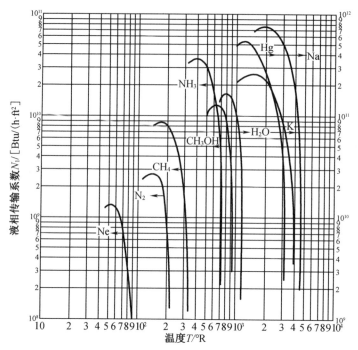

图9.3 几种热管工作流体的液相传输系数与温度的关系(1 Btu/(h · ft²) = 3. 153 W/m² ; 1 °R = 0. 555 6 K)[2]

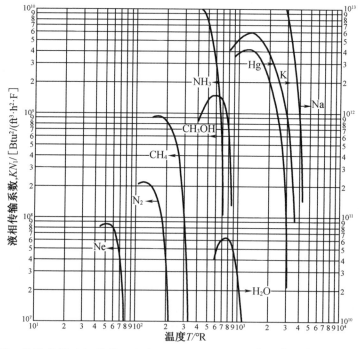

图9.4 几种热管工作流体的液相传输系数与温度的关系(1 Btu²/(ft³ · h² · F) = 5. 455 W²/(m³ · K) ; 1 °R = 0. 555 6 K)[2]

9.1.1　液体装量

热管设计的一个特点是工作流体装量对于小型热管和空间应用组件很重要。通常的做法是加入比饱和吸液芯稍过量的工作流体,当蒸汽空间的体积较小时,在冷凝段上可能出现明显的温度梯度,类似于不凝气体存在时的温度梯度。这减小了冷凝段的有效长度,因此降低了热管性能。过量流体的另一个缺点是空间热管所特有的,在失重状态下,液体可能在蒸汽空间中移动,从而影响航天器的动力学性能。如果工作流体不足,则热管可能由于吸液芯无法充注而失效。但是对于均质吸液芯,工作流体不足的影响要小得多,因为始终有一部分孔隙能够产生毛细作用。Chi[3]详细讨论了这些影响以及在确保是否向热管中注入正确量的工作流体时遇到的困难。解决该问题的一种方法是提供一个多余的储液罐,该储液罐的功能类似于海绵,可以吸收主吸液芯结构不需要的工作流体。

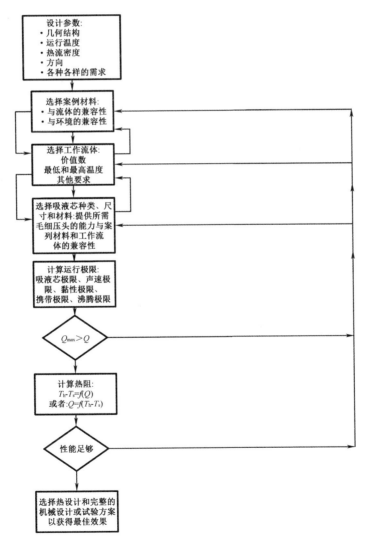

图 9.5　热管设计流程图

为了使热管成功运行,其工作流体必须处于液态,并且所选择流体的熔点(或蒸发点)温度必须低于热管的工作温度,而其临界点温度必须高于热管的工作温度。

9.1.2 热管启动

热管的干道包括一个安装在蒸发段端部的封闭管,在该封闭管的薄壁上有一个或多个气孔。包含气孔的管壁部分非常薄,以至于当气孔边缘有气泡时,液体会形成弯月面聚结,趋向于填充气泡。在弯液面的聚结作用下,气孔保持开放以排出在启动期间干道内存在的任何气泡。吸液芯必须满足两个主要要求:

首先,吸液芯必须能够产生较高的毛细力。吸液芯的毛细力是一个用于定义吸液芯的孔结构能够承受吸液芯中蒸气和液体间压差的能力的术语,也就是说吸液芯可以承受该压差而不会导致孔中的液体弯月面崩塌。

其次,吸液芯必须具有较低的液体流动阻力。液体流动阻力是当液体以给定的流量从冷凝段流向蒸发段时产生的压降的量度。随着输入热量的增加,液体流速增大,从而使液体的压降增大。当压降太大,超过蒸发段内吸液芯的最大毛细力时,就达到热管的最大热容量,吸液芯最终会蒸干。吸液芯可以设计成小孔径的紧密结构以实现较高的毛细力。但是,吸液芯的孔径越小,其流动阻力就越大。为了满足上述相互矛盾的高毛细压力和低液体流动阻力对吸液芯的要求,热管的设计者已重新使用干道来处理非常高的热负荷需求。通常,干道是一种充满液体的封闭管,至少一部分干道的管壁结构是多孔的并且与吸液芯相连通。在干道中,最大毛细力由壁面的孔径决定,而流阻则由干道管的直径决定。因此,这两个参数可以独立调整[1]。

尽管干道可以使热管容量增加一个数量级,但是却有一个严重的缺点,即它们极难在不携带气泡的情况下可靠地启动和重新启动。而干道中是不允许存在气泡的,因为在达到最大容量之前气泡可能快速增长并清空干道中的液体。

因为纯净的蒸气气泡会自发破裂(崩塌),只有当热管中既含有不凝性气体又含有热管工作流体时,气泡才会成为问题。然而,要使热管流体完全不受不凝性气体的影响是不太可能的。此外,还有一类重要的热管,为了控制热管而故意填充了一些不凝性气体。形成干道气泡的原因是,在从冷凝段到蒸发段的启动过程中,干道壁上的液体保护层会阻止气体排出。当蒸气气泡被困在其中时,干道就会失效。在这种情况下,必须要降低热负荷以使干道能够重新充注。

如果在热管中内置了某种形式的干道吸液芯,则必须确保干道中的工作流体耗尽后能够自行充注。可以计算干道的最大直径以确保干道能够重新充注。以下方程[1]给出了毛细作用可能达到的最大启动水头。

$$h + h_c = \frac{\sigma_1 \cos \theta}{\rho_1 - \rho_v} \times \left(\frac{1}{r_{p1}} + \frac{1}{r_{p2}} \right) \tag{9.4}$$

式中　h——到干道底部的垂直高度;

　　　h_c——到干道顶部的垂直高度;

　　　ρ_1——液体密度;

　　　ρ_v——蒸气密度;

　　　σ_1——液体表面张力;

r_{p1}——充注弯液面的第一主曲率半径；

r_{p2}——充注弯液面的第二主曲率半径；

θ——接触角。

Reay 和 Kew[2]指出，为了启动的目的，弯液面的第二主曲率半径非常大（$\approx 1\ \sin\phi$）。对于圆柱状干道，

$$h_c = d_a$$

并且

$$r_{p1} = \frac{d_a}{2}$$

其中 d_a 是干道直径。

因此，式（9.4）可以变成如下形式：

$$h + d_a = \frac{2\sigma_1 \cos\theta}{(\rho_1 - \rho_v)g \times d_a} \tag{9.5}$$

形成一个可以求解 d_a 的二次方表达式：

$$d_a = \frac{1}{2}\left[\left(\sqrt{h^2 + \frac{8\sigma_1 \cos\theta}{(\rho_1 - \rho_v)}}\right) - h\right] \tag{9.6}$$

关于不同干道吸液芯的装配和结构，例如螺旋形凹槽、梯形凹槽和正弦形凹槽及设置于管内的干道，各种设计者已申请了多项专利。如图 9.6 所示，干道吸液芯通过毛细作用将冷凝的液体从冷凝器引导至蒸发段，并在其上表面形成通道。

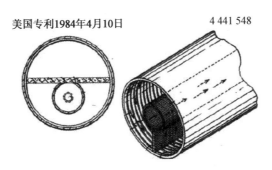

图 9.6　Franklin 等人申请美国专利（4 441 548）的热管局部透视图

9.2　如何选择热管

1. 分析并确定以下运行参数

（a）热源的热负荷和几何形状；

（b）可能的散热器位置，相对于热源的距离和方向；

（c）热源、散热器和环境的温度分布；

（d）环境状况（例如是否存在腐蚀性气体）。

2. 选择管道材料、吸液芯结构和工作流体（咨询专家工程师或原热管制造商，选择由他们设计的最合适的热管。在第 1 章中提供了这些制造商的清单）

（a）确定适合应用条件的工作流体；

（b）选择与工作流体相容的管道材料；

（c）选择吸液芯结构；

（d）确定外壳；

（e）确定热管的长度、尺寸和形状。

图9.7给出了直径为3~22.23 mm的热管的性能。所选择热管的直径应该在这个给定的范围内。值得注意的是，图9.7是基于铜－水干道槽吸液芯热管在垂直方向的运行条件下绘制的图。对于其他不同类型的工作流体和吸液芯结构，也可以得出类似的图。

蒸气从蒸发段到冷凝段的流动速率取决于蒸发段和冷凝段之间的压差，还受热管的直径和长度的影响。相比于小直径热管，大直径热管的横截面积能使从蒸发段输送到冷凝段的蒸气体积增大。热管的横截面积是声速极限和携带极限的函数。图9.8比较了不同直径热管的传热量。此外，热管的工作温度也会影响声速极限。在图9.8中可以看出，在较高的工作温度下热管可以输送更多的热量。

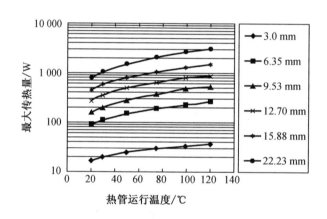

图9.7　垂直方向铜－水槽热管的性能（重力辅助）（Enertron 公司）

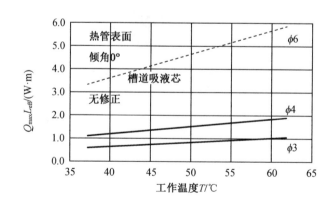

图9.8　各种槽吸液芯铜－水热管的性能

工作流体从冷凝段返回蒸发段的速率受毛细极限控制，并且是热管长度的倒数函数。较长的热管输送的热量比较短的相同热管输送的热量少。在图9.8中，Y轴的单位是 $Q_{max}L_{effective}$（W·m），表示每米长度管道可输送的热量。如果管道长度是0.5 m，则可以输送两倍的功率。

由此可见,选择合适的热管是一个复杂的过程。

9.3　可以使用什么材料来制造热管?

特定的工作流体只能在一定的温度范围内发挥作用。而且,特定的工作流体需要与容器材料相容,以防止流体与容器之间发生腐蚀或化学反应。腐蚀会损坏容器,化学反应会产生不凝性气体。一些工作流体的运行温度范围和可相容材料如表 9.1 所示。例如,液氨热管的温度范围为 $-70 \sim +60$ ℃,可以与铝、镍和不锈钢相容。

表 9.1　热管的典型运行特性

温度范围/℃	工作流体	容器材料	测量的径向[1] 热流密度(kW/cm²)	测量的表面[1] 热流密度(W/cm²)
$-200 \sim -80$	液氮	不锈钢	0.067@ -163 ℃	1.01@ -163 ℃
$-70 \sim +60$	液氨	镍、铝、不锈钢	0.295	2.95
$-45 \sim +120$	甲醇	铜、镍、不锈钢	0.45@100 ℃[2]	75.5@100 ℃
$+5 \sim +230$	水	铜、镍	0.67@200 ℃	146@170 ℃
$+190 \sim +550$	汞[3] $+0.02\%$ 镁 $+0.001\%$	不锈钢	25.1@360 ℃[4]	131@750 ℃
$+400 \sim +800$	钾[c]	镍、不锈钢	5.6@750 ℃	181@750 ℃
$+500 \sim +900$	钠[c]	镍、不锈钢	9.3@850 ℃	224@760 ℃
$+900 \sim +1\,500$	锂[c]	铌 $+1\%$ 锆	2.0@1 250 ℃	207@1 250 ℃
$+1\,500 \sim +2\,000$	银[c]	钽 $+5\%$ 钨	4.1	413

注:参考《传热》,第 5 版,JP Holman, McGraw - Hill;
[1]随温度变化;
[2]使用螺纹动脉吸液芯;
[3]在洛斯阿拉莫斯科学实验室测试;
[4]热管中汞达到声速极限时的测量值。

液氨热管已广泛应用于太空领域,目前仅适用质量较轻的铝制容器。温度范围为 5 ~ 230 ℃ 的水热管对于电子设备冷却应用最为有效,铜制容器与水相容。

当热管温度低于工作流体的凝固点时,会导致热管失效。当热管垂直放置时,冻结和解冻是需要解决的一个设计问题,因为冻结和解冻可能会破坏热管的密封接头。采用适当的制造和设计技术可以克服这一限制。

9.4　什么时候考虑热管？

热管一般分为固定热导热管和可变热导热管两种类型。固定热导热管具有很高的热导率，但是没有固定的工作温度，其温度根据热源或散热器的变化而升高或降低。

9.5　设计热管时要考虑的事项

作为一种有效的热导体，在需要将热源和散热器分开放置的情况下，可以使用热管帮助实现固体的导热或平面的散热。但是，并非每种热管都适用于所有的应用。因此，在进行热管设计时需要考虑以下几点：

（1）热管的传热极限；

（2）热管吸液芯结构；

（3）热管的长度和直径；

（4）热管的方向；

（5）热管弯曲和压扁的影响；

（6）热管的可靠性。

9.5.1　热管的四个传热极限是什么？

热管是一种密闭的真空管，通常包含网状或烧结粉末的吸液芯以及液气两相的工作流体。当热管的一端被加热时，液体变成蒸气，吸收汽化潜热。热蒸气流到热管较冷的一端，凝结并释放出汽化潜热。然后，重新冷凝的液体通过吸液芯流回到热管的热端。由于蒸发的潜热通常非常大，因此可以在很小的温差下从一端向另一端传输大量的热量。

蒸发段和冷凝段之间的蒸气压降非常小，沸腾－冷凝循环实质上是一个等温过程。此外，通过合理的设计可以减小热源与蒸气之间以及蒸气与散热器之间的温差。因此，热管的第一个特点是，可以通过设计以非常小的温差在热源和散热器之间传递热量。

以汽化潜热的形式传输的热量通常比具有同等温差的常规对流系统中作为显热传输的热量大几个数量级。因此，热管的第二个特点是，以相对较小的轻质结构传输相对较大的热量。热管的性能通常用等效热导率表示，热管的较大有效热导率可以通过以下示例进行说明：使用水作为工作流体并在 150 ℃ 的温度下运行的管状热管的热导率是相同尺寸铜棒的几百倍。

使用锂作为工作流体且温度为 1 500 ℃ 的热管的轴向热通量为 10 ~ 20 kW/cm²，通过适当选择工作流体和容器材料，可以制造温度范围为 −269 ~ 2 300 ℃ 的热管。

热管的四种传热极限可以简化说明如下：

（a）声速极限——蒸气从蒸发段流向冷凝段的速率。

（b）携带极限——流动方向相反的工作流体和蒸气之间的摩擦。

（c）毛细极限——工作流体通过吸液芯从冷凝段流向蒸发段的速率。

（d）沸腾极限——工作流体被加热蒸发到冷凝段的速率。

9.5.2　热管直径

不同材料的圆形管道很容易制造,并且从应力的角度来看,圆管是最有利的热管结构。对于给定的应用需求,必须分析管道直径的大小,以保证蒸气速度不会太大。因为在高马赫数下,蒸气的流动可压缩性会造成较大的轴向温度梯度,需要控制蒸气速度。为此,可以考虑在进行热管设计时,控制蒸气流动通道中的最大马赫数不超过0.2。将该值作为设计的首要考虑因素,可以认为蒸气是不可压缩的,这是热管工作条件下以及可用的计算机代码中常用的理论方法。此时,轴向温度梯度也可以忽略不计。

对于在这种约束条件下工作的热管,其传热模式要求以及最大轴向热通量 Q_{max} 是已知的,并且利用 Zohuri[1] 的著作的第2章中的式(2.59)可以确定,蒸汽马赫数 Ma 等于0.2时所需的蒸汽芯直径 d_v,得到如下关系式:

$$d_v = \frac{20Q_{max}}{\pi \rho_v \lambda \sqrt{\gamma_v R_v T_v}} \tag{9.7}$$

式中　d_v——蒸汽芯直径;

　　　Q_{max}——最大轴向热通量;

　　　ρ_v——蒸气密度;

　　　λ——汽化潜热;

　　　γ_v——蒸气的绝热指数;

　　　R_v——蒸气的气体常数;

　　　T_v——蒸气温度。

9.5.3　热管容器设计

美国机械工程师学会(AMSE)非燃烧压力容器标准[4]规定,在任何温度下的最大许用应力应为该温度下材料极限强度 f_{tu} 的1/4。附录B中提供了包括极限拉伸强度在内的几种金属特性。

根据 Chi[3] 的研究,对于壁厚小于直径10%的圆管,最大应力可以通过以下简单公式近似得出:

$$f_{max} = \frac{Pd_o}{2t} \tag{9.8}$$

式中　f_{max}——管壁的最大环向应力;

　　　P——管壁内外的压差;

　　　d_o——管外径;

　　　t——管壁厚度。

厚壁圆筒在承受内压作用下的最大环向应力由下式表示

$$f_{max} = \frac{P(d_o^2 + d_i^2)}{d_o^2 - d_i^2} \tag{9.9}$$

式中　f_{max}——管壁的最大环向应力;

　　　P——管壁内外的压差;

　　　d_o——管外径;

d_i——管内径。

热管容器的端部可以用半球形、圆锥形或平面端盖封闭。厚壁半球形端盖中的最大应力可表示为:

$$f_{max} = \frac{P(d_o^3 + d_i^3)}{d_o^3 - d_i^3} \qquad (9.10)$$

如果半球形端盖的壁厚小于其直径的10%,则式(9.10)可以近似表示为:

$$f_{max} = \frac{Pd_o}{4t} \qquad (9.11)$$

平面圆形端盖中的最大应力可通过以下公式计算:

$$f_{max} = \frac{Pd_o^2}{8t^2} \qquad (9.12)$$

式中 f_{max}——最大应力;

P——端盖内外的压差;

d_o——端盖直径;

t——端盖厚度。

在设计计算中,管道的内部压力等于管道工作流体在其工作温度下的饱和蒸汽压或最大循环压力(以较大者为准)。压差等于蒸汽压减去环境压力。由于蒸汽压通常比环境压力大得多,因此蒸汽压近似等于压差。图9.9给出了几种流体的蒸汽压与温度的关系。最大许用应力等于极限拉伸应力(UTS)的1/4。

Zohuri[1]著作的附录B提供了适用于不同材料的极限拉伸压力(UTS)。热管外径等于蒸汽芯直径加上允许的吸液芯和壁厚,有了热管外径的相关参数,就可以使用式(9.8)~式(9.12)来计算管道容器和两个端盖的壁厚。

图9.10给出了几组设计曲线,当已知热管工作压力和材料的极限拉伸应力时,可以利用这些曲线快速确定所需的管道尺寸。图9.11给出了类似的设计曲线,用于分析平面端盖的厚度。

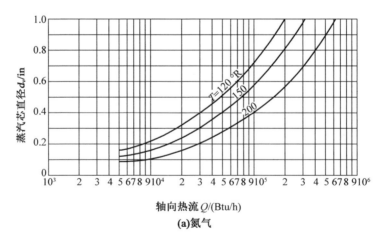

(a)氮气

图9.9 蒸汽马赫数为0.2时,蒸汽芯直径与传热速率的关系[3] (1 in = 0.025 4 m,1 Btu/h = 0.292 9 W, 1 °R = 0.555 6 K)。

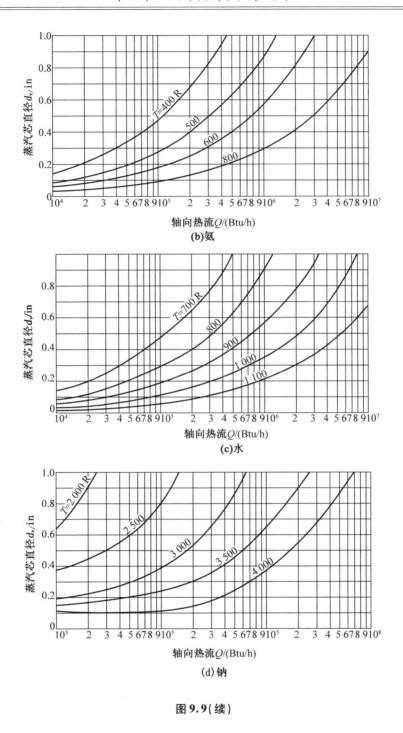

图 9.9(续)

此外,表9.2 给出了外径为1/4 ~ 1 in 的商用管子的尺寸数据。

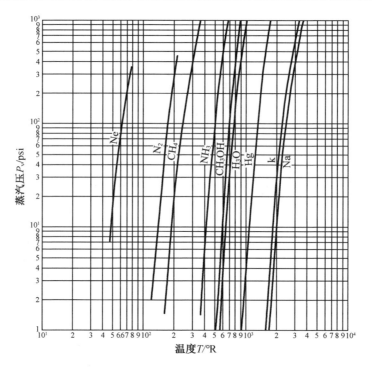

图 9.10 几种热管工作流体的蒸汽压与温度的关系[3] (1 psi = 6. 895 × 10³ N/m² , 1 °R = 0. 555 6 K)

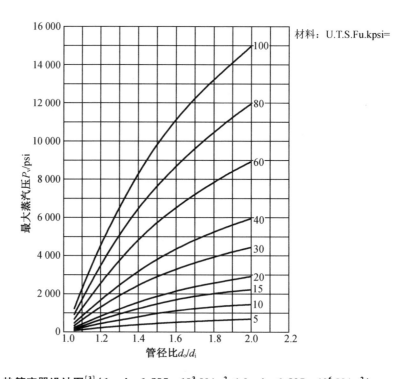

图 9.11 热管容器设计图[3] (1 psi = 6. 895 × 10³ N/m² , 1 kpsi = 6. 895 × 10⁶ N/m²)

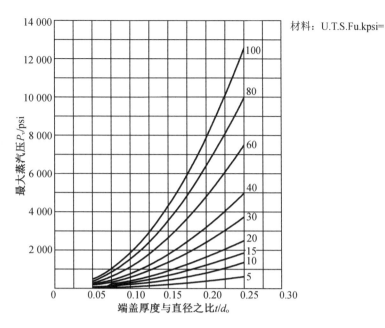

图9.12 端盖厚度与直径的比值(t/d_o)

表9.2 商用样品管的数据(1 in = 0.0245 m)[2]

管道外径/in	外径/内径	伯明翰线规	厚度/in	内径/in
$\frac{1}{4}$	1.289	22	0.028	0.194
	1.214	24	0.022	0.206
	1.168	26	0.018	0.214
$\frac{3}{8}$	1.354	18	0.049	0.277
	1.233	20	0.035	0.305
	1.176	22	0.028	0.319
	1.133	24	0.022	0.331
$\frac{1}{2}$	1.351	16	0.065	0.370
	1.244	18	0.049	0.402
	1.163	20	0.035	0.430
	1.126	22	0.028	0.444
$\frac{5}{8}$	1.536	12	0.109	0.407
	1.362	14	0.083	0.459
	1.263	16	0.065	0.495
	1.186	18	0.049	0.527
	1.126	20	0.035	0.555

表 9.2(续)

管道外径/in	外径/内径	伯明翰线规	厚度/in	内径/in
	1.556	10	0.134	0.482
	1.410	12	0.109	0.532
3/4	1.284	14	0.083	0.584
	1.210	16	0.065	0.620
	1.150	18	0.049	0.652
	1.103	20	0.035	0.680
	1.441	10	0.134	0.607
	1.332	12	0.109	0.657
7/8	1.234	14	0.083	0.709
	1.174	16	0.065	0.745
	1.126	18	0.049	0.777
	1.087	20	0.035	0.805
	1.493	8	0.165	0.670
	1.366	10	0.134	0.732
	1.279	12	0.109	0.782
1	1.199	14	0.083	0.834
	1.149	16	0.065	0.870
	1.109	18	0.049	0.902
	1.075	20	0.035	0.930

9.5.4 热管材料选择

热管材料选择的重要考虑因素是吸液芯和容器与工作流体的相容性,因为工作流体的化学反应或分解,以及容器、吸液芯的腐蚀和侵蚀会造成热管性能持续下降。工作流体的化学反应或分解还可能产生不凝性气体。具体的例子是在水-铝热管中水解产生氢气。在常规热管中,所有的不凝性气体都被吹扫到冷凝段末端,导致冷凝段的一部分失效[3]。

容器、吸液芯的腐蚀和侵蚀可能导致流体润湿角和吸液芯的渗透性或毛细孔尺寸发生变化。最终,由腐蚀和侵蚀产生的固体颗粒被流动的液体输送到蒸发段并沉积在该区域。表 9.3 是流体-金属组合的相容性匹配表,可用于选择吸液芯和容器材料。

除了材料的相容性以外,其他因素(如质量、温度特性和制造成本)也很重要。

图 9.13 给出了几种材料的密度除以极限拉伸应力所得的值随温度的变化关系。要实现最小的质量,应选择 $\frac{\rho}{f_u}$ 值最小的材料,其中 ρ 是材料密度,f_u 是极限拉伸应力。

容器壁的温度降与容器壁厚成正比,与材料的热导率成反比。

因此,要实现较小的温度降,所选材料的导热系数与极限拉伸强度(kf_u)的乘积必须较大。图 9.14 给出了几种材料的 kf_u 值。

表 9.3　流体 – 金属组合的相容性

流体	固体					
	铝	铜	铁	镍	304 不锈钢（SSª 304）	钛
氮	相容	相容	相容	相容	相容	
甲烷	相容	相容			相容	
氨	相容		相容	相容	相容	
甲醇	不相容	相容	相容	相容	相容	
水	不相容	相容		相容	相容①	相容
（熔融）钾				相容		不相容
（熔融）钠				相容	相容	不相容

注:①可能会产生氢气。

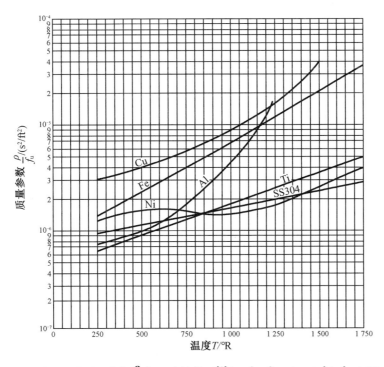

图 9.13　几种热管材料的质量参数 $\dfrac{\rho}{f_{\mathrm{u}}}$ 与温度的关系[2]（1 s²/ft² = 10.76 s²/m²；1 °R = 0.555 6 K）

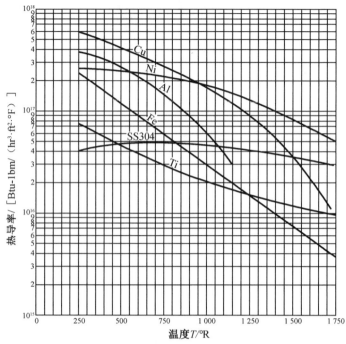

图 9.14　几种热管材料的材料热导率与温度的关系[2]（1 Btu · lbm/（h³ · ft² · °F）=
1.986×10⁻⁷W · kg/（s² · m² · K；1 °R = 0.555 6 K）

9.6　携带和沸腾极限

Chi[3]推导得出的关系式,用轴向热流密度来表示携带极限,可表示如下:

$$\frac{Q_{e_{max}}}{A_v} = \lambda \sqrt{\frac{\rho \rho_v}{2r_{h,s}}} \tag{9.13}$$

式中　$Q_{e_{max}}$——携带极限；

　　　λ——汽化潜热；

　　　ρ_v——蒸气密度；

　　　$r_{h,s}$——吸液芯表面空隙的水力半径。

对于任何一种缠绕丝网吸液芯,$r_{h,s}$ 的值均等于金属丝网直径的一半。由 Chi[3]给出的
图 9.15（a）~9.15（d）给出了热流密度形式的携带极限值,与式（9.13）的计算值一致。使用
该图可以轻松读取$\frac{Q_{e_{max}}}{A_v}$的值用以进行热管设计。这个值应该大于热管运行时的 Q/A_v 的实
际值。

沸腾极限及其理论已在第 2 章的 2.8 节中讨论,并且已经推导出式（2.90）（Zohuri[1]）,
另一种形式的方程如下所示:

$$\frac{Q_{B,Max}}{L_e} = \frac{2\pi k_e T_v}{\lambda \rho_v \ln\left(\frac{r_i}{r_v}\right)}\left(\frac{2\sigma}{r_n} - P_c\right) \tag{9.14}$$

式中　$\dfrac{Q_{B,Max}}{L_e}$——蒸发段每单位长度的沸腾传热极限；

　　　L_e——液体饱和吸液芯的有效导热系数；

　　　T_v——蒸气温度；

　　　λ——汽化潜热；

　　　ρ_v——蒸气密度；

　　　σ——表面张力系数；

　　　P_c——毛细压力；

　　　r_i——管道容器的内半径；

　　　r_v——管道的气汽芯半径；

　　　r_n——泡核沸腾的临界半径。

对于缠绕丝网吸液芯结构，可通过式(9.15)计算 k_e 值，即

$$k_e = \frac{k_1\left[\left(k_1 + k_w\right) - \left(1 - \varepsilon\right)\left(k_1 - k_w\right)\right]}{\left(k_1 + k_w\right) - \left(1 - \varepsilon\right)\left(k_1 - k_w\right)} \tag{9.15}$$

式中　k_e——有效导热系数；

　　　k_w——吸液芯材料的导热系数；

　　　k_1——液体的导热系数；

　　　ε——孔隙率，$\varepsilon = 1 - 1.05\pi Nd/4$；

　　　N——丝网布号；

　　　d——丝网直径。

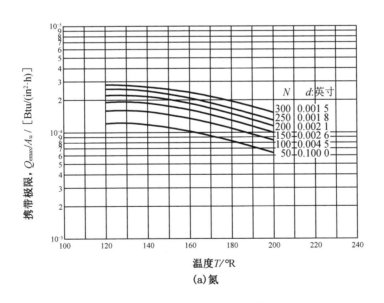

(a)氮

图 9.15　带吸液芯热管的轴向热流密度携带极限[9]（$1\ \text{Btu}/(\text{in}^2 \cdot \text{h}) = 454\ \text{W/m}^2$，$1°\text{R} = 0.555\ 6\ \text{K}$，$1\ \text{in} = 0.025\ 4\ \text{m}$）。

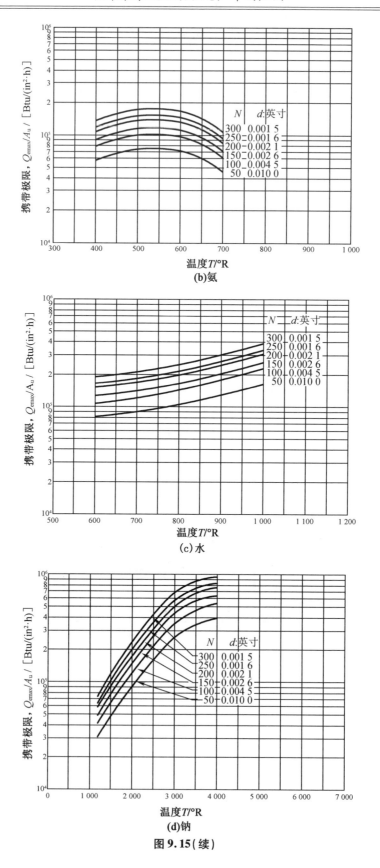

图 9.15(续)

参照 Zohuri[1] 著作第 2 章的 2.8 节,对于常规热管,r_n 的保守值为 10^{-5} 英寸。

一般而言,如果 $2\dfrac{\sigma}{r_n}$ 的值比 P_c 大得多,则式(9.14)可以近似表示为[2]:

$$\frac{Q_{B,max}}{L_e} = \frac{4\pi k_e T_v \sigma}{\lambda \rho_v r_n \ln\left(\dfrac{r_i}{r_v}\right)} \qquad (9.16)$$

图 9.15[3] 给出了由式(9.16)右侧以管道流体、丝网网格、直径比 $\left(\dfrac{d_i}{d_v}\right)$ 和工作温度为参数的计算值。根据 Chi[3],这些值是在丝网直径等于线间距的 2/3 的情况下计算得出的,对于一般设计的吸液芯丝网来说,这是一个非常保守的值。通常对于保守的设计近似值,$Q_{B,max}/L_e$ 值应大于热管运行时的 Q/L_e 的实际值。

9.7　常见的热管吸液芯结构是什么?

商用热管中使用了四种常见的吸液芯结构:沟槽、金属丝网、金属粉末和纤维/弹簧。每种吸液芯结构都有其优点和缺点,不存在完美的吸液芯。有关这四种商用吸液芯实际测试性能的简要概述,参见图 9.16。每种吸液芯结构都有其自身的毛细极限。沟槽式热管在这四种吸液芯结构中的毛细极限最低,且在冷凝段位于蒸发段上方的重力辅助条件下效果最好。

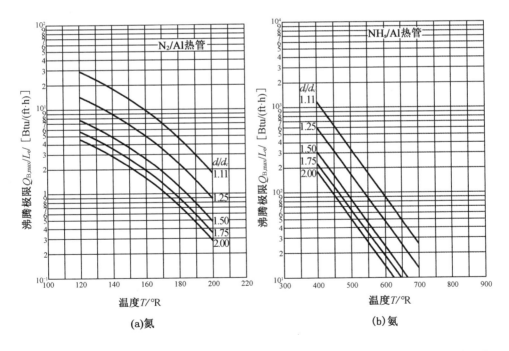

图 9.16　蒸发段每单位长度的沸腾传热极限[3](1 Btu/(ft·h)=0.961 W/m,1 °R=0.555 6 K)

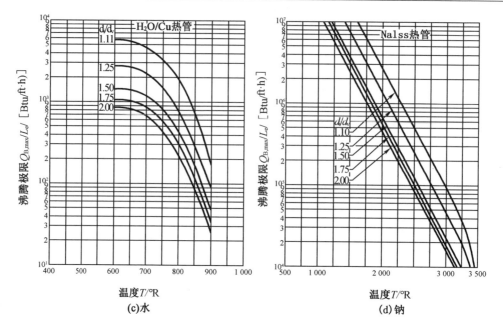

图 9.16(续)

9.7.1 吸液芯设计

对于在正常和稳态模式下工作的缠绕丝网吸液芯热管设计,可以利用图9.17～图9.20,使用以下经验方法快速确定吸液芯尺寸:

(1)根据内管直径 d_i、总长度 L_t 和倾斜角 ψ,使用以下公式计算重力压头,其中 ρ_1 是液体密度,g 是重力,$\rho_1 g$ 的值由图 9.16 读出。

$$P_g = \rho_1 g (d_i \cos\psi + L_t \sin\psi) \tag{9.17}$$

(2)考虑到 P_c 不应小于上面步骤(1)中计算的 P_g 值的两倍,可使用图 9.15(a)～(d)选择吸液芯所需的网格数。

(3)假定 t_w 是管道所需的吸液芯厚度,且蒸汽芯直径 d_v 等于($d_v - 2t_w$)。此时,由式(2.44)(Zohuri)[1]和式(2.56)(Zohuri)[1],从图 9.17 和图 9.18(a)～(c)中分别读出液体和蒸汽的摩擦系数 F_1 和 F_v。

(4)使用以上假定的吸液芯厚度,由式(2.77)(Zohuri)[1]定义的管道传热极限可以按以下公式计算:

$$(QL)_{\text{Capillary Max}} = \frac{P_c - P_g}{F_1 + F_v} \tag{9.18}$$

(5)检查由式(9.17)计算得出的 $(QL)_{\text{Capillary Max}}$ 是否具有大于所考虑问题的所需 QL 值。如果是,则假定的吸液芯厚度是令人满意的。如果不是,就需要使用更大的吸液芯厚度,并重复步骤(3)～(5),直到得出一个令人满意的吸液芯厚度为止。

由此可见,借助设计图可以迅速完成上述设计过程。这些程序是专门针对在稳定模式下运行的传统热管设计的,图9.18所示的 P_c、$\rho_1 g$、F_1 和 F_v 的值也可用于其他模式下的热管。

请注意,对这些参数的初步考虑是基于本节中缠绕丝网组成的金属丝布元件的吸液芯设计的(图9.21)。首先从实用的角度考虑对热管应用很重要的金属丝布的主要性能,通常用于热管吸液芯的金属丝布都有方形网孔,网孔尺寸通常用网孔数来表示,网孔数定义为在垂直于金属丝的方向上测量的每线性英寸的网孔数。尽管编织金属丝布可以使用不同尺寸的金属丝,但是在许多情况下,金属丝尺寸近似等于金属丝间距。如前所述,吸液芯结构的近似特征表明,吸液芯结构中的液体流动阻力与网格尺寸的平方成反比,而毛细泵送压力与网格尺寸成反比。实际操作上网格数为50~300的金属丝布是最常用的吸液芯。实践经验表明,为使热管在重力场中成功运行,最大毛细力必须至少约为流体静压头的两倍。图9.18包含了通过式(2.7)(Zohuri[1])计算的最大毛细力的数据,以及表2.1(Zohuri[1])中显示的金属丝网的数据。图9.19为标准重力场32.2 ft/s²(9.81 m/s²)下,各种液体每单位垂直高度的静压头数据。如Zohuri[1]著作中表2.1所示,对于平行丝网吸液芯,缠绕式吸液芯的有效毛细半径 r_c 等于线间距的一半。但是,由于丝线的错开以及相邻缠绕层之间的干扰,到目前为止,尚无法通过理论方法确定缠绕式吸液芯的有效半径,通过对单层丝网进行测试得出的实验数据[1]似乎表明 r_c 等于线径 d 和间距 w 之和的一半,而不是仅等于间距的一半。对于多层丝网,目前还没有通用数据。此外,吸液芯的有效半径似乎可以通过以下公式以非常保守的方法来计算:

$$r_c = \frac{d+w}{2} = \frac{1}{2N} \tag{9.19}$$

其中,N 是网格数,定义为每单位长度的丝网数[2]。

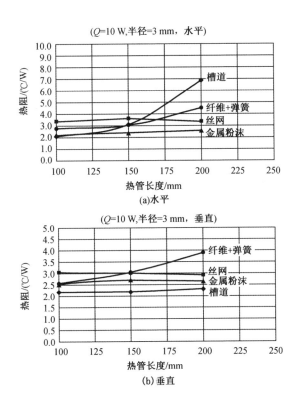

图 9.17 水平和垂直(重力辅助)方向上具有不同吸液芯结构的热管的实际测试结果(Enertron Corporation)

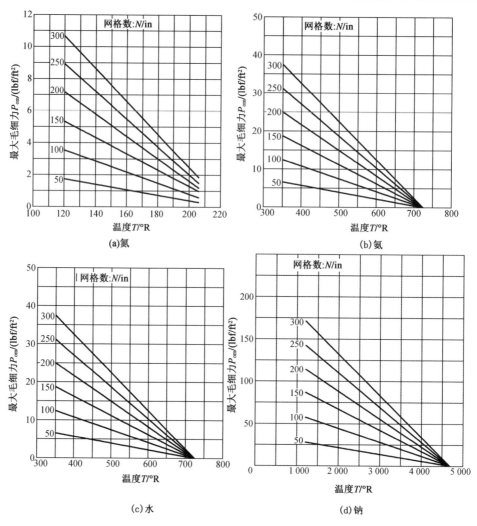

图 9.18　丝网吸液芯的最大毛细力[3]（1 lbf/ft² = 47.88 N/m²，1 °R = 0.5556 K，1 in⁻¹ = 39.37 m⁻¹）

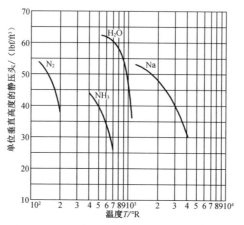

图 9.19　在标准重力场中每单位垂直高度的静压头与温度的关系[3]（1 lbf/ft³ = 1.57.1 N/m³，1 °R = 0.555 6 K）

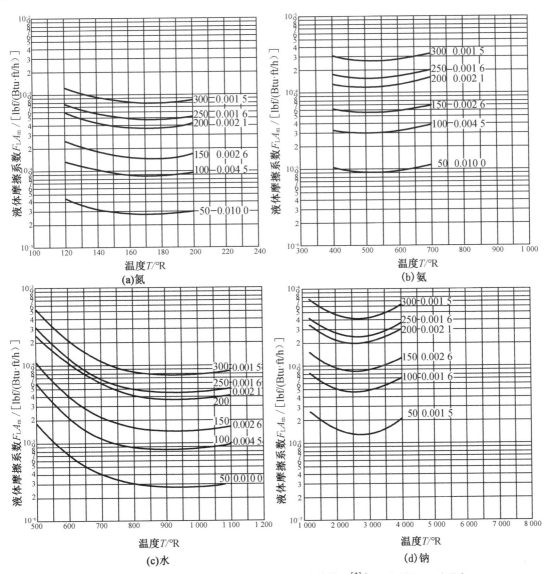

图9.20 缠绕式吸液芯中液体流动的液体摩擦系数与温度的关系[3] [1 lbf /(Btu · ft/h) = 49.82 N/(W · m) ,1 °R = 0.555 6 K,1 in = 0.025 4 m]

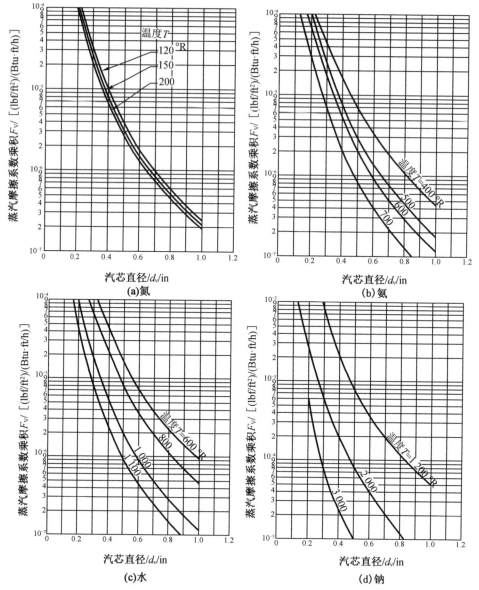

图 9.21　圆管中蒸汽流动的蒸汽摩擦系数[3]$[1(lbf/ft^2)/(Btu \cdot ft/h) = 536.3(N/m^2)/(W \cdot m)$, $1\ in = 0.025\ 4\ m, 1\ °R = 0.555\ 6\ K]$

9.8　稳态和瞬态机制

根据热力学定义,稳态是一个不改变系统状态而改变环境的过程。在稳态条件下,系统的输入和输出保持平衡,因此系统的属性不会改变,但是环境确会由于这一过程而发生变化。在现有的稳态或平衡条件下,系统在虚位移中基本保持不变,是一种比动态平衡更为普遍的情况。如果一个系统处于稳态,那么现在观察到的系统行为将持续到未来。在随机系统中,各种不同状态被重复的概率将保持不变。

处于稳态的系统具有许多随时间不变的特性。这意味着对于系统的任何属性 p，它对时间的偏导数都为 0。

$$\frac{\partial p}{\partial t} = 0 \tag{9.20}$$

在许多系统中，只有在系统完成启动或启动后经过一定时间后才能达到稳态。通常将这种初始情况标识为瞬态、启动或预热阶段。

然而，瞬态是一个随时间变化的过程。换句话说，瞬态意味着随着时间的变化，存在的一种短暂的状态。具有短暂特性的事物被称为瞬态，或通常简单称为一个瞬态或瞬变状态。

总结：

（1）稳态。可以将许多工程系统理想化为处于稳态，这意味着所有属性都不会随时间变化。

（2）瞬态。许多工程系统都会经历一段状态随时间变化的短暂运行时期，这种运行称为瞬态。瞬态主要是在启动和关闭阶段观察到的现象。

9.9　热管的稳态和瞬态分析

热管的运行状态可以是稳态，也可以是瞬态。在稳态模式下，从热管冷凝段（散热器）排出热量与向蒸发段（热源）添加热量的速率相等，且热管温度保持恒定。

在瞬态模式下，热管蒸发段吸收的热量与冷凝段排出的热量之间存在不平衡，热管温度随时间变化。这种模式总是在热管从环境温度（凝结状态）启动时发生。

如果热量输入的速度小于热管的吸热速度，则启动过程是缓慢且渐进的。在这种情况下不会发生过热或启动困难。另外，如果热量的输入速度显著大于热管的吸热速度，则热管内的启动可能会非常迅速。如果环境温度低于热管工作液体的凝固点，则会引起热管内部潜在的启动问题。在这种情况下，直到蒸发段的温度明显升高到该凝固点以上，热管才开始工作，导致热管内部的蒸汽压极低。

当热管达到其运行状态时，如果热管冷凝段与散热器之间存在良好的热耦合，则在热管启动时，其热传递能力可能不足以防止冷凝段液体冻结。很快就会出现蒸发段吸液芯蒸干、过热以及热管损坏的情况[5]。当只有一部分冷凝段长度处于热耦合中用于排放输入的热负荷时，即使冷凝段液体没有发生冻结，热管也可能无法完全运转。

热管不一定会过热，但是在整个启动过程中以及进入稳态运行阶段前可能都会处于较高的非等温状态。在这种情况下，建议对热管的启动特性进行瞬态分析。瞬态分析的目的有三个方面：

（1）确定热管壁是否过热或存在较大的热应力；

（2）确定是否超过热管的运行极限；

（3）确定是否由于热管冷凝段和散热器之间的热耦合过大而导致启动困难。

通过计算关键热管位置温度的时间相关性、实际传热速率以及将过热蒸气从冷凝段中分离的连续热前沿的位置，可以完成上述三个方面的分析。然后，通过将温度和热传输速率以及温度和传热极限进行比较，并观察连续热前沿是否到达冷凝段的后部，来确定热管设计在启动过程中的稳定性。

应该考虑到稳态设计是瞬态分析的起点。稳态设计可以基于稳态工作条件(如果存在)下的热负荷,或基于瞬态过程中的最大期望热负荷。如果最大热负荷出现在整个热管都正常工作之后,则基于最大热负荷的瞬时热管温度可能与稳态温度没有明显差异。如果峰值热负荷发生在整个热管开始工作之前,则基于稳态条件下的最大热负荷预测的热管温度可能会被大大高估。

一般来说,热管的启动过程非常复杂,涉及二维和三维空间中的温度变化,以及随着时间的推移在自由分子和连续流动蒸气中的传热,热管蒸气向真空膨胀并伴随冷凝,饱和蒸汽中的非平衡膨胀效应,固液以及液汽相的变化。Colwell 等人分析了解决此问题的一种方法。

最好使用初始饱和的工作流体来完成启动。如果无法做到这一点,在设计低温或液态金属热管时,吸液芯的设计应能在启动期间提供良好的输运性能。当需要使用可变热导热管时,其瞬态特性在很大程度上取决于所采用的可变低温热管的类型以及工作流体的选择。

Faghri 给出了关于热输入或温度突然变化的瞬态响应数学模型。他介绍了这样的情况:在热管达到完全稳态后,特别是在可变热管的情况下,通常需要确定热管蒸发段一侧的给定热量增加时达到另一稳态所需的时间。他给出了三个独立的分析模型,分别求解柱坐标下瞬态连续(介质)模型的一维和二维热方程的解,归纳如下:

(1)瞬态集总模型;
(2)一维瞬态连续(介质)模型;
(3)二维瞬态连续(介质)模型。

尽管一维和二维数值模型通常更为全面和准确,但需要大量的时间和精力进行计算机编程,而集总分析模型为热管设计人员提供了一种快捷方便的方法。

9.9.1 瞬态集总模型

由 Faghri 和 Harley 提出的瞬态集总热管模型确定平均温度随时间的变化,他们从一般集总电容分析中推导得出一个公式,该方法是在控制体上应用能量平衡(如图 9.22 所示),从冷凝段表面辐射和对流传热以及向蒸发段输入热量的情况下得出的能量方程如下所示:

$$Q_e - (q_{convective} + q_{radiative})S_c = C_t \frac{dT}{dt} \tag{9.21}$$

式中　Q_e——热输入;

$q_{convective}$——对流输出的热通量;

$q_{radiative}$——辐射热通量;

S_c——冷凝段周围的表面积;

C_t——系统的总热容量;

T——热管平均温度;

t——时间。

系统的总热容量定义如下:

$$C_t = \rho V_t c_p \tag{9.22}$$

式中　ρ——密度;

V_t——总体积;

c_p——系统的比热容。

在热管应用中,总热容量定义为热管中固体和液体成分的热容量之和,液体饱和吸液芯的热容量既考虑了吸液芯内的液体也考虑了吸液芯结构本身,用式(9.23)表示如下:

$$(\rho c_p)_{\text{effective}} = \varphi(\rho c_p)_{\ell} + (1 - \varphi)(\rho c_p)_s \tag{9.23}$$

其中,φ 是吸液芯的孔隙率。有关此方法的更多详细信息,读者可阅读 Faghri 的著作[6]。

在图 9.22 中,$T_{\infty,c}$ 是冷凝段周围的环境温度,$T_{\infty,e}$ 是热管蒸发段周围的环境温度,而 h_c 是冷凝段外部的对流换热系数,h_e 是蒸发段外部的对流换热系数。

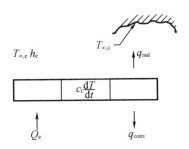

图 9.22　常规集总分析的控制体

9.9.2　一维瞬态连续介质模型

从数学分析的角度来看,任何一维建模都比二维建模容易。因此,相对于更复杂的二维模型而言,一维热管建模相对容易。尽管一维或二维模型比集总分析方法涉及的参数更多(更复杂),但可以更好地理解热管的轴向温度随时间的变化。瞬态蒸气流的一维模拟是由 Jang[7] 等人最先完成的,与二维蒸气流模型相比,一维模型减少了计算机所需的 CPU 时间,但模型中包含了吸液芯和热管壁对热管瞬态运行特性的影响。Faghri[6] 利用控制体的质量和动量守恒原理建立出可忽略体积力的蒸气流动守恒方程,并在基本的蒸气控制体上应用质量守恒定律推导出以下方程:

$$\frac{\partial \rho}{\partial t} A_v \Delta z + \frac{\partial}{\partial z}(\rho \overline{w}) \Delta z A_v - \rho_\delta v_\delta dS = 0 \tag{9.24}$$

式中　$\overline{w}$——平均轴向蒸气速度;

　　　A_v——$A_v = \pi R_v^2$;

　　　dS——$dS = 2\pi R_v \Delta z$。

使用以上定义并除以 $A_v \Delta z$,质量守恒方程如下:

$$\frac{\partial \rho}{\partial t} + \frac{\partial}{\partial z}(\rho \overline{w}) = \frac{2\rho_\delta v_\delta}{R_v} \tag{9.25}$$

Faghri[6] 的分析还表明,将动量守恒定律应用于相同的控制体,可得出如下方程:

$$\frac{\partial \rho}{\partial t}(\rho \overline{w}) A_v \Delta z + \frac{\partial}{\partial z}(\rho \overline{w}^2) A_v \Delta z = \frac{\partial \sigma_z}{\partial z} - \tau_w dS \tag{9.26}$$

其中,法向应力函数

$$\sigma_z = -p + \frac{4}{3}\mu \frac{\partial \overline{w}}{\partial z} \tag{9.27}$$

利用以上定义的法向应力函数 A_v、dS 和摩擦系数,并除以 $A_v \Delta z$,可以得出轴向动量守恒方程:

$$\frac{\partial \rho}{\partial t}(\rho \overline{w}) A_v \Delta z + \frac{\partial}{\partial z}(\rho \overline{w}^2) A_v \Delta z = -\frac{\partial}{\partial z}\left(p + \frac{4}{3}\mu \frac{\partial \overline{w}}{\partial z}\right) - \frac{f\rho \overline{w}^2}{R_v} \qquad (9.28)$$

摩擦系数 f 是蒸汽流轴向雷诺数的函数。由于蒸汽流在蒸发段中保持层流状态,因此可以使用常规的管道流量关系式计算:

$$f = \frac{16}{Re}, Re < 2\,000 \qquad (9.29)$$

如果轴向雷诺数大于 2 000,则冷凝段处的流动可能是湍流流动。这种情况下的摩擦系数可以由以下公式得出:

$$f = \frac{0.079}{Re_{0.25}} \quad for \quad Re \geqslant 2\,000 \qquad (9.30)$$

在考虑可压缩状态时,可以使用如下的理想气体定律:

$$p = \rho R_g T \qquad (9.31)$$

假设径向温度均匀并且切向和法向应力(黏滞剪切力和静压力)的能量传递可忽略,可以推导出蒸汽空间的能量守恒方程[6]:

$$\frac{\partial T}{\partial t} = -\frac{\partial}{\partial z}(T\overline{w}) + \alpha \frac{\partial^2 T}{\partial z^2} + \frac{2T_\delta v_\delta}{R_v} \qquad (9.32)$$

如果假设温度在径向上是均匀的,则 $T_\delta = T = T_v$。因此,能量守恒方程式如下:

$$\frac{\partial T_v}{\partial t} + \overline{w}\frac{\partial T_v}{\partial z} = \alpha \frac{\partial^2 T_v}{\partial z^2} + \frac{2T_v v_\delta}{R_v} \qquad (9.33)$$

在蒸发段中,$v_\delta < 0$ 意味着热量被添加到蒸气中;反之,在冷凝段中,$v_\delta > 0$ 表示热量被移除。

由于吸热/放热速率是根据液-汽界面处的能量平衡确定的,因此正是这种界面速度项将壁面吸液芯区域和蒸汽空间区域的能量方程的解耦合起来。

液-汽界面处的边界条件更为复杂,因为它耦合了吸液芯和蒸汽的流动。吸热或放热的速度 $\rho_\delta v_\delta$ 可以从界面处的能量平衡得出:

$$v_\delta \rho_\delta = \frac{k_{eff}}{hf_g}\frac{\partial T_\ell}{\partial r}\begin{cases} > 0\,(\text{blowing}) \\ < 0\,(\text{suction}) \end{cases} \qquad (9.34)$$

有关这些分析的更多详细信息,读者可参阅 Faghri 的著作[6]。

9.9.3 二维瞬态连续介质模型

热管的任何运行过程(例如启动、关闭)和运行瞬态(例如脉冲热输入)都是非常重要的,需要对热管进行瞬态分析开展详细研究。在瞬态运行的某些时刻,热管具有一维模型无法解释的二维特性。此外,二维模型和分析不需要任何经验关系式来确定摩擦特性,结果比一维模型更精确。二维模型还可以用来模拟某些重要现象,例如输入热流量不均匀或存在多个热源、散热器的情况[6]。Faghri[6] 给出了包括数学模型在内的众多分析细节,读者可以参考其著作。

参 考 文 献

［1］ Zohuri, B. (2016). Heat pipe design and technology: Modern applications for practical thermal management (2nd ed.). New York: Springer.

［2］ Reay, D. A., & Kew, P. A. (2006). Heat pipes (5th ed.). Oxford: Butterworth – Heinemann is an imprint of Elsevier.

［3］ Chi, S. W. (1976). Heat pipe theory and practice. New York: McGraw – Hill.

［4］ McLennan, G. A. (1983, November). ANL/HTTP: A computer code for the simulation of heat pipe operation (Report No. ANL – 83 – 108). Argonne National Laboratory.

［5］ Colwell, G. T., Jang, J. H., & Camarda, J. C. (1987). Modeling of startup from the frozen state. Presented at the Sixth International Heat Pipe Conference, Grenoble, France, May 1987.

［6］ Faghri, A. (1995). Heat pipe science and technology. Washington, DC: Taylor & Francis.

［7］ Jang, J. H., Faghri, A., & Chang, W. S. (1991). Analysis of the one – dimensional transient compressible vapor flow in heat pipes. International Journal of Heat and Mass Transfer, 34, 2029 – 2037.

第 10 章 热管的制造

本章将对热管的制造方法进行讨论,目的是建立具有成本效益的制造流程,从而最终生产出更便宜、更可靠的热管。本章内容考虑了所有热管制造商普遍使用的主要制造步骤,包括外壳和吸液芯清洁、密封和焊接、机械验证、抽气和充注、工作流体纯度和充注管夹断。本章对现有制造商的技术和制造流程进行考察和评价,结合特定的面向制造的试验结果,给出了一套可供所有制造商使用的经济有效的推荐程序。

10.1 引　　言

本章的主要目的是让读者了解如何建立能够保证最终产品可靠性的标准化制造流程。例如,通过评估和定义有效的清洁流程,可以提高正确制造的热管的可靠性。此外,由于当前每个制造商使用的制造流程都是独立的,并且是根据不同的规格和质量建立的,导致在实际操作过程中存在许多重复工作;许多公司的制造流程都是迭代制定的,这是开发一项技术的一种昂贵且费时的方法。因此,这项工作只是其他工作的先驱,这些工作最终将为所有制造商制定基本的热管制造规格和细节。

本质上,热管的主要基本构造包括以下五个部件:

(1)外壳;

(2)充注管;

(3)端盖;

(4)吸液芯;

(5)工作流体。

通过充注管将工作流体注入管道,随后通过夹管将其密封。当热量施加到热管的一部分(蒸发段)上时,工作流体蒸发,从而导致压力局部升高,将蒸汽驱动向热管的另一端(冷凝段)。热管冷凝段会使蒸气在管壁上凝结。最后,在毛细作用力的驱动下,工作流体通过吸液芯流回到蒸发段。只要将热量输入到蒸发段并在冷凝段将热量导出,这个循环便会重复进行。但是,如果以高于吸液芯可以承受的速度向热管输入热量,那么热管将无法运行(蒸干)[2]。热管的一个严重问题是会产生不凝性气体,而不凝性气体的存在会限制热管的性能。

通常情况下,这些不凝性气体会积聚在热管的冷端(冷凝段),从而降低热管的有效热导率,直到冷凝段完全“堵塞”,热管无法正常工作为止。图 6.22 给出了热管的构造。以下是本书中所讨论的主要部件的制造相关的简要总结[2]。

这些部件的制造和操作要点将在以下章节进行讨论。

10.1.1　外壳

外壳可以是设计者所需要的任何横截面,例如圆形、正方形等,并且可以包含安装凸缘以简化安装并弯曲成各种形状。吸液芯可以是挤压进外壳中的凹槽,也可以是由细金属丝网(图 10.1)、烧结筛网、金属毡等制成的组件,例如格鲁曼公司的螺旋动脉设计。其中,最常见的外壳结构是圆形。确定管子直径和壁厚的方法已在 Zohuri[1] 著作的第 3 章中讨论过,并且可以在 Chi[2] 著作的第 1 章中找到更多细节内容。

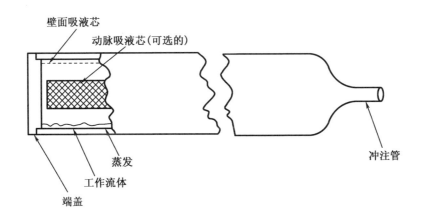

壁面吸液芯
动脉吸液芯(可选的)
蒸发
工作流体
端盖
冲注管

图 10.1　典型的热管组件[2]

热管制造商很少关心管子的制造,因为不同材料和尺寸的管子都可以以合理的价格在市场上买到。无缝管和对焊管均可用作热管外壳。但是,在将管子切成所需要的长度时,应注意不要使管子的端部变形,否则会使管子与端盖的牢固连接变得困难。尽管在热管应用中通常使用具有光滑内表面的圆形管,但是目前已经开发出多种技术来生产具有内翅片的管子,且这种管子也已普及。Kemme[4] 开发了第一个带有轴向沟槽的热管,该热管是通过在平板上铣削沟槽,然后对管进行轧制和对接焊而成的。如今,商用一体式翅片管也已上市。

10.1.2　端盖

尽管看似操作简单,但对于许多热管制造商而言,端部封闭和焊接一直是一个难题。常见的问题是焊缝中存在的气孔或裂纹,可能导致工作流体流失。为了最大限度地减少这种故障,应进行密封检查以验证密封性能是否足够。

经验和研究表明,热管不能通过密封检查的现象并不罕见,因此需要对密封进行修复。在这一过程中,可能要重复多次焊接操作才能修复故障,因此可靠性工艺流程可能导致制造周期的变更性。显然,这些增加的步骤将对时间和成本预算产生不利影响。为了符合研究的总体目标,"最佳"密封过程应易于执行,可重复,需要价格适中的设备,可靠且易于检查。

热管端盖所需的最小厚度可以通过第 3 章所述的应力分析来确定,并且计算机程序提供了这种分析功能。焊接接头的精心设计非常重要,对焊接端盖起着很大的作用。图 10.2给出了四种类型的接头设计。

处理这些接头的对齐是另一个重要步骤。为了获得牢固、防漏的焊接接头,必须对端盖进行机加工,形成大致等于管壁厚度的焊接区域厚度[3],这个步骤确保了两个表面的熔化是均匀的,在这四种接头中,图10.2(a)的对接接头相对于其他三个而言更加困难。

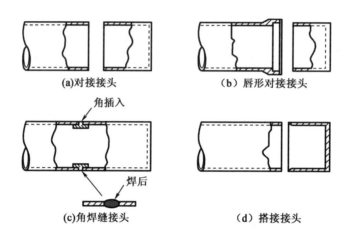

(a)对接接头 （b）唇形对接接头

(c)角焊缝接头 （d）搭接接头

图 10.2 端盖焊接的典型接头设计[3]

带有焊接端盖的热管的详细设计应考虑以下几点:

(1)熔焊/连接过程可实现连接强度和密封性的最佳组合。

(2)应该优先选择完全机械化的熔焊工艺,而不是手工工艺。机械化工艺在接头质量(例如强度、热影响区的大小和焊缝几何形状)方面更加一致。

(3)使用 6061 铝合金或 304L 不锈钢合金可以消除对焊后热处理的需要,例如取消防止腐蚀或脆化的应力释放退火。

(4)焊接效率是首要考虑因素。304L 不锈钢合金不需要热处理,在"熔焊"状态下可获得相对较高的焊接效率。对于这种合金,保守的假设是焊接接头的强度是在退火状态下 304L 产品所保证的最小强度的 85%(自动过程)或 70%(手动过程)。对于 6061 铝合金,在确定焊接接头强度时,必须考虑焊接之前的材料状况,并且使用焊后热处理。

(5)设计者应事先知道由所选焊接工艺产生的焊缝的几何形状,由于焊后无法加工底部焊缝。通过焊缝的过大液滴会干扰热管的运行。应避免对焊缝顶部进行加工。去除焊缝顶部的表皮材料可能会暴露出晶间的孔隙,并导致气体从热管中泄漏出去。

(6)最好使用方形对接设计。

(7)端盖的细节应设计成在焊接过程中能够自动对准,还可以为接头提供充填金属。

(8)应考虑由于焊接热而可能对热管内部结构造成的损坏,并在必要时通过实验确定。

有关端盖焊接的更多过程以及详细信息,读者可以参阅 Edelstein 和 Haslett[2] 的报告(图 10.3)。

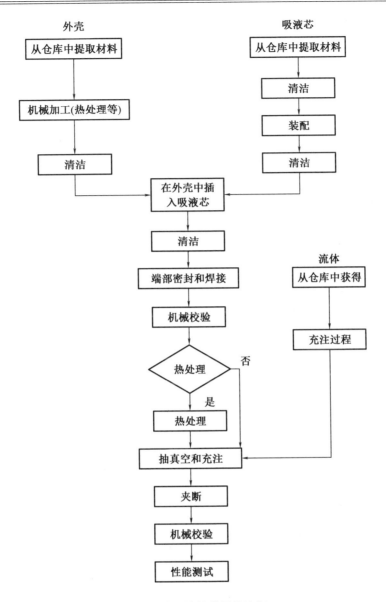

图 10.3　典型的热管焊接流程

10.1.3　充注管

端盖和充注管用于完成密封。

充注管是通向热管的唯一通道,用于排空和充注流体,充注管也必须被关闭并密封。焊接后的卷曲密封是最方便的。为了获得良好的压接效果,充注管的外径不得超过 1/4 in $(6.35 \times 10^{-3}$ m$)$。通常使用内径为 1/16 in$(1.59 \times 10^{-3}$ m$)$的管子。另外,对于某些材料来说,充注管管壁的厚度也很关键[3]。

10.1.4　吸液芯

如果吸液芯结构是热管的组成部分,例如轴向沟槽式热管,则不需要准备吸液芯的操作。如果吸液芯是由金属丝布制成的,例如缠绕丝网和动脉导管,则必须先将金属丝布切成所需的尺寸。金属丝布可能难以精确切割,因为它在材料平面上不是刚性的。可以将金属丝布夹在两个平板之间,沿直边进行切割[3]。

10.1.5 工作流体

热管中不能充满工作流体,也不能充注不足。热管工作流体必须是杂质最少的高品质气体、熔融固体或液体。如果不满足这些条件,则可能无法达到设计的热管性能。流体存量和净化技术将在下面有关管道排放和充注的部分中讨论[3]。

10.2 热管制造流程

图 10.3 的流程图给出了热管制造中涉及的基本操作。读者可以参考 Zohuri[1]专著第 3 章的 3.12.13 节,简要介绍了本报告中讨论的主要制造步骤。

这些主要步骤如下:
- 外壳和吸液芯清洁;
- 端部密封和焊接;
- 机械验证;
- 排气和充注;
- 流体评价;
- 充注管夹断。

热管的基本制造过程在图 10.3 中进行了总结和说明。除非个别制造流程中另有规定,否则以下限制或假设都应适用[2]:
- 考虑的外壳材料是铝和不锈钢管。
- 工作流体仅限于氨、氟利昂 21 和甲醇。
- 这些管道在中等温度范围内工作,标称温度范围为 100 ~ 200 ℉(200 ~ 366 K)。
- 典型的管道直径约为 0.5 in(0.012 7 m),最长约 12 ft(3.6 m)。
- 所描述的流程通常基于小批量操作,最多可操作 10 ~ 20 个组件。大量生产操作需要更多的自动化操作,其过程可能与此处描述的过程不同。
- 所描述的流程是基于图 10.3 中所示的典型热管制造流程制定的。

10.3 零件清洁

正如在选择合适的热管材料时需要格外小心以避免相容性问题一样,对热管组件进行清洁对于避免类似后果同样至关重要。很明显,目前在这个行业内还没有一个公认的标准[2]。尽管过程相似,但是每个制造商都使用不同的清洁流程,而且基本上都是独立开发的。每个清洁流程的有效性只能根据过去的经验进行评估。

从图 10.3 的热管制造流程中可以看出,有很多操作可能将污染物带入热管中。例如,不干净的吸液芯、外壳及工作流体中的杂质等。实际上,每次的操作如果执行不当,都可能造成热管污染。本节讨论铝和不锈钢外壳以及不锈钢吸液芯的清洁和预处理。该主题似乎应该被分为吸液芯和外壳两个主题内容。但是,在本书的写作过程中发现,几乎没有吸液芯清洁相关的资料。尽管大多数热管制造商都愿意讨论清洁问题,但是很少有人愿意专门讨论吸液芯的清洁问题。每个制造商都认为吸液芯的结构和制造细节是高度专有的,因为吸液芯从根本上决定了热管的性能,并将各家公司的产品区分开来。因此,在所联系的各个组织中,很少有人愿意提供吸液芯清洁相关的信息。

吸液芯的清洁和预处理至少应该与外壳的清洁一样重要。很明显,"脏"的吸液芯和其他未正确清洁的部件一样,都可能产生气体。必须清除嵌入细丝网或用于构造吸液芯的烧结材料中的油脂,以确保热管性能正常。在制造过程中可能会引入产生气体的异物,因此在装入吸液芯后需要设计一个清洗流程来除去这些杂质。例如,如果使用铜焊条通过点焊方式将吸液芯组装起来,那么一些铜颗粒可能嵌入不锈钢丝网中。为了去除这种与氨不相容的材料,需要使用硝酸冲洗。但是,在可能的情况下,最好通过使用钨电极来消除这一潜在问题[2]。

完成比较脏的操作(例如机加工)后,热管或外壳会进行初步清洁。机加工可能包括准备用于焊接、弯管的管端,在某些情况下,还需要在内表面上切出细的圆螺纹以提供毛细表面。在这些操作之后,可能会存在各种碎屑,例如金属屑、切削油、油脂、湿气等。因此,整个清洁流程有多个目标,即:

- 机械清除可能会堵塞毛细结构、动脉表面和在随后的动脉插入过程中损坏表面的颗粒物,例如金属屑。
- 除去可能引起铝和不锈钢腐蚀,并在两者之间提供电流耦合的水。有水存在的主要后果是形成颗粒反应产物以及产生气体。这种污染物的存在也可能引起缝隙、腐蚀和孔隙,导致容器结构完整性被破坏。
- 除去不一定具有腐蚀性但可能会损害热管毛细作用和流体特性的污染物。这些典型的污染物是用于金属切割和切除操作、挤压、成型等工序的各种油脂。这些污染物可能会覆盖在管道内表面并增加接触角,或者可能溶解在工作流体中改变其输运性能。
- 化学清洁并处理表面,以使其与随后的制造环境、吸液芯和工作流体不发生反应。
- 以增强工作流体"润湿性"的方式处理吸液芯表面。

不管是因为操作不当还是操作人员的失误,如果不能实现这些目标,就会导致热管的性能下降甚至完全失效。例如,在一次事件报道中,无意留在螺纹铝管内表面的水被认为是造成热管无法达到其性能指标的原因。通过分析发现,在热管内表面有大量氢氧化铝存在,堵塞了径向流动通道。

污染物还会与壁面、吸液芯或工作流体发生化学反应,产生不凝性气态产物,这些气态产物会阻塞冷凝段并降低热管的热导率。在使用动脉吸液芯的情况下,吸液芯内的气泡会严重限制热管的传热能力[4]。在 ATS 程序中,单个热管的凹槽失效是由于热处理过程中封闭在管道中的水导致的脆化和气孔造成的[2]。

不正确的清洁技术可能造成的问题概述如下:

- 壁面和吸液芯毛细结构表面的物理堵塞,损害了热管的输运能力和导热率。
- 产生不凝性气体,降低热管的导热(冷凝面积减小)和输送(动脉导管中存在气泡)能力。

- 降低吸液芯的润湿能力。
- 流体特性的不利变化,例如表面张力、润湿角和黏度。
- 由于电化学腐蚀、缝隙腐蚀和孔隙,容器壁结构完整性被破坏。

不幸的是,在对管道进行充注、密封和测试之前,其中许多问题是无法被发现的。在某些情况下,可能要花很长时间才能注意到其中的某些影响。到那时,采取纠正措施通常为时已晚。因此,必须要开发清洁程序,以防止这些问题的发生并生产出更可靠的产品。而且,为了符合本研究的总体目标,清洁程序还应该简单、便宜且尽可能避免人为错误[2]。

表 10.1 总结了热管行业目前采用的清洁流程,以及各种清洁技术的简要概述,并将介绍和分析每个制造商的方法。最后,基于此评估,提出了建议的清洁程序。请注意,各个制造商使用的清洁流程都是有针对性的。如果需要更多信息,建议联系制造商[1]。

铝、铜和不锈钢的清洁流程如下所示[2]:

1. 外壳清洁和预处理

(1)假定

①适用管子:铝 6061 或 6063;不锈钢 300 系列。

②管子状态:切割螺纹、吸液芯或其他内部机械加工前进行清洗。

③管子尺寸:直径 0.5 in(0.012 7 m),最长 12 ft(3.6 m)。

(2)材料

①非蚀刻碱性清洁剂(请参阅表 10.2)。

②铬酸盐脱氧剂(请参阅表 10.3)。

③过滤空气。

④无水异丙醇。

⑤干氮。

⑥钝化溶液(请参阅表 10.4)。

(3)铝管的清洁程序

①用钢丝硬毛刷在冷的 1,1,1 - 三氯乙烷中进行清洁。定期清洁刷子。

②用冷的三氯乙烷冲洗内表面;用过滤后的空气干燥并盖上端盖。

③浸入非蚀刻碱性清洁剂中至少 5 分钟。相关材料和温度参见表 10.2。

④冲洗时需进行 2 分钟的自来水冲洗,冲洗过程中不断升高和降低管子。

⑤浸入铬酸盐脱氧剂中。有关材料、时间和温度参见表 10.3。

⑥冲洗时需进行 2 分钟的自来水冲洗,冲洗过程中不断升高和降低管子。

⑦用强制过滤的空气彻底干燥内表面。

⑧用无水异丙醇冲洗。

⑨用加热至 160 ℉的干净、过滤、干燥的氮气强制干燥。

⑩盖上端盖。

⑪如果适用,插入动脉芯,用异丙醇冲洗,然后按照步骤⑨进行干燥。

⑫如果焊接后需要热处理,则:

a. 在 600 ℉下抽空管道 4 小时,并检查泄漏情况。

b. 密封抽空的热管。

c. 在密封管上进行热处理操作。

（4）不锈钢的清洁程序

①用钢丝硬毛刷在冷的 1,1,1 - 三氯乙烷中进行清洁。定期清洁刷子。

②用冷的三氯乙烷冲洗内表面；用过滤后的空气干燥并盖上端盖。

③浸入钝化溶液中。有关材料、温度和时间参见表 10.3。

④冲洗的需进行 2 分钟的自来水冲洗，冲洗过程中不断升高和降低管子。

⑤用强制过滤的空气彻底干燥内表面。

⑥用无水异丙醇冲洗。

⑦用加热至 160 ℉的干净、过滤、干燥的氮气强制干燥。

⑧盖上端盖。如果适用，插入动脉芯，用异丙醇冲洗，然后按照步骤⑦进行干燥。

（5）一般注意事项

①清洁程序必须尽可能避免人为错误，因为不正确执行的程序还可能导致不必要的污染。必须对人员进行有关热管清洁度要求的培训。在程序步骤中也要有足够的保障和检查点，必须符合良好的质量保证规范。

②进行清洁和充气操作时要非常快，并且各操作场地要彼此靠近。避免长时间存放管道，这会增加污染的可能性。各操作场地彼此靠近可以降低运输过程中污染的危险。

有关此程序的更多详细信息，请参阅 Edelstein 和 Haslett[1] 的报告。

表 10.1　当前正在使用的热管清洁流程摘要[1]

制造商	外壳清洁		吸液芯清洁（不锈钢）
	铝	不锈钢	
Dynatherm	●溶剂		
	●酸		
NASA/GSFC	●溶剂		
	●酸		
德国	●溶剂	●溶剂	●溶剂
	●碱/酸	●钝化	●钝化
TRW	●溶剂	●超声波	●超声波
	●碱/酸	●真空点火	●真空点火
	●超声波		
DWDL/MDAC	●溶剂		
ESRO/MBB	●超声波		●超声波
GE	●碱/酸	●碱/酸	
斯图加特大学	●超声波		
	●钝化		
NASA/MSFC	●溶剂	●溶剂	
斯图加特大学	●碱/酸	●碱	
		●钝化	

表 10.2　非蚀刻碱性清洁剂示例[1]

材料	浓度	温度
Ridoline No. 53（Amchem Products Co.）	2~10 oz/gal	140~180 ℉
Oakete No. 164（Oakite Products Co.）	2~10 oz/gal	140~180 ℉
Kelite Spray White（Kelite Corp）	容积比 40%~60%	环境温度
A-38（Pennwatt Corp）	2~10 oz/gal	140~180 ℉

表 10.3　铬酸盐脱氧剂溶液示例（浸泡型）[1]

材料	浓度	温度	浸泡时间
17a 号铬化脱氧剂补充剂的混合物（Amchem 制品有限公司）	2~6 oz/gal	环境温度到 120 ℉	5~30 min
42° Be 硝酸	容积比 10%~20%		
17a 号铬化脱氧剂补充剂的混合物	2~6 oz/gal	环境温度	5~30 min
66° Be 硫酸	容积比 4%~7%		

表 10.4　钝化溶液示例[1]

材料	浓度	温度	浸泡时间
硝酸	容积比 35%~65%	环境温度	30 min~2 h
重铬酸钠或重铬酸钾的混合物	1~4 oz/gal	环境温度	30 min~2 h
硝酸	容积比 15%~30%		

10.4　热管的组装

热管零件的组装包括端盖和充注管的焊接,以及吸液芯的成型和插入(如果使用吸液芯)。由于零件已被彻底清洁,因此在可行的情况下应在清洁后立即进行组装。否则,清洁后的热管零件应存储在清洁干燥的环境中,以防止被空气中悬浮的蒸气、烟雾和灰尘污染。处理零件时应戴橡胶手套,以防止零件被皮肤油脂和酸液污染。

1.吸液芯成型和插入[4]

手工成型和插入丝网吸液芯的步骤如下:组装好的吸液芯不得存在褶皱,为防止出现褶皱,可将丝网包裹在干净的中心轴上。中心轴和包裹的丝网的总直径应仅略小于热管的内径,在将丝网从中心轴释放时,盘绕的丝网中的残余应力会迫使其抵靠在管壁上。丝网的端部必须平整,并且丝网必须正确放置,以使端盖的安装不会干扰或压碎丝网。为了确保丝网层与管壁之间的物理接触,可以用锥形塞子或球强制穿过吸液芯。有时也使用未拉伸直径略大于吸液芯内径的螺旋弹簧来保持丝网层与管壁接触。弹簧也可以借助中心轴安装,当弹簧被中心轴固定时,弹簧拉紧,拉伸弹簧的长度不得大大超过安装长度,否则当弹簧从中心轴释放时,轴向力可能会使丝网移位。将吸液芯正确放置在管道中后,将端盖焊接在管道上[2]。

2.端盖安装[2]

如果充注管不是端盖的组成部分,则应首先将其焊接到端盖上。无论带或不带充注管的端盖通常都焊接到管端。在所有接缝处都需要高质量的焊接接头,因为焊缝中的孔隙或裂纹会导致工作流体流失。为了最大限度地减少此故障,应进行检查以验证密封是否足够。可以采用多种焊接技术。但是,一般不建议使用氧乙炔气的气焊,由于存在助焊剂,氧气和填充金属往往会污染清洁过的零件。研究发现,手动或自动钨极惰性气体(TIG)焊接和电子束焊(EBW)在热管焊接时可以达到令人满意的效果。

TIG 是一种电弧焊接工艺,使用的是尖头钨电极,惰性气体通过焊炬送入,在电弧四周和焊接熔池上形成屏蔽。填充金属通常不用于热管焊接,但是它们可能是端盖的组成部分,例如,图 10.4 中所示的唇形对接接头的唇边可以用作填充金属。另外,该过程不使用助焊剂。因此,TIG 不会污染清洁后的热管部件。EBW 是在真空室内进行的,这种焊接方式消除了金属在空气中形成表面化合物。此外,EBW 可提供最少的热量输入和最大的热密度,能够产生具有最小热影响区的焊接接头,接头性能接近母材的性能。因此,它是热管焊接的理想选择。但是,EBW 设备的投资成本比自动 TIG 的投资成本高出 1 倍以上,比手动 TIG 的投资成本高 2 倍。因此,焊接工艺的选择取决于设备的可用性。设备的投资在很大程度上取决于生产的数量和所需的产品质量。TIG 和 EBW 是令人满意的热管焊接方式[2]。

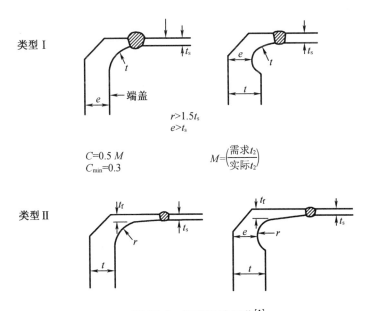

$$r>1.5t_s$$
$$e>t_s$$

$$C=0.5\,M$$
$$C_{min}=0.3$$

$$M=\left(\frac{需求\,t_2}{实际\,t_2}\right)$$

图 10.4 端盖设计细节[1]

3. 端部封闭和焊接[1]

端部封闭设计应遵守以下一般准则:

(1)对于平圆头,可接受的端部封闭设计是如图 10.4 所示的 I 型或 II 型。

(2)端盖厚度可由图 10.5 和图 10.6 确定。

(3)焊接端应采用方形对接设计(图 10.7)。

(4)对于不锈钢唇形对接接头(图 10.8)、铝的消耗性填料接头(图 10.9)或等效设计,焊接过程中应提供自动对准。

(5)应该达到完全的焊缝熔深。

(6)应避免对焊道顶部进行机加工。

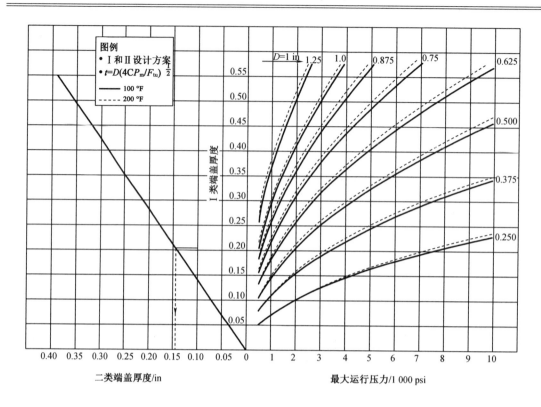

图 10.5　6061 - T6 铝端盖设计曲线 (熔焊) [2]

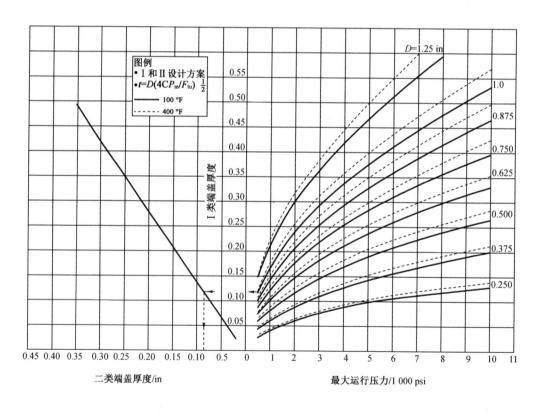

图 10.6　304 不锈钢端盖设计曲线 (熔焊) [2]

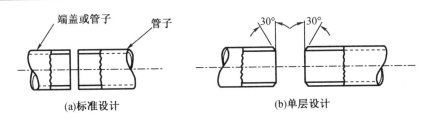

(a)标准设计　　　　　　　　(b)单层设计

图 10.7　方形对接接头设计[2]

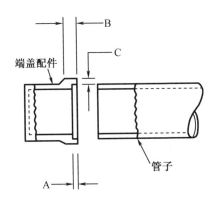

图 10.8　唇形对接接头设计[2]

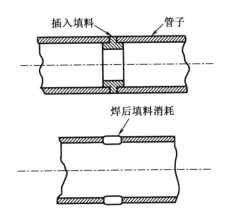

图 10.9　带有消耗性填料的方形对接接头[2]

4. 热管组装程序总结

以下是对上述过程的总结,在热管组装时应遵循以下步骤[5]:

(1)选择容器材料。

(2)选择吸液芯材料和形式。

(3)制造吸液芯和端盖等。

(4)清洁吸液芯、容器和端盖。

(5)金属组件除气。

(6)插入吸液芯并固定。

(7)焊接端盖。

(8)焊缝泄漏检查。

(9)选择工作流体。

(10)净化工作流体(如有必要)。

(11)工作流体除气。

(12)抽空并充注热管。

(13)密封热管。

在插入吸液芯之前可以方便焊接空端盖,如果是烧结和扩散黏结吸液芯,则可以在将吸液芯放进容器中的情况下进行除气。

对于考虑大量生产相同热管的制造商,例如在原型试验后生产 50 个以上的热管,可以省略许多制造步骤。金属组件的除气不是必要的,并且,根据所使用的充注和抽真空程序,可以将工作流体的除气作为一项单独的工作而取消[5]。

在装料之前必须先抽空热管,以除去随后可能会产生不凝性气体或与工作流体发生化学反应而形成不良腐蚀产物的材料。

不凝性气体不仅有管中存在的自由气体,还有金属表面吸收的气体分子。只需用真空泵抽空,即可除去管道中的游离气体。如果想要除去被金属吸收的气体,则需要在高温下抽空管道。金属吸收表面污染物所需的时间通常随着温度的升高而减少。但是,金属可能会在高温下失去强度[3]。

热管组件设计指南

关于重力的方向

为了获得最佳性能,在热管使用时应考虑重力的作用。也就是说,相对于重力方向,蒸发段(加热部分)的位置应比冷凝段(冷却部分)低。在重力不能帮助冷凝液回流的其他方向上,热管的整体性能会下降。热管性能的下降取决于多种因素,包括吸液芯结构、热管长度、工作流体以及热通量。热管的精心设计可以最大限度地降低其性能损失,并提供准确的预测性能。

温度极限

大多数热管使用水和甲醇/酒精作为工作流体。根据吸液芯结构,热管可在低至40 ℃的环境中运行。温度上限取决于工作流体,平均温度为 60 ~ 80 ℃。

散热

可以使用翅片散热器或板翅式换热器,利用空气冷却从冷凝段中移出热量。将冷凝段封装在冷却水套中也可以进行液体冷却。

可靠性

热管没有活动部件,使用寿命可超过 20 年。影响热管可靠性的最重要的因素是对制造过程的控制。管道的密闭性、吸液芯结构使用的材料纯度以及内部腔室的清洁度都对热管的长期性能有影响。任何泄漏最终都会使热管无法使用。内部腔室和吸液芯结构的污染都将趋向于形成不凝性气体,随着使用时间的增加,热管的性能会下降。需要完善的工艺流程和严格的测试以确保热管的可靠性。

成型或塑形

热管很容易弯曲或展平,以适应散热器设计的需要。热管的形状可能会影响功率处理能力,因为弯曲和展平会导致热管内的流体运动发生变化。因此,考虑热管配置和对热性能的影响的设计规则,可确保所需解决方案的性能。

长度和管径的影响

冷凝段与蒸发段之间的蒸汽压差控制着蒸汽从一端流向另一端的速率。热管的直径和长度也会影响蒸汽的流动速度,因此在设计热管时必须加以考虑。直径越大,可允许蒸汽从蒸发段移动到冷凝段的横截面积越大。这就允许有更大的功率承载能力。相反,长度对传热有负面影响,因为工作流体从冷凝段返回蒸发段的速率受吸液芯的毛细极限控制,该毛细极限与热管长度负相关。因此,在没有重力辅助的应用中,较短的热管可以比较长的热管承载更多的功率。

吸液芯结构

热管内壁可以布置各种吸液芯结构。四种最常见的吸液芯是:凹槽、丝网、烧结金属、纤维/弹簧。

吸液芯结构为液体提供了一条通过毛细管作用从冷凝段流向蒸发段的路径。根据所期望的散热器设计特性,吸液芯结构有性能上的优势和劣势。有些结构的毛细极限很低,不适合在没有重力辅助的情况下工作。

10.5　抽空和充注

在充注之前,必须先抽空热管,以去除可能随后看起来明显不需要的不凝性气体。抽空和充注是两个密切相关的过程。

图 10.10 给出了由 Edelstein 和 Haslett[2] 提出的热管制造商(例如 TRW、Grumman 和 McDonnell Douglas)使用的抽空和充注流程图。

最初,通常在 4 in Veeco 泵站上以约 10^{-6} mmHg 的真空度抽空管道。包裹在管子周围的加热器可提高抽气温度。抽空装置示意图如图 10.13 所示。图 10.10 所示的温度代表铝管的温度。TRW 在约 325 ℉的温度下烘烤 16 h,而 Grumman 在 170～250 ℉的较低温度下烘烤 48 h。尽管较高的抽空温度可能有助于去除其他吸附的分子,但 300 ℉的温度可能会破坏铝的机械性能。图10.10 和 10.11 给出了高温暴露对铝 6061 - T6 的室温极限和屈服强度的影响[1]。可以看出,在 380 ℉的温度下暴露 0.5 h 后,铝的强度开始下降。在图10.10 中可以看到抽空和充注之间的紧密关系。因此,抽空和充注通常在同一设备中进行。

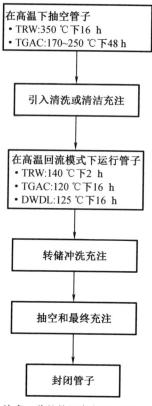

注意：此处的温度专用于铝管

图 10.10 TRW、Grumman 和 DWDL/McDonnell Douglas 使用的一体化抽空和充注流程[2]

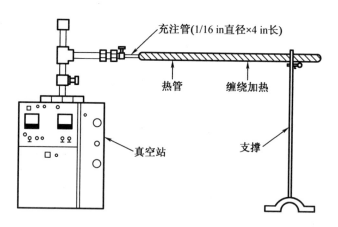

图 10.11 热抽空装置[2]

通常情况下，使用内径为 1/16 in(0.159 cm)，大约 4 in(10.160 cm)长的管子作为充注管。根据上一节中给出的结果，这个尺寸的充注管在抽空 0.5 in(1.270 cm)直径的管道时存在微小的限制。稍后将介绍避免使用小直径充注管的技术。

图 10.12 给出了抽空和充注的可能组合方案。步骤如下：在关闭阀门 B 并打开阀门 A 和 C 的情况下，首先在环境温度下抽空管道。然后，在加热管道的同时继续抽空管道。如前

所述,热管的温度和抽气时间取决于热管材料及其最终的工作温度。此过程有时称为真空烘烤。在完成此真空烘烤过程后,用少量流体冲洗管道。可采取如下方式:首先,将装料瓶中的流体在真空系统的压力下加热到沸腾温度以上。然后,瞬时打开阀门 B,可将少量冲洗物充注到管道中。在以这种方式冲洗管道一次或两次之后,即可以对管道进行充注[3]。

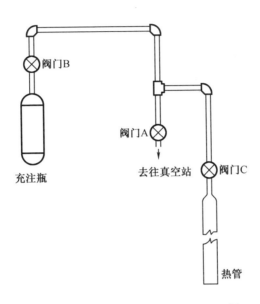

图 10.12　热管抽空和充注设备示意图[3]

10.5.1　流体充注

充注过程的细节取决于环境温度下工作流体的状态。如果流体在室温下处于气态,例如低温热管流体,则可以从装有高质量气体的气瓶中引出流体进行充注。充注量可以通过室温下管道中的气压来确定。因此,充注过程包括关闭阀门 A、打开阀门 B 和阀门 C。当将所需量的流体充注到管道中时,关闭阀门 B 和阀门 C。然后准备将管子夹紧并进行最终密封。

10.5.2　流体纯度和装量

制造商是否应该使用价格为每磅 40 美元的接近 99.999% 的纯氨水?使用每磅 2.50 美元的 99.99% 的纯氨水是否也可以达到令人满意的效果?氨中存在哪些杂质?它们将如何影响热管性能?这些都是热管制造商和用户提出的有关热管工作流体纯度要求的一些典型问题。这些考虑因素将会在很大程度上影响产品的可靠性和成本[2]。

热管中存在杂质的最显著表现是冷凝段中不凝性气体的积累造成热管热导率的损失。根据设计和运行条件,气体的存在可能并不严重,甚至可能完全不被注意。但是在某些情况下,动脉管道可能会发生严重阻塞,导致泵送能力下降[2]。

即使在充入工作流体之前,杂质也会以吸附气体分子的形式存在于管道中。它可能在流体充注过程中引入,也可能存在于流体中。通常,从供应商处购买的流体的杂质含量可能比指定的标称值高得多[2]。

可以使用某些技术将流体净化到比从供应商处收到的状态更高的状态。为了满足功能要求，或者为了防止供应商流体中不确定的杂质含量，可能需要进行额外的净化[2]。

通常，工作流体(例如氨)中发现的杂质可能包括：

- 气体，例如氮气、氧气、氩气、二氧化碳、一氧化碳和甲烷；
- 水；
- 杂质，例如油、碳氢化合物和非挥发性固体。

在其他材料中，对热管性能的最有害影响可能是油性残留物导致吸液芯的润湿性降低。如前所述，在液相氨中发现了大量(130 ppm)油性污染物，被鉴定为邻苯二甲酸二辛酯。这些污染物(其中一些可能溶于工作流体中)也可能会对工作流体的性能产生不利影响，例如表面张力、润湿角和黏度[2]。

铝或不锈钢管中存在水会引起腐蚀，从而导致结构完整性被破坏。但是，可以通过各种净化技术将工作流体中通常存在的水含量降至最低。稍后将对其中一些技术展开讨论。一般在工作流体中的水含量以百万分之几计，足够小到不会出现严重的腐蚀强度损失问题，因为当水被消耗光时腐蚀反应通常会停止。但是，就产生的不凝性气体而言，反应产物可能会产生更加严重的后果[2]。

用于热管的流体显然必须具有高纯度。但是，不凝性物质可能会溶解在所谓的纯净液体和固体中。在蒸气传输过程中转移到进料瓶中的不凝性物质可以通过对流体进行反复的冻融循环来去除[2]。此处理技术的示意图如图 10.13 所示。例如，当工作流体是氨时可以使用液氮，当工作流体是钠时可以使用环境空气，最终将流体冷冻在进料瓶中。

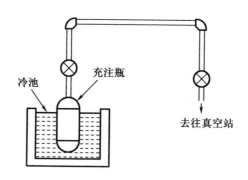

图 10.13　流体净化过程示意图[3]

同时，还必须保证热管的工作流体既不能充注不足也不能充注过量。充注不足可能会导致其性能下降；充注过量会导致冷凝段堵塞(可以容忍轻微的过量充注)。流体装量可以通过式(10.1)计算。通过该公式计算出的流体装量大于所需的流体装量，因为该公式没有考虑弯液面的衰退。但是由于这种衰退而造成的液体消耗通常很小，可以忽略不计：

$$m = A_v L_t \rho_v + A_w L_t \varepsilon \rho_1 \tag{10.1}$$

式中　m——流体装量；

　　　A_v——蒸气横截面积；

A_w——吸液芯横截面积；

L_t——热管总长度；

ρ_v——热管工作温度下的蒸气密度；

ρ_1——热管工作温度下的液体密度；

ε——吸液芯孔隙率。

10.5.3　气体堵塞分析

在图 10.14 中，根据理想气体定律，不凝性气体占据的体积为：

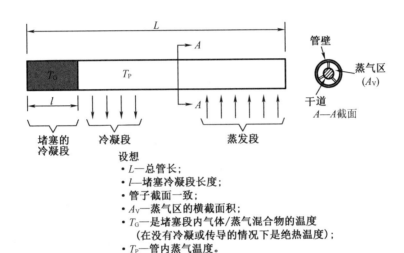

图 10.14　气体堵塞分析示意图[2]

$$N = n_G R T_G / P_G \tag{10.2}$$

式中　n_G——管道中不凝性气体的摩尔数；

R——气体常数；

T_G——气体/蒸气混合物在堵塞段内的温度；

P_G——在堵塞冷凝段长度 l 内惰性气体的分压，也是热管内有效部分和无效部分中的工作流体压力之差，即

$$P_G = P(T_P) - P(T_G) \tag{10.3}$$

式中　$P(T_P)$——温度 T 下的工作流体压力；

$P(T_G)$——温度 T 的气体压力；

l——堵塞冷凝器长度；

T_P——管道蒸气温度。

从图 10.14 可以看出，气体量可以与阻塞长度相关

$$V = A_v \cdot l \tag{10.4}$$

将式（10.3）和式（10.4）代入式（10.2）中，求解得出

$$l = \frac{n_G R T_G}{A_v [P(T_P) - P(T_G)]} \tag{10.5}$$

现在,可以根据工作流体的杂质含量 f 来定义不可冷凝的摩尔数:

$$f = \frac{n_G}{n_p} \tag{10.6}$$

式中　n_p——管道中的工作流体摩尔数;

　　　n_G——管道中的不凝性气体摩尔数;

　　　f——工作流体中不可冷凝的摩尔数。

将式(10.6)代入式(10.5),除以总管道长度 L,得出的堵塞段占总管道长度的份额:

$$\frac{l}{L} = \frac{f n_p R T_G}{L A_v (P(T_p) - P(T_G))} \tag{10.7}$$

如果将 n_p' 定义为每单位长度的热管装量,即 $n_p' = n_p/L$,则等式(10.7)变成

$$\frac{l}{L} = \frac{f n_p' p R T_G}{A_v (P(T_p) - P(T_G))} \tag{10.8}$$

该表达式将阻塞与运行条件(T_p 和 T_G)与管道设计参数 n_p、A_v 和工作流体以及杂质含量 f 相关联起来。

10.5.4　气体阻塞对热管设计和运行条件的影响

在图 10.15 中给出的是 0.5 in(1.270 cm)轴向槽氨热管的管道堵塞作为运行段和非运行段之间的温差的函数。假定杂质含量 f 为 0.000 1,则可以认为充注流体中存在气体,或者认为抽空后气体残留在管道中。

该曲线表明,对于固定的温差($T_p - T_G$),在较高的温度下堵塞减少。同样,在等温热管的情况下,由于管道和气体温度(散热器)之间的温差很小,阻塞长度会增加。例如,有一个 10 ft(3 m)长的轴向沟槽氨热管,其温度(T_p)为 420 °R,连接到一个温度为 400 °R 的水槽(T_G),即 $T_p - T_G = 20$ °R。杂质含量为 0.001 时产生的堵塞是 4.2% 或 0.42 ft(5.0 in)(12.7 cm)。对于 10 ppm 的杂质含量水平(未显示),与 f 成正比的阻塞将为 0.50 in(1.27 cm)。

不同管道配置的影响如图 10.16 所示。其中将 0.5 in 的螺旋动脉设计与 0.5 in 的凹槽设计进行了比较。由于其蒸气空间较小,在相同条件下,螺旋形设计比凹槽设计产生的堵塞更大。

不同工作流体的影响如图 10.17 所示。图中给出了 0.5 in 轴向凹槽设计的氨气、丙酮和氟利昂 21 热管设计。从图中可以看出,氨产生的堵塞长度比丙酮或氟利昂 21 小。这是因为氨的压力随温度的变化比其他流体更快。这些曲线的价值在于,对于特定的应用,设计人员可以根据允许的气体杂质含量做出判断,或者相反,设计冷凝段的长度以适应可能存在的某些预计气体量。

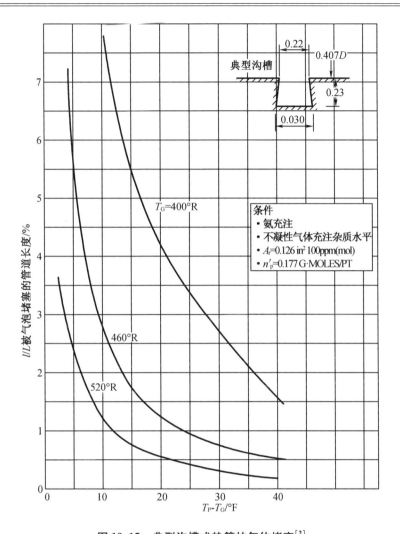

图 10.15　典型沟槽式热管的气体堵塞[2]

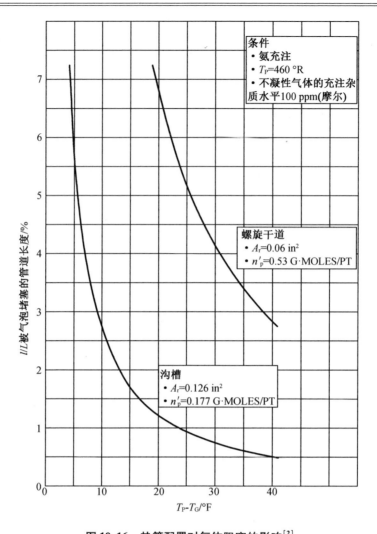

图 10.16　热管配置对气体阻塞的影响[2]

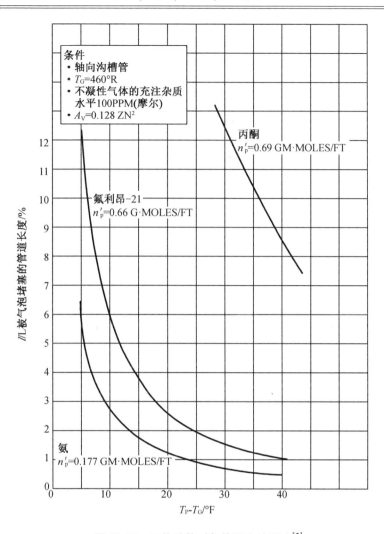

图 10.17　工作流体对气体阻塞的影响[2]

10.6　全管密封

除了热管仍连接到充注管的关闭阀门上,热管的制造已接近完成状态。必须从阀门上切断管道,并在充注管上形成永久密封。在此过程中,必须保证没有气体能够进入管道,也不应从管道中损失任何流体。已被证明既经济又可靠的一种密封技术包括如下步骤:

(1)压接密封(压扁并捏住)充注管,形成临时的防漏盖。

(2)在压接密封靠近阀门一侧的充注管的扁平区域切开切口,从管道上切断阀门。

(3)通过 TIG 或 EBW 方式完成充注管切割端的焊接,然后卸下压接工具。

10.7 热管测试技术

根据 Chi[2] 的研究,对热管的测试可以回答许多问题。对吸液芯的润湿性和泄漏情况的简单测试将确保该管子能够像热管一样工作。使用适当设计的热源和散热器进行导热测试可以验证热管的传热能力和特性。对热管寿命的测试可以记录长时间内样品热管的性能,或者开展加速寿命测试在预定的时间间隔内对材料进行检查。另外,可能需要测试并回答有关管道瞬态特性的问题。我们将把对热管测试的讨论集中在验证管道的机械可靠性、吸液芯的正确润湿性以及热管的工作特性上。

10.7.1 机械可靠性

经过无损试验验证的合理结构设计对于热管的可靠、长期运行至关重要。当指定许用设计应力、极限压力和爆破压力时,建议使用 ASME 的压力容器规范。Edelstein 和 Haslett[1] 还提出了一种简化方法,用于分析因内部压力、端盖、热膨胀、鞍形附件、弯管和动态载荷导致的应力影响。在氨、氟利昂和甲醇预充注和充注操作中使用的具有成本效益的泄漏检测方法中,包括 X 射线检查、水下加压检测、氦气检测和硫酸铜/乙二醇(用于氨)方法[2]。

热管必须能够承受最大蒸气压。因此,在完成最终设计确认和生产程序并进行大批量生产之前,必须对外壳和端盖进行适当的设计,并对接头进行高质量的焊接。可以制造实验性热管,并通过加热实验性热管使其承受较高的蒸气压,以确保管壳、端盖和接头在适当的安全范围内能够承受设计的蒸气压[3]。

10.7.2 吸液芯润湿性

在对管道进行充注、密封和测试之前,许多问题是无法被发现的。在某些情况下,可能要花很长时间才能注意到其中的某些影响。到那时再采取纠正措施通常为时已晚。因此,必须开发清洁程序,以防止这些问题的发生并生产出更可靠的产品。而且,为了符合研究的总体目标,清洁程序还应该简单、便宜且尽可能避免人为错误[2]。

确定工作流体是否已浸湿吸液芯的最简单方法是用手沿其轴线摆动热管。如果液体撞击端盖,则很明显在蒸气空间的吸液芯上有液体流动。对于在室温下为液态工作流体的管道,这种初步测试方法的效果很好。但是,人们可能因剧烈摇动管道导致表面张力被破坏,这样也会在蒸气空间内形成液体。此方法仅限于吸液芯润湿的定性测试。可以使用 X 射线技术来观察吸液芯内部液体的均匀性或在管子底部是否存在过多的液体[3]。

10.7.3 性能验证

如果管道通过了机械和润湿性测试,则可以确保该管道能够在良好的条件下用作热管。为了建立管道性能,例如管道的最大传热能力和有效热导率,可以使用图 10.18 中所示的用于中温热管的示意性装置进行测试。管道可以以任何所需的方向放置。热量由缠绕在管道蒸发段的电热丝提供[3]。

通过控制进水温度和流速,无论供热速率如何变化,蒸发段或冷凝段的温度都可以保持恒定。在不同的传热速率下,沿热管壁面安装的热电偶测量管道的轴向壁温,传热速率可由电功率输入给出。随着功率输入逐渐提高到某个极限,可以观察到:蒸发段末端的热电偶测得的温度突然升高,且高于蒸发段中其他热电偶测得的温度。蒸发段末端的温度突然升高表明蒸发段变干。因此,可以使用图 10.18 所示的装置来测量传热极限和热管的温度特性。

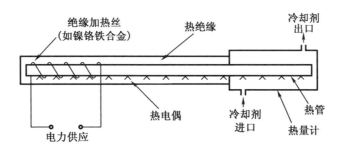

图 10.18　中温热管的测试装置[2]

液态金属热管的工作温度和传热能力通常比中温热管高得多。为了提高供热能力,可以用电感线圈代替图 10.18 所示的电加热带。当此装置用于测试液态金属热管时,向大气的辐射和自然对流可以提供一个方便的散热器。为了控制管道的工作温度,可以通过一个同心的环形间隙来控制冷凝段部分的热阻,如图 10.19 所示。

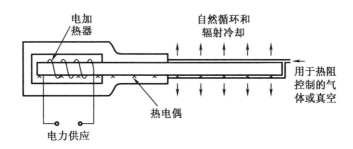

图 10.19　液态金属热管的测试装置[3]

参 考 文 献

［1］　Zohuri, B. (2016). Heat pipe design and technology: Modern applications for practical thermal management (2nd ed.). New York: Springer.

［2］　Edelstein, F., & Haslett, R. (1974, August). Heat pipe manufacturing study. Final Report prepared by Grumman Aerospace Corp. for NASA, Contract No. NASS5 – 23156.

［3］　Chi, S. W. (1976). Heat pipe theory and practice. Washington, DC: Hemisphere Publishing Corporation.

［4］　Kemme, J. E. (1966). Heat pipe capability experiment (Report No. LA – 3585 – MS). Los Alamos Scientific Laboratory.

［5］　Rhodes, R. A., Jr. (1973). Procedures for the construction of a screen wick heat pipe. A Lecture Note on Heat Pipe, U. S. Army Mobility Equipment R and D Center.

附录 A　尺寸当量和物理常数

在本附录中,提供了一些物理单位的换算关系。

等效尺寸

长度	1 ft = 12 in = 30.48 cm = 0.304 8 m
	1 m = 100 cm = 39.37 in = 3.28 ft
质量	1 lbm = 0.031 08 slug = 453.59 g = 0.453 59 kg
	1 kg = 1 000 g = 0.068 52 slug = 2.205 lbm
时间	1 h = 3 600 s
	1 s = 2.778 × 10^{-4} h
力	1 lbf = 4.448 × 10^5 dyne = 4.448 N
	1 N = 10^5 dyne = 0.224 9 lbf
Angle	1° = 1.745 × 10^{-2} rad
	1 rad = 57.30°
温度	1 ℉ = 1°R = 0.555 6 ℃ = 0.555 6 °K
	1 °K = 1 ℃ = 1.8 °R = 1.8 °K
	℉ = 1.8 ℃ + 32
	℃ = 0.555 6(℉ − 32)
	°R = ℉ + 459.69
	°K = ℃ + 273.16
	°R = 1.8 °K
	°K = 0.555 6 °R
能量	1 Btu = 777.66 ft·lbf = 252 cal = 1.054 × 10^{10} erg = 1 054 J
	1 J = 10^7 erg = 0.239 cal = 0.737 5 ft·lbf = 9.485 × 10^{-4} Btu
功率	1 Btu/h = 2.778 × 10^{-4} Btu/s = 2.929 × 10^6 erg/s = 0.292 9 W
	1 W = 10^7 erg/s = 9.481 × 10^{-4} Btu/s = 3.414 Btu/h
压力	1 lbf/ft^2 = 6.944 × 10^{-3} lbf/in^2 = 4.78.8 dyne/cm^2 = 47.88 N/m^2
	1 lbf/in^2 = 144 lbf/ft^2 = 69.948 dyne/cm^2 = 6 894.8 N/m^2
	1 N/m^2 = 10 dyne/cm^2 = 1.450 × 10^{-4} lbf/in^2 = 2.089 × 10^{-2} lbf/ft^2
面积	1 ft^2 = 1.44 in^2 = 929 cm^2 = 0.092 9 m^2
	1 m^2 = 10^4 cm^2 = 1 550 in^2 = 10.75 ft^2

表(续)

体积	$1\ ft^3 = 1\ 728\ in^3 = 2.832 \times 10^4\ cm^3 = 0.028\ 32\ m^3$
	$1\ m^3 = 10^6\ cm^3 = 6.102 \times 10^4\ in^3 = 35.31\ ft^3$
	$1\ gal(US\ liquid) = 0.133\ 68\ ft^3 = 0.003\ 785\ m^3$
密度	$1\ lbm/ft^3 = 0.031\ 08\ slug/ft^3 = 1.602 \times 10^{-2}\ g/cm^3 = 16.02\ kg/m^3$
	$1\ kg/m^3 = 10^{-3}\ g/cm^3 = 0.001\ 94\ slug/ft^3 = 0.062\ 42\ lbm/ft^3$
黏度(动态)	$1\ lbm/(ft \cdot h) = 8.634 \times 10^{-6}\ slug/(ft \cdot s) = 4.134 \times 10^{-3}\ g/cm \cdot s = 4.134 \times 10^{-4}\ kg/(m \cdot s)$
	$1\ kg/(m \cdot s) = 10\ g/(cm \cdot s) = 2.089 \times 10^{-2}\ slug/(ft \cdot s) = 2.419 \times 10^3\ lbm/(ft \cdot h)$
导热系数	$1\ Btu/(ft \cdot h \cdot F) = 2.778 \times 10^{-4}\ Btu/(ft \cdot s \cdot F) = 1.730 \times 10^5\ erg/(cm \cdot s \cdot K) = 1.730\ W/(m \cdot K)$
	$1\ W/(m \cdot K) = 10^5\ erg/(cm \cdot s \cdot K) = 1.606 \times 10^{-4}\ Btu/(ft \cdot s \cdot F) = 0.578\ Btu/(ft \cdot h \cdot F)$
表面张力	$1\ lbf/ft = 1.459 \times 10^4\ dyne/cm = 14.59\ N/m$
	$1\ N/m = 10^3\ dyne/cm = 0.068\ 54\ lbf/ft$
汽化潜热	$1\ Btu/lbm = 32.174\ Btu/slug = 2.32 \times 10^7\ erg/g = 2.324 \times 10^3\ J/kg$
	$1\ J/kg = 10^4\ erg/g = 1.384 \times 10^{-2}\ Btu/slug = 4.303 \times 10^{-4}\ Btu/lbm$
传热系数	$1\ Btu/(ft^2 \cdot h \cdot F) = 5.674 \times 10^3\ erg/(cm^2 \cdot s \cdot K) = 5.674\ W/(m^2 \cdot K)$
	$1\ W/(m^2 \cdot K) = 10^3\ erg/(cm^2 \cdot s \cdot K) = 0.176\ 2\ Btu/(ft^2 \cdot h \cdot F)$

物理常数

重力加速度(标准), $g = 32.174\ ft/s^2 = 980.7\ cm/s^2 = 9.807\ m/s^2$

通用气体常数, $R = 1\ 545.2\ ft \cdot lb/(mol \cdot °R) = 1.987\ Btu/(lbm \cdot mol \cdot °R)$

$$= 8.314 \times 10^7\ erg/(g \cdot mol \cdot K) = 8.314 \times 10^3\ J/(kg \cdot mol \cdot K)$$

机械热当量 $J = 777.66\ ft \cdot lbf/Btu = 4.184 \times 10^7\ erg/cal\ 1\ N \cdot m/J$

Stefan – Boltzmann 常数, $\sigma = 0.171\ 3 \times 10^{-8}\ Btu/(ft^2 \cdot h \cdot R^4) = 5.670 \times 10^{-5}\ erg/(cm^2 \cdot s \cdot K^4) = 5.657 \times 10^{-8}\ W/(m^2 \cdot K^4)$

附录 B 电 磁 泵

电磁泵是一种利用电磁移动液态金属(或任何导电液体)的泵。磁场设置成与液体流动垂直的方向,电流通过磁场就会产生一个带动流体流动的电磁力。电磁泵的应用包括通过冷却系统泵送液态金属。

简介

电磁泵已用于在钠冷却快中子增殖堆的充钠、排钠和净化回路等辅助回路中泵送液态钠。尽管其效率低,但由于没有活动部件,这些泵具有较高的可靠性和低维护性,因此仍用于快中子反应堆中。此外,电磁泵可用于泵送含有杂质的钠。例如,Indira Gandhi 原子研究中心(IGCAR)已开发出各种容量的电磁泵,并将其成功地应用于实验设施中。

钠由于其出色的中子和传热特性而在快中子增殖反应堆中用作冷却剂。钠也是一种很好的导电体,这推动了许多用于液态钠的电磁传感器和设备的开发。其中一种装置就是电磁泵,用于在快中子反应堆的辅助回路和各种测试设备中泵送液态钠。

尽管在反应堆的一回路和二回路中使用离心泵泵送钠,但在辅助回路中首选采用电磁泵。电磁泵的效率低,不能将其用于快堆的主要钠回路中。这些电磁泵的工作原理是,只要将载流导体放置在垂直磁场中,就会对其施加作用力。

电磁泵的种类很多,主要可分为传导电磁泵和感应电磁泵[1]。在传导电磁泵[1,2]中,促使钠流动的电流是通过外部电路传导进来的,因此需要将外部电路物理连接到管道上。而在感应电磁泵中,钠中的电流是感应产生的,无须将外部电路连接到不锈钢管道。由于感应泵与不锈钢管道之间没有物理接触,因此认为其比传导泵更可靠。传导型和感应型电磁泵都已研制出来,并已在 IGCAR 投入使用。

感应泵主要有两种类型:平面直线感应泵和环形直线感应泵。平面直线感应泵有一个扁平管道,定子通常位于管道的上部和下部。它还在侧面焊接有矩形铜条,以提供低电阻短路路径,从而提高其效率。此外,扁平管道不太适合高压应用,因此将环形直线感应泵用于目前在 Kalpakkam 建造的原型快中子增殖堆的二次充钠和排钠回路[3]。该泵的流量为170 m^3/h,可提供的扬程为 4 kg/cm^2。本文介绍了泵的设计数据以及在 IGCAR 的蒸气发生器测试设施中进行的泵测试的详细信息。

电磁泵的工作原理

液态金属回路用于除热和研究某些磁流体现象,例如磁流体动力学效应。这些回路在高温下工作,并携带带有毒性的流体。为确保闭合环路应用中流体的纯度,需要非侵入式泵和电磁泵。我们已经设计并分析了一种用于汞回路的电磁泵原型,以进行各种研究。该电磁泵使用永磁体设计,永磁体安装在转子的外围,通过直流电动机旋转。液态金属在围绕转子的半圆形管道中流动。参见图 B.1,其中磁场密度的表面图与使用多元物理软件 COM-

SOL 模拟的电磁泵的磁势轮廓叠加在一起。

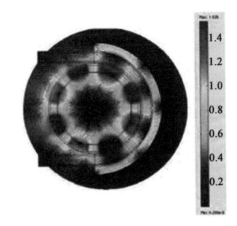

图 B.1 热排放液态金属回路的示意图

载流(I)导体周围始终存在磁场(b_{rc})。当此载流导体受到外部磁场(B_{ap})影响时,该导体会承受垂直于 I 和 B_{ap} 方向的力。这是因为导体产生的磁场和所施加的磁场彼此对准。在两个普通的磁极之间可以看到相同的效果。

该原理用于电磁泵中。电流通过导电液体输送。如图 B.2 所示,设置两个永磁体以产生磁场 B_{ap}。所提供的电流具有电流密度(J),并且与此电流相关的磁场可以称为"反应磁场(b_{rc})"。两个磁场 B_{ap} 和 b_{rc} 试图相互对准,由此导致流体的机械运动(图 B.2)。

正如我们在本附录的介绍中所述,一种特殊类型的液态金属热磁设备是环形直线感应泵。众所周知,电磁泵相对于机械泵具有许多优点:没有活动部件、低噪声、低振动水平、流量调节简单、易于维护等。但是,在开发感应泵,特别是环形线性感应泵时,我们面临着设备中出现的磁流体动力学不稳定性的重大问题。这种不稳定性的表现不允许线性感应泵在一定的流量范围内发展,也不允许在某些流量和压力下降条件下产生高效率。

线性感应泵使用由三相电流以及感应电流及其相关的磁场产生的行进磁场,这些磁场会产生洛伦兹力(图 B.3)。螺线管的三相绕组布置通常遵循以下顺序:AA ZZ BB XX CC YY,A、B 和 C 表示三相平衡绕组,X、Y 和 Z 反相。对于直接平衡系统,如果 $A = 0, B = 120°$ 和 $C = 240°$,$X = 180°, Y = 300°$ 和 $Z = 60°$。螺线管的正确绕线顺序是通过按上升相位排列顺序获得的:AA ZZ BB XX CC YY。在这种类型的设备中,复杂的流动行为包括时变的洛伦兹力和压力脉动,这归因于时变的电磁场和源自液态金属流的感应对流,从而导致沿设备几何形状的不稳定性问题。热磁设备的几何形状和电气结构的确定引起了逆磁流体动力学领域的问题。确定设计要求后,可以通过优化技术解决此问题。

图 B.3(a)展示环形直线感应泵。图 B.3(b)给出了环形直线感应泵的横截面,是由韩国原子能研究所的 Dong Won Lee 最初绘制的图改编而成。经许可对此进行了修改[4]。

在优化问题中必须达到的目标函数是从主要设计要求推导出来的。通常对于磁充体动力学设备,这个目标函数就是效率。也可以考虑用其他设计要求作为约束。对于非线性系统,例如直线感应泵,其主要目标函数是质量小、效率高,因此可能存在多个最大值。在这种情况下,必须使用全局优化技术。

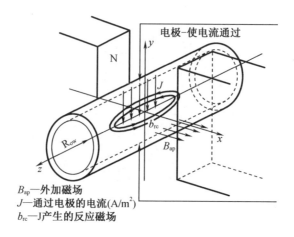

B_{ap}—外加磁场
J—通过电极的电流(A/m²)
b_{rc}—J产生的反应磁场

图 B.2 电磁泵示意图

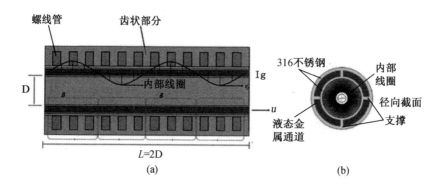

图 B.3 概念表示中的环形线性感应泵横截面

典型电磁泵的基本工作原理如图 B.4 所示,说明如下:

- 液态金属是导体。
- 根据弗莱明左手定则。
- 垂直流过液态金属的电流会受到一个力($F = IB \times L$)。

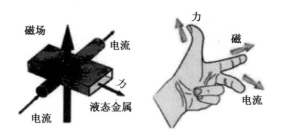

图 B.4 电磁泵的基本原理的阐述

如图 B.5 所示,展示了电磁泵的更多细节和类型,包括与这些泵的基本设备的不同组件,这些电磁泵被用作液态金属增殖裂变核反应堆冷却系统的一部分。

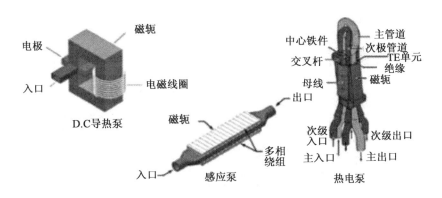

图 B.5　电磁泵部件细节展示

电磁泵的类型包括:

- 传导泵:在这种情况下,电流通过电极直接传导到流体中。它有两种电流:交流电(AC)和直流电(DC)。
- 感应泵:导电流体中的电流由移动磁场感应。
- 热电泵:流过液态金属的电流直接来自热液态金属流中包含的热能,例如类似于法国制造的 Phoenix – II 的第三代液态金属快中子增殖反应堆,或类似于熔融盐反应堆和钠冷快堆的第 IV 代液态金属增殖反应堆。详见本书第 2 章。

对于 EM 泵应用的整体而言,图 B.6 给出了两种主要驱动场景下装置的总体应用情况,这两种主要场景分别是:

- 核反应堆的冷却;
- 铸造厂中高温金属的浇注和运输。

(a)核反应堆中使用的EM泵(由Daniel Gabriel撰写的核工程手册提供)

(b)铸造用的组装EM泵(由 CMI Novacast Inc.提供)

图 B.6　EM 泵的简单应用图示

如果从图 B.7 所示的电磁泵内部角度观察,我们会注意到电流是由变压器的作用引起的。

图 B.7 中的变压器的一次线圈 T 连接到交流单相电源。变压器磁极片以相框的形状排列,并作为磁通量的载体。围绕相框底部支腿的变压器二次绕组 S 为熔融金属,由陶瓷部件中的通道形成。匝数比会放大输入电流,从而在熔融金属中产生很大的电流。

图 B.8 是电磁体结构截面图的展示,该结构由一个 C 形极片和两个励磁线圈组成。

C 形极片的开口跨过熔融的二次匝的颈缩部分,因此穿过磁极间隙的磁场 H 垂直于次级电流 I,从而产生力 Q 使金属流过泵。

在图 B.9 中,我们从基础设备的内部看到了完整的电磁泵。

它被陶瓷零件包围或封装在陶瓷零件中,以保护其不与熔融金属接触,防止内部核芯被液态金属腐蚀或产生任何其他副作用。泵的输出力 Q 可以通过变化输入功率来控制,并且可以从几乎逐滴的流量调节到全口径输送。

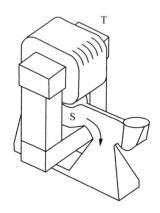

图 B.7　电磁泵内部示意图

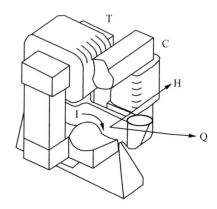

图 B.8　电磁泵内部的进一步示意图

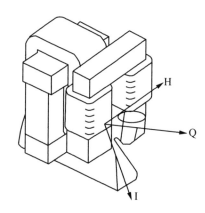

图 B.9　完整的电磁泵内部原理图

环形直线感应泵的工作原理:

与所有其他电磁泵一样,环形直线感应泵的工作原理是,将载流导体放置在垂直磁场中时,力会作用在导体上。该力的大小由 $F = BIL$ 给出,其中"I"是流过导体的电流,L 是导体的长度,B 是放置导体的磁通密度。在环形直线感应泵中,存在一个环形区域,在该环形区域中有钠流过,在该环形区域外部有铜绕组,该绕组由三相 AC 电源激励并产生线性运动的磁场。根据法拉第电磁感应定律,这种线性移动的磁场会在液态金属中感应出电流(图 B.10)。该电流和运动磁场的相互作用在钠流体上产生力,从而引起泵送作用。图 B.10 展示了环形直线感应泵的工作原理[5]。

由于环形直线感应泵的工作原理类似于感应电动机,因此环形直线感应泵的等效电路(图 B.11)也相似,并与感应电动机相比存在一些差异。感应电动机的典型滑差为 0.05 或更小,而环形直线感应泵的典型滑差在 0.4 ~ 0.9 范围内,这会导致较高的滑差损耗。与感应电动机相比,含钠管道不仅在等效电路中引入了额外电阻,而且导致了更高的气隙。这些功能导致功率因数和效率降低。此外,端部效应和水力损失也会导致效率下降[5]。

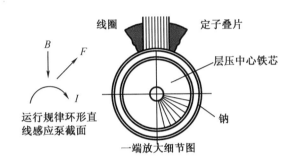

图 B.10 环形直线感应泵的工作原理

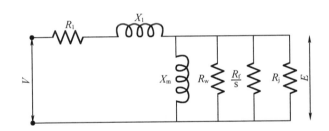

图 B.11 环形直线感应泵的等效电路[5]

在图 B.11 中各参数如下:

R_1——定子绕组的电阻;

X_1——定子绕组的漏抗;

X_m——磁抗;

R_f——流体阻力;

R_j——内管电阻;

R_w——外管电阻;

E——气隙电磁力(EMF);

s——滑移。

请注意:ALIP 中的绕组是圆饼型,与旋转感应电动机中使用的常规绕组不同。

电磁泵的优点和局限性

在任何应用中使用电磁泵都存在一些优点,同时,也存在一些局限性,列出如下:

1. 优势

- 无活动部件,无振动或磨损
- 不需要密封,无裂痕
- 维护更少,更可靠
- 使用安全

2. 缺点

- 由于反电动势和欧姆加热而导致的功率损耗
- 用途有限,因为只有很少的液体是良好的电导体

参 考 文 献

［1］ Publishing Co. Inc, New York. 1987.

［2］ Nashine, B. K., et al. (2007). Performance testing of indigenously developed DC conduction pump for sodium cooled fast reactor. Indian Journal of Engineering and Material Sciences, 14, 209－214.

［3］ Chetal, S. C., et al. (2006). The design of the prototype fast breeder reactor. Nuclear Engineering and Design, 236, 852－860.

［4］ Maidana, C. O., & Nieminen, J. E. (2017). First studies for the development of computational tools for the design of liquid metal electromagnetic pumps. Nuclear Engineering and Technology, 49(1), 82－91.

［5］ Sharma, P, Sivakumar, L. S., Rajendra Prasad, R., Saxena, D. K., Suresh Kumar, V. A., Nashine, B. K., et al. (2011). Design, development and testing of a large capacity annular linear induction pump. Asian Nuclear Prospects 2010, Energy Procedia, 7, 622－629, Elsevier.